U0337814

煤炭高等教育"十四五"规划教材

灾害风险分析与评价

秦广鹏　商岩冬　曹静　主编

中国矿业大学出版社

·徐州·

内 容 提 要

本书为煤炭高等教育"十四五"规划教材。全书共分为七章,依次是:第1章绪论,第2章风险分析基本原理,第3章风险定性分析方法,第4章风险定量分析方法,第5章风险评价原理,第6章灾害风险评价,第7章灾害风险分析与评价案例。本书以系统工程的观点为主线,在介绍风险分析基本方法与基本理论的基础上,结合相关自然灾害与工程灾害实际案例,利用教材中所介绍的方法对案例进行风险分析与评价。

本书适合普通高等学校防灾减灾科学与工程、应急管理、应急技术与管理等相关专业的学生参考使用,也可供安全工程等专业方向学生与研究人员学习参考,同时可作为应急管理、防灾减灾等企事业单位管理及技术人员的教育培训教材。

图书在版编目(C I P)数据

灾害风险分析与评价/秦广鹏,商岩冬,曹静主编
. —徐州:中国矿业大学出版社,2023.10
ISBN 978 - 7 - 5646 - 6034 - 5

Ⅰ. ①灾… Ⅱ. ①秦… ②商… ③曹… Ⅲ. ①灾害管理—风险分析 Ⅳ. ①X43

中国国家版本馆 CIP 数据核字(2023)第 206174 号

书　　名	灾害风险分析与评价
主　　编	秦广鹏　商岩冬　曹　静
责任编辑	何晓明　何　戈
出版发行	中国矿业大学出版社有限责任公司
	(江苏省徐州市解放南路　邮编221008)
营销热线	(0516)83885370　83884103
出版服务	(0516)83995789　83884920
网　　址	http://www.cumtp.com　E-mail:cumtpvip@cumtp.com
印　　刷	江苏淮阴新华印务有限公司
开　　本	787 mm×1092 mm　1/16　**印张** 15　**字数** 384 千字
版次印次	2023 年 10 月第 1 版　2023 年 10 月第 1 次印刷
定　　价	39.00 元

(图书出现印装质量问题,本社负责调换)

前　言

本书旨在通过自然灾害、事故灾害防治现状的介绍，讲授风险分析的基本原理、自然灾害评价基础、新时代防灾减灾理念、各类灾害典型定性分析与定量分析方法，明确风险评价的基本思路与方法，以及开展灾害风险评价的技术手段，提高应对包括自然灾害、事故灾害在内各类灾害风险评估能力、防灾减灾能力与灾害应急管理能力。

全书共分为七章，依次是：第 1 章绪论，第 2 章风险分析基本原理，第 3 章风险定性分析方法，第 4 章风险定量分析方法，第 5 章风险评价原理，第 6 章灾害风险评价，第 7 章灾害风险分析与评价案例。

本书编写过程中参阅了《中华人民共和国突发事件应对法》《中华人民共和国防震减灾法》《“十四五”国家综合防灾减灾规划》《自然灾害救助条例》《地质灾害防治条例》《地震安全性评价管理条例》《自然灾害情况统计调查制度》《特别重大自然灾害损失统计调查制度》《生产安全事故统计调查制度》等法律法规、部分自然灾害及灾害防治相关的书籍和论文等资料，在此，谨对原作者表示最诚挚的谢意。正文法律法规如无特殊说明，均用简称。

本书由山东科技大学秦广鹏、商岩冬、曹静担任主编，具体分工如下：秦广鹏负责编写第 1 章和第 4 章的内容；商岩冬负责编写第 3 章、第 6 章和第 7 章的内容；曹静负责编写第 2 章和第 5 章的内容。全书由秦广鹏和商岩冬统稿、定稿。张雪原、张震宇协助完成了相关章节内容的编写，并完成了书内相关案例的搜集、插图绘制、校对、排版等工作；研究生李磊、王淦、马金鹏、刘祥宇编写、整理了部分案例内容，在此一并表示感谢。

由于时间紧张且水平有限，书中难免有疏漏之处，敬请读者不吝赐教。

编　者
2023 年 8 月

目　　录

第1章 绪 论

我国是世界上灾害最为严重的国家之一,灾害种类多、分布地域广、发生频率高、造成损失重,各类灾害损失不断增加,重大自然灾害时有发生,灾害防控形势严峻复杂。与此同时,我国众多工程向深地、深海、深空发展,工程灾害风险进一步加剧。

据应急管理部数据,2022年全年,我国各种自然灾害共造成1.12亿人次受灾,农作物受灾面积12 071.6×10³ hm²,直接经济损失2 386.5亿元。我国共发生38次区域性暴雨过程,平均降水量606.1 mm,较常年同期偏少5%。全国28个省份626条河流发生超警戒以上洪水,大江大河共发生10次编号洪水,辽河发生1995年以来最大洪水。全年洪涝灾害共造成3 385.3万人次受灾,因灾死亡失踪171人,直接经济损失1 289亿元。此外,全国共发生滑坡、崩塌、泥石流等地质灾害5 659起,主要集中在中南、华南、西南等地。受副热带高压偏强偏大和拉尼娜现象等影响,我国平均气温偏高,全年相继发生年初珠江流域冬春连旱、4—6月黄淮海和西北地区春夏旱、长江流域罕见夏秋冬连旱。其中,长江流域干旱是有完整实测资料以来最严重的气象水文干旱,中旱以上日数为77天,较常年同期偏多54天,为1961年以来同期最多。旱情峰值时,全国共有5 245.2万人次受灾,因旱需生活救助758.5万人次,农作物受灾面积6 090.2×10³ hm²,直接经济损失512.8亿元。另据《中华人民共和国2022年国民经济和社会发展统计公报》,全年农作物受灾面积1 207×10⁴ hm²,其中绝收135×10⁴ hm²。全年因洪涝和地质灾害造成直接经济损失1 303亿元,因干旱灾害造成直接经济损失513亿元,因低温冷冻和雪灾造成直接经济损失125亿元,因海洋灾害造成直接经济损失24亿元。全年大陆地区共发生5.0级以上地震27次,造成直接经济损失224亿元。全年发生森林火灾709起,受害森林面积约0.5×10⁴ hm²。

在安全生产方面,中国高危行业企业数量众多,安全基础还很薄弱。例如,中国的化工产业产值占全世界的40%,煤矿目前有4 400多座,还有大量的非煤矿山、尾矿库,城镇的燃气管网超过100万km,安全生产面临严峻挑战。据《中华人民共和国2022年国民经济和社会发展统计公报》,全年各类生产安全事故共死亡20 963人。工矿商贸企业就业人员10万人生产安全事故死亡人数1.097人,煤矿百万吨死亡人数0.054人,道路交通事故万车死亡人数1.46人。

防灾减灾、抗灾救灾工作事关人民群众生命财产安全,事关社会和谐稳定。无论是自然灾害还是工程灾害,其预测、防治、应急救援等工作得到了国家的高度重视。2002年4月,成立国家减灾中心;2009年,将每年5月12日设立为"防灾减灾日";2018年,国务院将国家安全生产监督管理总局等国家 13 部委的相关职责进行了整合,组建了应急管理部。

党的十八大以来,习近平总书记多次在不同场合就防灾减灾、抗灾救灾工作发表重要讲话。2019 年,习总书记在第十一个全国防灾减灾日的讲话中指出:"防灾减灾、抗灾救灾是人类生存发展的永恒课题"。中共中央、国务院印发了《关于推进防灾减灾救灾体制机制改革的意见》,对防灾减灾救灾体制、机制改革做了全面部署。《国家综合防灾减灾规划(2016—2020 年)》中提出"将防灾减灾教育纳入国民教育体系,推进灾害风险管理相关学科建设和人才培养"的任务要求。

目前我国防灾减灾事业虽然已经起步,但制约防灾减灾救灾工作发展的体制、机制问题还较为突出,灾害防治体系和制度不健全,专门人才和专职队伍紧缺,资源力量较为分散。培养掌握灾害风险分析方法、能够对各类灾害进行科学评价、具备扎实防灾减灾救灾专业知识的人才,是实现经济与社会健康、稳定发展,维护百姓安居乐业生活环境的关键环节。

1.1 灾害的概念、分类及特点

1.1.1 灾害的概念

灾害是指所有能造成人类生命财产损失、生态环境破坏和导致社会经济出现不稳定或危机的自然和人为现象的总称。我国常见自然灾害有地震、龙卷风、海啸、洪水、暴风雪、泥石流、山体滑坡、山林火灾等,常见事故灾害有建筑火灾、交通事故、化学品泄漏等。

1.1.2 灾害的分类

灾害的发生原因是多种多样的,有时候一种灾害可以由几种灾害原因引起,或者一种灾害原因会同时引起几种不同的灾害。根据各种灾害原因在地球系统中所分担角色的不同、起作用的重要程度不同及其表现形式不同,将灾害原因归结为自然原因、人为原因两大类。因此,可以把灾害事件划分为自然灾害型、事故灾害型两大类型。不同类型灾害事件的性质决定了其不同的外在表现。表 1-1 中列举了各类灾害事件的主要特征及常见事例。

表 1-1 各类灾害事件的特征及常见事例

事件类型	特征描述	常见事例
自然灾害	自然因素导致的突发事件	地震、龙卷风、海啸、洪水、暴风雪、酷热、寒冷、干旱和虫害等
事故灾害	人为原因造成的紧急事件(包含因人类活动或发展所致的计划之外的事件或事故)	化学品泄漏、核放射泄漏、设备故障、交通事故、城市建筑火灾等
公共卫生事件	病原微生物所致大规模疾病流行事件	非典疫情、人感染禽流感、鼠疫、食物中毒等
社会安全事件	人为主观因素产生的危及社会安全的突发事件	群体性上访事件,暴乱、游行等引起社会的动荡的事件,恐怖活动及战争等

1.1.3　灾害的特点

灾害事件常常是非预期的,其突然发生的特性决定了其事态发展的不确定性,要求决策者采取果断的应急处置措施予以应对。灾害主要具有以下特点:

(1) 突发性和紧急性

灾害事件的发生突如其来或只有短时预兆,必须立即采取紧急措施加以处置和控制,否则会造成更大的危害和损失,如化学品泄漏、爆炸事故等。

(2) 不确定性

灾害事件发生的时间、形态和后果往往缺乏规律,无法用常规思维方式进行判断、预测。人们对许多灾害和风险难以准确预见其在什么时候、在什么地方、以什么样的形式发生,如地震、台风、旱灾、水灾、疫情等。

(3) 复杂性

灾害事件往往是各种矛盾激化的结果,总是呈现一果多因、相互关联、牵一发而动全身的复杂多变状态,若处置不当可能加大损失、扩大范围,甚至转为政治事件。灾害事件防治的组织体系也较为复杂,包括中央、省市及相关职能部门、社区三个层次。

(4) 危害性

不论什么性质和规模的突发事件,都必然不同程度地给社会造成破坏、混乱和恐慌,而且由于决策时间及信息有限,容易导致决策失误,造成不可估量的损失和社会危害。

(5) 持续性

灾害事件一旦爆发,总会持续一个过程,表现为潜伏期、爆发期、高潮期、缓解期、消退期。持续性表现为蔓延性和传导性,一个灾害事件常导致另一个灾害事件的发生,因此必须通过共同努力最大限度降低灾害事件发生的频率和次数,减轻其危害程度及对人类造成的负面影响。

(6) 机遇性

灾害事件存在机遇或机会,但不会凭空而来,需要付出代价,机遇的出现有客观原因,偶然性之后有必然性和规律性。只有充分发挥人的主观能动性,通过人自身的努力或变革,才能捕捉住机遇。

1.2　灾害风险管理与评价的产生与发展

当今世界,人类社会几乎每天都面临着各类风险。如何定义风险、识别风险、评价风险和管理风险已经成为当今社会不可回避的课题,也是全社会共同关注的课题。人类要始终相信:无论未来风险如何,只要人类不断深入理解风险的本质,正确地、科学地评估与评价风险,制订有效的风险管理措施和方案,就能够不断战胜风险、决胜未来。

1.2.1　风险与灾害风险

关于风险还没有一个公认统一的定义,国际风险分析学会(SRA)甚至放弃定义风险。

一般情况下,风险的定义取决于谁来定义风险。不同领域的风险定义不同,但灾害风险的定义大多表述为两种情形:第一,风险事故发生的不确定或是风险事故造成损失的不确定;第二,风险事故发生的概率及其损失后果的不确定的综合。1979 年,富尼埃·达尔贝深入研究了自然灾害背景下的风险概念,强调风险不仅取决于自然现象的强度,而且取决于暴露元素的脆弱性。1991 年,联合国救灾组织认为灾害风险是由于某一特定的自然现象、特定风险与风险元素引发的后果所导致的生命财产损失和经济活动的期望损失。2004 年,联合国国际减灾战略(UNISDR)把风险的概念定义为自然致灾因子或人为致灾因子与脆弱性条件相互作用而导致的有害结果或期望损失(人员伤亡,财产损失,生计、经济活动中断,环境破坏)发生的可能性。2009 年,该组织再次定义了灾害风险为在未来的特定时期内,特定社区或社会团体在生命、健康状况、生计、资产和服务等方面的潜在灾害损失。

1.2.2　风险管理与灾害风险管理

（1）风险管理

古人应对自然灾害通常采用简单而直接的方式,如求助风水、宗教和神灵等,这体现了原始朴素的风险管理意识。随着人类社会文明的不断进步和发展,理性的风险管理思想得到认可。人们意识到,风险源于人类满足自身的需求和欲望,如责任风险管理的理念来自《汉穆拉比法典》,风险分散的思想来自商人之间的互助。春秋战国时期老子的《道德经》提出了"为之于未有,治之于未乱"的思想,即在事情没有发生之前就要先做好准备,还没有乱的时候就要治理好。这些观点其实已经体现了古人"防患于未然"的风险管理思想。

现代风险管理得到广为重视和研究始于美国煤矿工人大罢工和福特汽车座椅生产工厂的火灾事故。1956 年,加拉格尔在《哈佛经济评论》发表了论文《风险管理——成本控制新时期》。风险管理早期强调工程技术风险管理,即以"工程万能"为主导的风险管理思想。20世纪 70 年代末,社会科学家们开始有关社会可接受风险的探讨。工程技术与金融保险相融合的风险管理成为必然的发展趋势,美国保险管理学会(ASIM)于 1975 年改名为"风险与保险管理学会"(Risk and Insurance Management Society,RIMS)。到了 20 世纪 90 年代,特别是 2000 年以来,风险管理理论与实践得到前所未有的发展和创新,并在实践中得到广泛应用。现代风险管理定义为:组织或个人对风险进行风险识别、风险评估、风险控制、风险融资、沟通协商和监督控制等一整套系统而科学的评估方法和管理措施,以风险成本最低为原则,并最终将各种风险发生前、发生时及发生后所产生的经济、社会、环境等不良影响降到社会可接受水平之下。

（2）灾害风险管理

1969 年,道格拉斯·戴西和霍华德·科隆特在自己和前人研究的基础上,出版了具有开创意义的关于灾害经济学和灾害风险管理的第一本论著《自然灾害经济学》,强调推动灾害保险可以成为当时联邦政府"家长式"政策的一种替代。20 世纪七八十年代,自然灾害风险管理在研究经济体的直接经济损失和商业中断产生损失的基础上,开展对自然灾害损失的预测和修正,并研究制定灾害保险等融资性防灾减灾措施。1989 年,联合国设立"减灾年",提出了综合减灾与风险管理的理念,开启了综合灾害风险管理的新思路,此后综合灾害风险管理成为世界各国防灾减灾领域最为推崇的范式。20 世纪 90 年代,防范灾害风险的策略逐步多样化,除了传统的购买灾害保险外,金融工具的创新为灾害管理提供了新思路。

此外,20 世纪 90 年代关于灾害风险评估的研究也得到了前所未有的快速发展,许多国家研究机构和商业组织已经开始运用各类数学模型定量评估灾害风险,并开发了灾害风险评估软件,特别是巨灾风险模型的商业化服务,为巨灾保险提供了科学有效的决策支持工具,促进了巨灾保险服务的快速发展。1994 年,联合国自然灾害减灾大会在日本横滨召开,本次大会是国际减灾界的里程碑,大会通过的《横滨战略及其行动计划》被称为减灾领域的国际蓝图。横滨会议上提出,全世界由于自然灾害造成的人员和经济损失正在迅速增加,并为会员国制定了防灾、备灾、减灾战略。

2006 年,在瑞士达沃斯召开的国际减灾会议上,国际灾害界的专家学者们呼吁以综合的多学科交叉视角来研究和探讨当今世界的各类自然和人为风险,进一步强调灾害风险管理、脆弱性和恢复力等在综合防灾减灾中的重要作用。联合国国际减灾战略(UNISDR)也把风险、脆弱性和灾害影响评估确定为优先工作之一。2015 年,联合国第三届世界减灾大会在日本仙台举行,会议最终通过《2015—2030 年仙台减灾框架》,该框架的优先行动事项包括了解灾害危险、加强减少灾害的治理工作,以对灾害危险进行管理。

综上所述,灾害风险管理已经成为当今世界及可预见的未来中防灾减灾与可持续发展领域的核心课题,灾害风险识别与评估、灾害风险评估模型的构建、灾害风险管理的流程与框架、灾害风险评价的标准和准则、防灾减灾规划、应急预案及演练等措施得到了广泛应用。国内外灾害风险管理的发展主要表现为以下几个方面:

① 灾害风险评估技术的应用。

近年来,基于现代灾害风险管理的理论框架,采用数理模型处理区域、空间灾害的风险评估技术得到显著发展。特别是以 GIS、GPS 和 RS 为代表的"3S"技术给灾害风险评估带来前所未有的发展机遇。例如,美国联邦紧急事务管理局和美国国家建筑科学研究院联合开发的基于 ArcGIS 的 HAZUS 和 HAZUS-MH 软件系统,还有美国的 RMS、EQE、AIR 三大巨灾模型公司自行开发的巨灾模型商业软件,这些巨灾风险管理和保险评估软件为灾害风险评估和巨灾保险提供了有效的技术支持。特别是在近几年,国际社会加强利用空间技术支撑灾害全过程风险管理。2019 年,我国应急管理部与联合国外空司共同主办的"联合国利用天基技术减轻灾害风险"国际会议在北京开幕,会议围绕利用空间技术落实"仙台减轻灾害风险框架"、开展灾害风险管理、前沿地球观测技术应用等专题开展研讨,有力提高了天基技术在防灾减灾救灾领域的应用水平。天基空间技术对未来减轻自然灾害风险、提高灾害应对能力具有深远的影响。

② 可接受风险与可容忍风险评价标准的确定。

自从英国安全与健康执行局(Health and Safety Executive,HSE)提出了著名的风险评价的最低合理可行原则 ALARP(As Low As Reasonably Practicable)准则,世界各国均开始引入该准则,并进一步根据各自国情改进了风险的具体评价准则和标准。特别是在生命可接受风险的标准方面,国内外很多领域都给出了具体的个人风险指标和社会风险指标,从而使得各类灾害风险的评价标准能够满足社会公众的要求,并能够得到社会公众的理解。最低合理可行原则的提出大大促进了防灾减灾政策的执行和措施的实施,从而实现社会风险成本最低,而不是社会风险最低的目标。实际上,任何的风险管理政策和措施都无法达到风险最低,也不可能达到零风险的目标,在资源有限情况下,风险最低也不符合社会经济发展要求。

③ 巨灾保险措施的实施。

进入 21 世纪后,人类对自然致灾因子等极端事件的理解有了极大的提高,相应的灾害管理制度也有了根本性的改进,由灾害分布图、建筑标准、政府应急预案和商业保险组成的一整套灾害管理制度在有效预防灾害和减少损失方面发挥着越来越重要的作用。巨灾保险已成为保持社会经济持续和稳定发展的"减振器"和"稳定器"。由于地震灾害、洪灾等自然灾害风险具有损失大、范围广、概率低等特性,完全的商业化运作存在着巨大的困难。因此,国家财政、保险公司、再保险公司和投保人共同组成完整的灾害预防和救助体系,保险业成为灾害救助体系的一个重要组成部分。经过多年经验的积累,发达国家(地区)在政策上和体制上采取政策性保险和商业性保险相结合的方式,发挥国家财政、保险公司和投保人各方的积极性,对巨灾风险进行有效的管理。近年来,我国防灾减灾的指导思想强调风险控制与风险融资措施的融合,强调巨灾保险是我国未来灾害风险管理的重要发展方向。党的十八届三中全会已经明确提出建立巨灾保险制度,减轻巨灾风险,我国地方政府开始启动巨灾保险,如深圳和宁波的巨灾保险、四川省城乡居民住房地震保险试点、云南大理实施的农房地震保险试点等。

④ 巨灾金融工具的发行。

自从美国芝加哥证券交易所 20 世纪 90 年代首次发行巨灾债券以来,巨灾保险已经开始进入资本市场,开发了巨灾保险债券、巨灾期权、巨灾互换等金融工具,这些与巨灾保险相关的金融工具为承保巨灾风险的保险公司提供了在资本市场融资的工具,也为资本市场增添了新的投资产品。这些产品在理论上与其他金融工具存在较低的相关性,为承保巨灾风险的保险公司提供了信用基础,保证了巨灾风险产品更加符合保险的大数法则和承保条件。随着我国巨灾保险的启动实施,相信我国巨灾资本市场、巨灾金融工具及衍生品会得到全面发展。

⑤ 综合灾害风险管理理论与实践。

自从 2001 年奥地利应用系统分析研究所(IIASA)和日本京都大学防灾所(DPRI)联合提出了综合灾害风险管理(IDRM),2005 年日本神户世界减灾大会更加强调运用综合手段进行灾害风险管理,有效提高社区的综合减灾能力,以实现与灾害风险共存的可持续发展模式。近几年来,国内外综合灾害风险管理理念已经在防灾减灾的理论与实践方面得到了全面的快速发展和应用。但是,综合灾害风险管理任重而道远,正如原国家减灾委员会专家委员会副主任史培军 2018 年接受记者采访时强调,对国家、对民族、对整个社会而言,综合灾害风险管理都是一个刻不容缓需研究的课题。我国在汶川地震后,防灾能力和发展能力同步提升,综合减灾体制机制有了明显进步。但是,综合灾害风险评价模型的构建和综合灾害风险的防范模式,对灾害的诊断和预报仍然是十分困难的课题。

1.3 现代灾害管理与综合风险管理

1.3.1 灾害管理及其作用

"灾害管理"一词在中国出现于 20 世纪 80 年代末,直到现在不少人还很不熟悉,许多人把它等同于减灾。在国外,"灾害管理"一词是受危机管理、风险管理的影响而出现的,意在像对危机、危险的管理,化解危机、风险那样,通过管理减少灾害、减轻灾害损失。从这个意义上讲,它与减灾也确实很难区分,因为减灾就是要减少灾害发生、减轻灾害损失。二者虽有密切联系,却并不是相同的概念。具体的减灾措施和行为都是减灾,却不能说它们都是灾害管理。只有围绕减灾所进行的管理或对减灾的管理,才是灾害管理。这同我们不把生活活动称为生产管理,只把围绕生产活动进行的管理或对生产活动的管理称为生产管理的道理是一样的。因此,灾害管理也可以说是减灾管理,通过对减灾的管理提高减灾效能,达到减少灾害发生和减轻灾害损失的目的。

管理是一种普遍存在的必不可少的特殊社会实践活动。任何一项社会实践活动,都需要从相互矛盾的价值中做出选择,确定所追求的目标体系;选择实现目标的途径和方法,并做出规划;把有限的人力、财力和物力资源组织调动起来,有效地发挥其作用;协调系统和环境以及系统内部各组成部分、各环节的关系;指挥人员行动并控制社会实践过程,以实现目标。没有这种管理,人们就不能很好地组织起来为实现某种目标而行动。没有有效的管理,任何一种社会实践活动都难以搞好。对于规模大、头绪纷繁、关系复杂的社会实践活动来说,就更是如此。减灾就是这样的社会实践活动,它需要政府、各种社会组织和全社会的人力、财力和物力等资源投入,其中存在着错综复杂的关系和矛盾,没有强有力的管理是很难组织协调好减灾并达到目的的。管理就是创造一种环境和条件,使置身于其中的人们能协调地工作,从而完成预定的使命。相对灾害管理而言,这种环境和条件包括管理体制、运行机制、法规体系、技术体系和能力建设五大支持系统。

管理科学有句名言,即"管理就是决策"。但对于灾害管理而言却不尽然,灾害管理通过法律、行政、宣传教育、经济制约或其他相关的手段,控制、约束与引导人们对于灾害的反应和有关减灾的行为,协调有关减灾的各个区域、部门与环节,影响和改善人们的减灾观念,规划与调整减灾事业的发展目标与相应的背景条件,设计、组织、决策和指挥有关减灾的重要活动,或通过诸如此类的其他方式达到有利于系统提高减灾效益的目的。因此,灾害管理主要面临七大任务,即:减灾的物资管理,减灾的物流运行状况管理,减灾重要决策及其执行过程管理,减灾经济与效益管理,减灾机构和部门管理,减灾的行为管理,灾情信息、资料与减灾科技成果管理。同时,灾害管理还要遵循八项基本原则,即:超前原则、兼容原则、动态调控与中心转移原则、"软硬兼施"原则、全局优先原则、就近调度原则、长远利益至上原则和科学筹划原则。灾害管理是提高防灾、抗灾和救灾能力的重要组成部分,在整个减灾体系中占有特殊的地位和不可替代的作用。灾害管理既是政府行为,又是社会群体行为,它贯穿于减灾系统工程活动的全过程,是全社会减灾行动系统的中枢。高效的灾害管理有利于防灾、抗灾、救灾工作的有机协调,有利于提高减灾工作的社会经济效益,也是最大限度减轻自然灾害损失的重要保证。灾害管理是管理的一种特殊类型,是减灾活动中的管理,是对减灾的管理。它要履行管理的一般职能,遵循管理的共同规律,但这是结合于减灾、服务于减灾的职能,有其自身的特殊规律。管理的一般职能融合、服务于减灾的特殊职能之中,管理的共同规律寓于灾害管理的特殊规律之中。因此,既不能把灾害管理等同于减灾,也不能简单地从一般管理意义上去理解它。灾害管理包括如下内容:首先,灾害管理要规划组织好减灾的各种职能活动,就像生产管理要规划组织好社会共同生产的各种职能活动一样。一个人减灾是自己管理自己,自己对减灾活动做出安排。社会共同减灾就要通过管理者对大家参加的减灾活动进行规划和组织而达到目的。一般而言,减灾包括灾害测报、防灾、备灾、抗灾、救灾、灾后恢复发展各个环节,这些环节也就是减灾的各种职能,包括了减灾的全过程。各环节间相互交叉、渗透,相互制约、影响。灾害管理担负着在掌握其客观规律的基础上组织安排好的职能,减灾的效能取决于这些减灾职能实际执行的好坏。其次,减灾各项职能的履行有赖于资源的投入和利用。减灾资源包括人力、财力、物力、科技、信息等。开辟各项资源的投入渠道,保障其合理投入的水平,提高其质量,使其有效利用,充分发挥效能,是履行减灾职能的必要保证。各项减灾资源的管理,毫无疑问也是灾害管理的重要内容。再次,灾害管理也像其他管理一样,是执行、组织和控制等各项管理职能的过程。减灾的主体只有合理组织起来,才能充分发挥作用。各项减灾资源和各个减灾环节也都需要有一个健全的体制去组织和协调。组织灾害调查与危险性评估,根据需要与现实条件编制减灾规划,建立和健全减灾法制,搞好减灾宣传教育等,可使减灾规划在组织、指挥、协调、控制下顺利进行。

此外,灾害管理还包括许多其他内容,如各国之间减灾的支援与合作、减灾与经济建设等方面关系的处理等。

从前面对灾害管理的论述中可以很清楚地看到,灾害管理的作用在于减灾,是一种社会行动的减灾,是减灾活动能够开展和取得成效的根本保证。单个个体进行的减灾,不需要社会范围的灾害管理,但其作用也只限于个体狭窄的范围。减灾虽然离不开个人行为,但是实质上却是一种社会行为,需要在全社会范围内进行有效组织和协调行动。随着科技经济和社会的发展,社会减灾的内容日益丰富,规模不断扩大,灾害管理的地位和作用也越来越突出。这正如小生产需要管理,而社会化大生产更需要管理一样,人们对管理作用的认识也是随着生产的发展,尤其是社会化大生产的发展而日益提高的。早期经济学家把生产要素分为劳动力、资本和土地三种,现代经济学家又增加了一种,即管理,并把它视为一种有效运用前三种资源的无形重要资源。

20世纪的一个突出现象是科学技术和管理十分引人注目,人们把二者比喻为现代社会发展的两只车轮。正是这两只车轮的飞转推动了经济和社会的迅猛发展,在减灾上也是如此。科技的作用是认识灾害和减灾的规律,提供减灾的技术和工程手段,提高包括管理者在内的减灾人员的技能和本领。从这个意义上讲,科技是第一减灾力。管理的作用是把包括科技在内的各种减灾要素调动和组织起来,充分发挥作用,形成现实的减灾力。无论是人力、财力、物力、信息还是科技,不调动和组织起来,就不能成为现实的减灾力,不能在减灾中发挥作用。组织管理水平不高,现实减灾力就弱;提高了组织管理水平,减灾力就会由弱变强。因此,灾害管理水平直接决定现实减灾力的总体水平,人力、财力、物力、科技、信息等要素的发展,也有赖于管理。如人的灾害意识、减灾知识和技能的提高,减灾科技的研究和发展等都需要有效的管理。从这个意义上说,减灾问题归根到底是灾害管理问题。这不是说减灾只抓灾害管理就行了,也不是否定减灾资源条件对减灾的限制,而是要向管理要减灾资源的发展,要减灾资源的调动、组织和有效利用,要减灾的效益。由此就不难理解,为什么有些科技、经济和社会条件相对差的地区和单位,减灾的成绩却很突出;为什么有些具有科技、经济和社会条件优势的地区和单位减灾工作却是落后的;为什么同一个地区、部门和单位,原先减灾工作落后,加强了灾害管理,减灾就可以由后进变为先进。

1.3.2 现代灾害管理理论

区域灾害系统理论认为:灾害系统是由孕灾环境、承灾体和致灾因子与灾情共同组成的具有复杂特性的地球表层异变系统,它是地球表层系统的重要组成部分。灾害系统中各子系统之间的关系如图 1-1 所示。

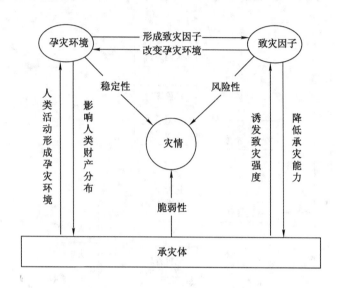

图 1-1 区域灾害系统结构示意图

区域灾害系统论认为,在灾害理论研究中应该同时考虑系统诸因素,认为对区域灾害形成过程的研究必须从区域资源开发过程入手,从区域灾害系统的形成与演化的普遍规律中认识,从全球环境变化与经济一体化过程、区域资源开发及经济与社会发展过程、企业与家庭的生产线及生命线运行过程三个维度加深对区域灾害系统的理解。

致灾因子、孕灾环境和承灾体在灾害系统中的地位和作用各有不同。灾害管理是对灾害系统的管理过程,即对生态、资源与自然环境等孕灾环境,自然、人为和环境等致灾因子,人类社会经济系统和各类自然资源等承灾体以及对灾害后果的管理过程;其目的是控制和降低致灾因子的风险性,提高孕灾环境的稳定性,降低承灾体的脆弱性,减轻灾害后果。由于灾害系统诸因子的互为因果和相互依存,灾害管理应是对灾害系统全面、系统、综合的管理。灾害管理的终极目标是减灾,一方面减少人民群众的生命和财产损失,保障受灾群众的基本生活,减轻灾害后果给社会带来的动荡和不稳定性;另一方面是促进发展,为经济发展创造安全的发展空间和发展环境。

按照灾害系统动力传输机制,灾害管理可划分为灾前、灾中和灾后三个阶段,还可进一步细分为灾前的预防、减轻、准备,灾中的响应、紧急救援,灾后的救助、恢复、重建与发展等环节。在灾害管理的每个阶段,甚至每个环节,都遵循其一般的管理逻辑程序,即灾害识别、灾害估测、灾害评估、灾害控制和灾害管理效果评价。灾害管理阶段或管理环节表现为显著的但又难以设定边界的周期性,循环往复。因此,灾害管理具有周期性(阶段性),灾害系统的动力传输过程是分灾种灾害管理的理论基础。

风险管理一直是金融领域的重要管理方式,在 20 世纪末进入公共危机管理领域并迅速取代了灾害学途径,建立综合风险管理体系,成为各国减灾工作的首要任务。其转折点事件就是联合国在 2000 年关于减灾做出的调整,认为过去十年减灾计划不够成功。此后,澳大利亚推出的灾害风险管理模式迅速成为西方发达国家学习的摹本,各国在原有危机管理阶段理论的基础上,增加了风险管理,形成了新的灾害管理的生命周期理论和现代灾害管理体系(图 1-2)。

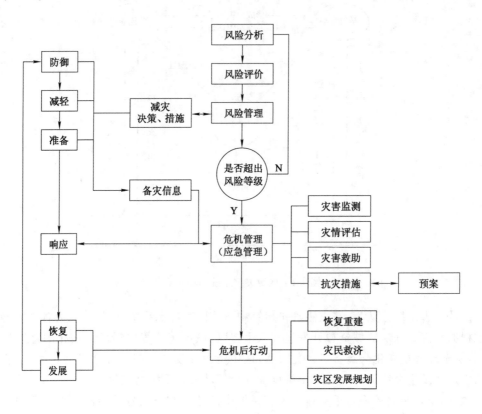

图 1-2　现代灾害管理体系框架

由图 1-2 可知,现代灾害管理与风险管理、危机管理有着十分密切的关系。风险是指灾害事件的发生概率,危机则是指事关组织、个人生死存亡的突发性事件,包括灾害事件。灾害是一种突发的或逐渐积累的自然与人为事件,灾害事件首先是个风险事件,也就是能够造成人类生命、财产以及生存环境巨大损失的突发或缓发性事件。而任何灾害事件中的破坏可能性均是由孕灾环境中致灾因子的危险性和承灾体的脆弱性所决定的。与此同时,灾害事件中包含危机事件,特别是大多数突发性灾害事件均是危机事件,需要快速反应。因此,灾害管理也就包含风险管理、危机管理。风险管理是对致灾现象或因子进行管理,如情报管理、致灾因子监测与预报管理、削弱致灾风险的对策等;危机管理是对受灾害影响的社会进行管理,目的在于增强社会对致灾因子的承受能力,如风险评估、规划、情报传递、响应、应急机制、社会保障、防灾立法等。因此,现代灾害管理是由风险管理和危机管理两个应用学科交叉而成的新型管理学科,它是研究灾害形成发展规律和灾害控制技术的应用管理学科。

通过以上分析不难看出,现代灾害管理过程伴随着风险管理和危机管理,可以认为灾害管理的过程就是由风险管理和危机管理组成的。在灾害管理的周期中,每一个阶段都贯穿着风险管理过程,都需要进行灾害风险分析、风险评估、风险管理和决策,每个阶段的内容和目标各有侧重,同时具有延续性,前一阶段分析、评估的结果是后一阶段风险管理和有关减灾决策的基础和支撑,后一阶段风险分析、评估的结果是对前一阶段灾害管理和决策效果的必要检验。同时,灾害管理周期中的准备、响应和恢复阶段又与危机管理密不可分。

灾害管理过程中,风险管理与危机管理在准备阶段、响应阶段、恢复阶段的管理重叠,是否启动危机管理程序和启动什么级别的响应程序,需要有风险管理过程的支持,换句话说,风险管理是危机管理的技术和信息支撑。

灾害管理、风险管理和危机管理三者之间的关系如图 1-3 所示。

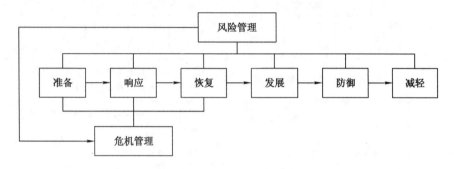

图 1-3 灾害管理、风险管理和危机管理三者间的关系

现代灾害管理体系中灾害风险管理理论与实践的推行,表明危机管理的实际工作和理论研究从原有的重视应对走向重视预防,改变了"危机管理=应对管理"的思路。从理论研究来看,风险管理途径的发展可分为两个阶段:第一阶段是风险管理与危机管理分离模式(其中,风险管理包括识别风险、评价风险、管理风险;危机管理包括刺激、反应、反馈);第二阶段实现危机管理与风险管理的方法[风险管理(风险诊断、风险反应和风险恢复计划)、危机情境(反应和恢复管理)、反馈(学习,包括风险确认、计划和准备)],主张对致灾因子、致灾环境和承灾体进行风险分析,计算出风险指数,确定可接受的风险,并将这些风险的防范纳入各种发展规划和突发公共事件应急体系建设规划之中。

在实践领域,从战略上加强对预警系统、抗灾建筑、民防工程的投资和建设;在行动领域要求推行测、报、防、抗、救、援等行动,着力发展公共安全科学技术和管理技术,认为公共安全问题不仅仅是科技手段问题,而且是一个管理问题。各个国家开展了政府系统、非政府组织、专家系统、公民系统等四大系统建设,逐步建立应对危机的综合风险管理体系。

由于过去灾害管理的工作重点是危机管理,强调灾后的救济和恢复,轻视灾前的预防和准备,即重救轻防,综合管理力度不够,因此灾害频发。随着灾害在全球造成的影响越来越大,人们的注意力越来越转向降低灾害风险方面,即通过采取各种减灾行动及改善运行能力,降低灾害事件的风险,对灾害进行风险管理。风险管理是指采用科学、系统、规范的办法,对风险进行识别、处理的过程,以最低的成本实现最大的安全保障,或最大可能地减少损失的科学管理方法。对于灾害管理,预防与控制是成本最低、最简便的方法。灾害风险管理正是基于这个道理提出的。风险管理强调的是在灾害发生前着手进行准备、预测、减轻和早期警报工作,对可能出现的灾害预先处理,将许多可能发生的灾害消灭在萌芽或成长的状态,尽量减少灾害出现的概率。而对于无法避免的灾害,能预先提出控制措施,当灾害出现的时候,有充分的准备来应对灾害,以减轻损失。联合国国际减灾战略秘书处的特瑞·璋格在2005年曾撰文区分危机管理与灾害风险管理的区别,他认为危机管理(应急管理)与减少灾害风险管理之间有一些明显的区别,二者关注的重点、运作过程、时效性、信息使用和管理、社会政治关注都有较大不同,见表1-2。

表1-2 危机管理(应急管理)与减少灾害风险管理比较

比较内容	项目	
	危机管理(应急管理)	减少灾害风险管理
关注重点	重点关注致灾因子和灾害事件本身	重点关注脆弱性和风险因素
	单体的,以事件为基础	动态的,综合多种风险因素
	单纯应对某个单独事件	评估根本需求,监测并随着变化过程不断进行更新
过程运作	经常是固定的、以特定区域为条件	操作过程经常是不断延伸发展和共享的,或者是带有区域性和地方差异性特点
	仅仅是单个机构或职能部门的责任	需要多种机构、不同侧重领域和多种因素来共同参与
	指挥和控制、直接运作	具有特定环境功能和自由协作
	已建立不同等级的联系	可转换的、流动的和交互的关系
	关注硬件和设备建设	以实践、能力和知识为基础
	专家的主导作用	特定专家发挥的作用,观点和优先领域的确定
时效性	紧急、迅速并在短期内计划、关注和报告框架	可比较地、缓和地在长时间内建立预测、计划、价值和报告框架
信息使用和管理	迅速变化和动态的信息使用,信息是不断冲突和敏感的	信息使用和管理过程是不断加速的,需要辅以历史信息,信息是层叠和即时更新的,或比较性地使用信息
	初步的、授权的或单一的信道,需要有确切的事实基础	信息是公开的或者是公共信息,信息来源有多种渠道,信息内容是不同的
	直接的,以"需要知道"作为信息发布的基础,信息具有可获取性	信息的使用是多种用途的,共享交换和交错使用的
	可操作的或以交流沟通为基础的公众信息	矩阵式和节点式交流沟通
	进出或垂直的信息流	分散的和横向的信息流
社会和政治关注	关注与公共安全有关的事件	公共感兴趣事件、投资事件和安全事件

灾害风险管理是危机管理的强大动力和重要基础,它是一种更主动、更积极、更前沿的管理手段,是一项具有基础性、超前性、综合性的工作。灾害风险管理要求重视并做好日常的应急准备、预备和预警等基础性工作,通过提高政府的突发公共事件预警和防范能力,充分实现日常预防与应急处置、常态管理与非常态管理的有机结合,从而在更基础的层面,更全面积极主动地推进应急管理工作。风险管理与应急管理在管理的对象、目标、手段、结果

等方面都不尽相同。风险管理主要以尚未爆发成为突发公共事件的风险为对象,旨在避免或减少风险发展演变为突发公共事件的机会,它包括灾害前、灾难中和灾后的各个阶段,侧重预防为主、标本兼治,从根源上避免或减少灾害的发生,因而是一种真正积极主动的全过程管理。

长期以来,中国虽然在应对各种各样的灾害方面采取了多种不同的策略和举措,每次面临重大灾害,全国上下都投入了巨大的精力、财力、人力和物力,并取得许多宝贵经验,但应急机制的法律法规及管理体制尚处在逐步建立和日趋完善之中。从总体上看,同绝大多数发展中国家一样,中国尚缺乏有效而可操作的灾害管理方法和模式。具体表现为:第一,对灾害及其管理复杂性和系统性的认识不够,灾害常常被视为一种局部和偶发现象。在管理上,以单项灾种的职能部门减灾应急管理为主,管理资源分散、低水平重复,未能形成合力。即使就各单一灾种而言,有关部门之间也缺少高效的沟通和协调机制。第二,对灾害的处理也大多是采取临机处置的方式,通常是按照常规和经验来处置,存在"头痛医头、脚痛医脚"的现象,难免处于被动应急的局面,缺乏制度化的灾害"疏缓、准备、回应和恢复"的"全过程灾害管理"机制。因此,从灾害危机管理向灾害综合风险管理转变势在必行,是全面提高中国防灾减灾管理能力的客观需要。

因此,面对各种各样的自然灾害,对于政府而言,如何将风险管理纳入灾害管理中建立起一个全面的、整合的自然灾害管理体系和模式,即综合灾害风险管理体系和模式,不断提升政府和社会的灾害管理能力,可以说是当今灾害管理的最大挑战。

1.4 我国灾害防治现状

1.4.1 "十三五"时期我国防灾减灾工作建设成效

(1)建设成效

"十三五"时期,党中央、国务院对防灾减灾救灾工作做出一系列决策部署,各地区、各部门狠抓落实,社会各界广泛参与,我国防灾减灾救灾体系建设取得明显成效。

① 自然灾害管理体系不断优化。中共中央、国务院印发《关于推进防灾减灾救灾体制机制改革的意见》。深化中国特色应急管理体制机制改革,组建应急管理部,统筹协调、分工负责的自然灾害管理体制基本建立,灾害风险综合会商研判、防范救援救灾一体化、救援队伍提前预置、扁平化指挥协调等机制进一步健全。修订施行《防洪法》《森林法》《消防法》《地震安全性评价管理条例》等法律法规,加快推进自然灾害防治立法,一批自然灾害应急预案和防灾减灾救灾技术标准制(修)订实施。

② 自然灾害防治能力明显增强。组织实施自然灾害防治重点工程,第一次全国自然灾害综合风险普查形成阶段性成果并发挥重要作用,山水林田湖草沙生态保护修复工程试点、海岸带保护修复工程、特大型地质灾害防治取得新进展,房屋市政设施减隔震工程和城乡危房改造等加快推进建设。灾害监测预报预警水平稳步提升,国产高分辨率卫星、北斗导航等民用空间基础设施在防灾减灾救灾领域得到广泛应用。

③ 救灾救助能力显著提升。强化全灾种全过程综合管理和应急力量资源优化管理,灾害信息报送更加及时,综合监测预警、重大风险研判、物资调配、抢险救援等多部门、跨区域协同联动更加高效。基本建成中央、省、市、县、乡五级救灾物资储备体系,中央财政自然灾害生活补助标准不断提高,灾害发生12小时内受灾人员基本生活得到有效保障。

④ 科普宣传教育成效明显。在全国防灾减灾日、安全生产月、全国消防日、国际减灾日等重要节点,开展形式多样的防灾减灾科普宣传教育活动,防灾减灾宣传进企业、进农村、进社区、进学校、进家庭成效凸显,年均受益5亿余人次。创建全国综合减灾示范社区6 397个,确定首批全国综合减灾示范县创建试点单位13个,建设12个国家级消防科普教育馆,有序推进防灾减灾科普宣传网络教育平台建设,公众防灾减灾意识和自救互救技能明显提升。

⑤ 国际交流合作成果丰硕。积极践行人类命运共同体理念,落实《联合国2030年可持续发展议程》和《2015—2030年仙台减少灾害风险框架》进展明显,上海合作组织、中国-东盟等区域合作框架下的合作更加务实,与共建"一带一路"国家交流合作不断扩大。中国国际救援队、中国救援队积极参与国际救援行动,充分彰显了负责任大国形象。

"十三五"时期,我国防灾减灾救灾体系经受了严峻考验,成功应对了九寨沟地震、"利奇马"超强台风、2020年南方洪涝灾害等重特大自然灾害,最大程度减少了人民群众生命财产损失,为经济社会发展提供了安全稳定环境。年均因灾直接经济损失占国内生产总值的比重和年均每百万人口因灾死亡率分别为0.4%、0.7%,大幅低于"十三五"时期提出的1.3%、1.3%的规划目标。年均全国因灾死亡失踪人数、倒塌房屋数量、农作物受灾面积、森林草原火灾受害面积、直接经济损失占国内生产总值的比重,与"十二五"时期相比分别下降37.6%、70.8%、22.7%、55.3%、38.9%。

(2) 短板与挑战

全球气候变暖背景下,我国极端天气气候事件多发频发,高温、暴雨、洪涝、干旱等自然灾害易发高发。随着城镇化、工业化持续推进,基础设施、高层建筑、城市综合体、水电油气管网等加快建设,产业链、供应链日趋复杂,各类承灾体暴露度、集中度、脆弱性不断增加,多灾种集聚和灾害链特征日益突出,灾害风险的系统性、复杂性持续加剧。面对复杂严峻的自然灾害形势,我国防灾减灾救灾体系还存在短板和不足。

① 统筹协调机制有待健全。一些地方应急管理体制改革还有待深化,防灾减灾救灾统筹协调亟须强化。极端天气气候事件多发频发,灾害风险隐患排查、预警与响应联动、社会动员等机制不适应新形势、新要求。自然灾害防治缺少综合性法律,单灾种法律法规之间衔接不够。基层应急组织体系不够健全,社会参与程度有待提高。

② 抗灾设防水平有待提升。自然灾害防御能力与实施国家重大战略还不协调、不配套。交通、水利、农业、通信、电力等领域部分基础设施设防水平低,城乡老旧危房抗震能力差,城市排水防涝设施存在短板,部分中小河流防洪标准偏低,病险水库隐患突出,蓄滞洪区和森林草原防火设施建设滞后,应急避难场所规划建设管理不足,"城市高风险、农村不设防"的状况尚未根本改观。

③ 救援救灾能力有待强化。地震、地质、气象、水旱、海洋、森林草原火灾等灾害监测网络不健全。国家综合性消防救援队伍在执行全灾种应急任务中,面临航空救援等专业化力量紧缺、现代化救援装备配备不足等难题。地震灾害救援、抗洪抢险以及森林草原火灾扑救

等应急救援队伍专业化程度不高,力量布局不够均衡。应急物资种类、储备、布局等与应对巨灾峰值需求存在差距。新科技、新技术应用不充分,多灾种和灾害链综合监测和预报预警能力有待提高,灾害综合性实验室、试验场等科研平台建设不足。

④ 全社会防灾减灾意识有待增强。一些地方领导干部缺少系统培训,风险意识和底线思维尚未牢固树立。公众风险防范和自救互救技能低,全社会共同参与防灾减灾救灾的氛围不够浓厚。社会应急力量快速发展需进一步加强规范引导。灾害保险机制尚不健全,作用发挥不充分。

1.4.2 "十四五"国家综合防灾减灾规划

"十四五"期间,我国综合防灾减灾规划总体目标是:到 2025 年,自然灾害防治体系和防治能力现代化取得重大进展,基本建立统筹高效、职责明确、防治结合、社会参与、与经济社会高质量发展相协调的自然灾害防治体系。力争到 2035 年,自然灾害防治体系和防治能力现代化基本实现,重特大灾害防范应对更加有力有序有效。

党的二十大报告指出,要提高公共安全治理水平。坚持安全第一、预防为主,建立大安全大应急框架,完善公共安全体系,推动公共安全治理模式向事前预防转型。推进安全生产风险专项整治,加强重点行业、重点领域安全监管。提高防灾减灾救灾和重大突发公共事件处置保障能力,加强国家区域应急力量建设。

国家综合防灾减灾的根本任务,就是要推进自然灾害防治体系现代化和推进自然灾害防治能力现代化。

(1) 推进自然灾害防治体系现代化

① 深化改革创新,健全防灾减灾救灾管理机制。

建立健全统一权威高效的自然灾害防治综合协调机制,强化统筹协调、防治结合的管理模式,形成各方齐抓共管、协同配合的防灾减灾救灾格局。建立完善重特大自然灾害调查评估制度,推动落实自然灾害防治责任。健全完善军地抢险救灾协同联动机制,强化信息互通、资源共享、需求对接、行动协同,形成应急救援合力。强化区域防灾减灾救灾协作,在京津冀协同发展、长江经济带发展、粤港澳大湾区建设、长三角一体化发展、黄河流域生态保护和高质量发展、乡村振兴等国家重大战略实施中,统筹构建区域防灾减灾协同机制,在灾情信息、救灾物资、救援力量等方面强化区域联动协作。

② 突出综合立法,健全法律法规和预案标准体系。

推动制(修)订防灾减灾救灾法律法规,着力构建新时代自然灾害防治法治体系。修订完善中央和地方各级自然灾害类应急预案,落实责任和措施,强化动态管理,提高自然灾害应急预案体系的系统性、实用性。制(修)订灾害监测预报预警、风险普查评估、灾害信息共享、灾情统计、应急物资保障、灾后恢复重建等领域标准规范,强化各层级标准的应用实施和宣传培训。

③ 强化源头管控,健全防灾减灾规划保障机制。

加强规划协同,将安全和韧性、灾害风险评估等纳入国土空间规划编制要求,划示灾害风险区,统筹划定耕地和永久基本农田、生态保护红线、城镇开发边界、雨洪风险控制线等重要控制线,强化规划底线约束。统筹城乡和区域(流域)防洪排涝、水资源利用、生态保护修复、污染防治等基础设施建设和公共服务布局,结合区域生态网络布局城市生态廊道,形成连续、完整、系统的生态保护格局和开敞空间网络体系。全面完成第一次全国自然灾害综合风险普查,建立分类型分区域的国家自然灾害综合风险基础数据库,编制自然灾害综合风险图和防治区划图,修订地震烈度区划、洪水风险区划、台风风险区划、地质灾害风险区划等。

④ 推动共建共治,健全社会力量和市场参与机制。

制定和完善相关政策、行业标准和行为准则,完善统筹协调和信息对接平台,支持和引导社会力量参与综合风险调查、隐患排查治理、应急救援、救灾捐赠、生活救助、恢复重建、心理疏导和社会工作、科普宣传教育等工作。积极支持防灾减灾救灾产业发展,建设一批国家安全应急产业示范基地,鼓励开展政产学研企协同创新,促进防灾减灾科技成果产业化。组织实施一批安全装备应用试点示范工程,探索"产品＋服务＋保险"等新型应用模式,引导各类市场主体参与先进技术装备的工程化应用和产业化发展。建立完善社会资源紧急征用补偿、民兵和社会应急力量参与应急救援等政策制度。建立健全巨灾保险体系,推进完善农业保险、居民住房灾害保险、商业财产保险、火灾公众责任险等制度,充分发挥保险机制作用。

⑤ 强化多措并举,健全防灾减灾科普宣传教育长效机制。

编制实施防灾减灾救灾教育培训计划,加大教育培训力度,全面提升各级领导干部灾害风险管理能力。继续将防灾减灾知识纳入国民教育体系,加大教育普及力度。加强资源整合和宣传教育阵地建设,推动防灾减灾科普宣传教育进企业、进农村、进社区、进学校、进家庭走深走实。充分利用全国防灾减灾日、安全生产月、全国消防日、国际减灾日、世界急救日等节点,组织开展多种形式的防灾减灾知识宣传、警示教育和应急演练,形成稳定常态化机制。

⑥ 服务外交大局,健全国际减灾交流合作机制。

推进落实《联合国 2030 年可持续发展议程》和《2015—2030 年仙台减少灾害风险框架》,务实履行防灾减灾救灾双边、多边合作协议。广泛宣传我国防灾减灾救灾理念和成就,深度参与制定全球和区域防灾减灾救灾领域相关文件和国际规则。打造国际综合减灾交流合作平台,完善"一带一路"自然灾害防治和应急管理国际合作机制,深化与周边国家自然灾害防治领域的交流与合作。推动我国防灾减灾救灾高端装备和产品走出去,积极参与国际人道主义救援行动。

(2) 推进自然灾害防治能力现代化

① 加强防灾减灾基础设施建设,提升城乡工程设防能力。

推进大江大河大湖堤防达标建设,加快防洪控制性水库和蓄滞洪区建设,加强中小河流治理、病险水库除险加固和山洪灾害防治。推进重大水源和引调水骨干工程建设,加快中小型抗旱应急水源建设,开展灌区续建配套与现代化改造,提高抗旱供水水源保障和城乡供水安全保障能力。统筹城市防洪和内涝治理,加强河湖水系和生态空间治理与修复、管网和泵站建设改造、排涝通道和雨水源头减排工程、防洪提升工程等建设。实施全国重要生态系统保护和修复重大工程,继续实施海岸带保护修复,促进自然生态系统质量进一步改善。推进高标准农田建设,提高抗旱排涝能力。实施公路水路基础设施改造、地质灾害综合治理、农村危房改造、地震易发区房屋设施加固等工程建设。建设完善重点林区防火应急道路、林火阻隔网络,加强林草生物灾害防治基础设施建设。

② 聚焦多灾种和灾害链,强化气象灾害预警和应急响应联动机制。

加强灾害监测空间技术应用,加快国家民用空间基础设施建设,加速灾害地面监测站组网,广泛开展基层风险隐患信息报送,提升多灾种和灾害链综合监测预警能力。建立健全灾害信息跨部门互联互通机制,实现致灾因子、承灾体、救援救灾力量资源等信息及时共享。加快自然灾害综合监测预警系统建设,加强灾害趋势和灾情会商研判,提高重大风险早期精准识别、风险评估和综合研判能力。完善多部门共用、多灾种综合、多手段融合、中央-省-市-县-乡五级贯通的灾害预警信息发布系统,提高预警信息发布时效性和精准度。进一步壮大灾害信息员队伍,充分发挥志愿消防速报员、"轻骑兵"前突通信小队等作用。加强气象灾害预警与应急响应衔接,强化预警行动措施落实,必要时采取关闭易受灾区域的公共场所,转移疏散受威胁地区人员,以及停工、停学、停业、停运、停止集会、交通管控等刚性措施,确保人员安全。加强舆情监测和引导,积极回应社会关切。

③ 立足精准高效有序,提升救援救助能力。

整合利用各类应急资源,科学构建应急救援力量体系,优化国家综合性消防救援队伍和海上专业救捞等各专业应急救援力量布局,提升快速精准抢险救援能力。建立区域应急救援中心,健全国家应急指挥、装备储备调运平台体系。强化救援救灾装备研制开发,加大先进适用装备配备力度,优先满足中西部欠发达、灾害多发易发地区的装备配备需求。健全完善航空应急救援体系,租购结合配备一批大型航空器,优化空域使用协调保障机制,加强航空救援站、野外停机坪、临时起降点、取水点、野外加油站等配套设施建设,建设航空应急服务基地。健全救灾应急响应机制,调整优化灾害应急救助、过渡期救助、倒损民房恢复重建、旱灾和冬春生活救助等政策,提高灾害救助水平。科学规划实施灾后恢复重建,在多灾易灾地区加强基层避灾点等防灾减灾设施建设。

④ 优化结构布局,提升救灾物资保障能力。

健全国家应急物资储备体系,推进中央救灾物资储备库新建和改扩建工作,重点在交通枢纽城市、人口密集区域、易发生重特大自然灾害区域增设中央救灾物资储备库。继续完善中西部和经济欠发达高风险地区地市和县级储备体系。支持红十字会建立物资储备库。科学调整储备的品类、规模、结构,优化重要救灾物资产能保障和区域布局。开展重要救灾物资产能摸底,制订产能储备目录清单,完善国家救灾物资收储制度。建立统一的救灾物资采购供应体系,推广救灾物资综合信息平台应用,健全救灾物资集中生产、集中调度、紧急采购、紧急生产、紧急征用、紧急调运分发等机制。

⑤ 以新技术应用和人才培养为先导,提升防灾减灾科技支撑能力。

依托国家科技计划(专项、基金),加强基础理论研究和关键技术攻关。探索制订防灾减灾救灾领域科技成果转化清单,加强科技成果推广应用。统筹推动相关国家重点实验室和国家技术创新中心建设,建设一批科教结合的自然灾害观测站网、野外科学观测站、国家科技成果转化示范区。统筹建设自然灾害防治领军人才队伍,组建自然灾害防治高端智库,发挥决策咨询作用。推动自然灾害综合风险防范、应急管理相关学科和专业建设,鼓励支持有条件的高等院校开设防灾减灾相关专业,积极培养专业人才。加强地震风险普查及防控,强化活动断层探测和城市活动断层强震危险性评估,开展城市地震灾害情景构建。发挥人工影响天气作业在抗旱增雨(雪)、农业防灾减灾中的积极作用。

⑥ 发挥人民防线作用,提升基层综合减灾能力。

结合新型城镇化、乡村振兴和区域协同发展等战略实施,完善城乡灾害综合风险防范体系和应对协调机制。实施基层应急能力提升计划,健全乡镇(街道)应急、消防组织体系,实现有机构、有场所、有人员、有基本的装备和物资配备。深入组织开展综合减灾示范创建,大力推广灾害风险网格化管理,实现社区灾害风险隐患排查治理常态化。推进基层社区应急能力标准化建设,实现每个社区"六个一"目标,即一个预案、一支队伍、一张风险隐患图、一张紧急疏散路线图、一个储备点、每年至少一次演练,不断夯实群防群治基础。

思考与练习

1. 何为灾害?如何分类?有哪些特点?
2. 何为风险?风险管理与灾害风险管理有哪些异同?
3. 灾害管理包括哪些内容?
4. 如何理解灾害管理、风险管理和危机管理的联系与区别?

第 2 章　风险分析基本原理

风险已经成为各个行业中出现频率最高的词汇之一,经济投资、管理决策、科学与技术、安全与卫生、灾害与环境等领域都与风险评估及管理相关。这是因为风险的定义反映了未来可能发生的情况以及选择方案的理念,也是社会可持续发展的前提和保障。人类创造了"风险"这一词汇,实际上是划定了现代社会与过去的边界。因此,风险影响人类的选择与决策,这种由选择或者决策过程中产生的担心或者害怕产生风险的程度,取决于人类能够进行选择的自由度和选择时所掌握的信息量。风险的选择意味着未来的选择,意味着对未来的决策。因此,彼得·伯恩斯坦在《与天为敌——探索风险传奇》一书中写道:"预测未来可能发生的情况,以及在各种选择之间取舍的能力,是当前社会发展的关键。"

2.1　风险分析的基本内容

现代社会关于风险的词汇已经广泛出现在金融学、环境学、灾害学、经济学、社会学、工程建设与科学技术等领域。那么,首先需要回答风险是什么,风险的起源是怎样的,风险都有哪些学说,风险是不确定的吗。这些问题是风险管理研究的基础,需要进行系统调查、考证和研究。

2.1.1　风险的起源

关于风险的文献记载最早出现在 16 世纪,"风险"这一词汇在罗马语中被广泛地运用。也有一些文献认为"风险"一词可能起源于希腊语"rhizia"和古意大利词语"risicare",词语解释是"害怕"的意思。有的文献猜测这个术语来自波斯术语"rozik";有的文献认为风险一词来源于西班牙语中的航海术语,本意指冒险和危险。后来,还有学者认为风险一词来源于拉丁文"risicum"或者阿拉伯文"risq",意味着上帝给你的、可以让你从中得到好处的任何事情,隐含着有利的结果,拉丁文"risicum"则意味着暗礁对水员的挑战,蕴含着可能的不利结果。北京师范大学黄崇福教授给出的"风险"概念源自远古时期,以打鱼捕捞为生的渔民们,在长期的捕捞实践中,深深地体会到"风"给他们带来的无法预测、无法确定的危险,这种说法与拉丁文"risicum"的意思相近。

现代的风险的概念最早源于 19 世纪末的西方经济学,但是,风险的概念在不同学科领域的内涵与外延都不尽相同。詹姆斯·希克曼认为,一般的风险包括事件的状态或过程、事件状态或过程发生的可能性或概率以及后果。现代汉语词汇"风险"是由英文"risk"翻译而来的,《韦氏字典》里给出的风险定义是指面临着伤害或损失的可能性。

2.1.2 风险与不确定性

人们只要谈到风险的概念恐怕难以离开"不确定"这个关键词,风险从某种程度上是与不确定共同出现的,或者说不确定对于风险是不可或缺的。但是风险是不确定的吗? 如果风险等同于不确定,人们语言中"风险"这个词汇又从何说起呢? 如果不确定性是风险存在的根源,为了全面深入地理解风险概念,需要先讨论不确定的产生、不确定的概念及其与风险的关系。

(1) 不确定的产生

在过去的几百年里,人类用于描述自然界中确定性的模型已经取得了重大的实质性成果。这些模型不断提升了人类对自然科学的理解,并从某种意义上改变了这个星球的自然与社会环境。对于自然科学,尽管人类已经在某些领域的预言(理论)中得到了一些证实,比如牛顿的物理学运动规律、爱因斯坦的相对论等,但是社会科学却远没有那么幸运,人们依然不能对经济发展进行准确预测,如经济学家并没有预测到 2007 年美国的金融次贷危机,也没能预测到 2012 年的欧洲债务危机,政治家也没有预测到 2001 年美国纽约的"9·11"恐怖袭击,这些社会问题仍然不能科学准确地预测和评估。

古人更愿意将不确定描述成老天或上帝的旨意,几个世纪以来,不确定似乎是一个永久的话题。不确定在人类日常的生活中随处可见,例如当人们计划节假日去度假时,就会考虑到天气的不确定性问题;当人们决定投资股票时,就会考虑到价格的不确定问题;等等。最早的不确定例子是法国哲学史上的一个寓言故事"布里丹的驴子(Buridan's donkey)",驴子的前面有两个篮子,装满同样的干草且与驴子同样距离,问驴子可能向哪个篮子走去。如果驴子走向其中一个篮子,那又是为什么? 当然,如果存在某些情况影响驴子的决策因素,那么问题是所有的影响因素都能被驴子识别出来吗,或者识别时是否存在某些限制的影响因素呢,所有这些情况都存在不确定吗。回答这些问题,都要考虑不确定的概念内涵、不确定的类型及其本质。

(2) 不确定性的类型

人类语言有很多词汇来描述不确定性,比如说模糊性、不清楚、随意性、不定性、模棱两可等。关于不确定的分类,国外学者进行了深入研究和总结,将不确定性划分为以下四种类型:

① 不明确(non-specification)——缺乏信息(absence of information)。

② 不确定(uncertainty)——缺乏准确性(absence of accuracy)。

③ 不一致(dissonance)——缺乏判定(absence of arbitration)。

④ 混乱(confusion)——缺乏理解(absence of comprehension)。

对上述的不确定做如下分析:

① 不明确是指由于缺乏信息导致的。

② 不确定是指主观判断缺乏准确性导致的。

③ 不一致表示事情是否发生的可能性问题,人类最初引进概率论与统计学主要是为研究这类不确定,后来随着概率论与数理统计的发展,这类不确定已经扩展到考虑主观因素的影响,如贝叶斯定理及其后验分布定理。

④ 混乱主要是考虑缺乏理解的情况下导致的不确定。

不确定还可以分为外在不确定和内在不确定。外在不确定表现为:一旦人们感到某些事物或情况不确定,他们就会试图在一定程度上降低外在因素不确定。这种观点可以从风险管理措施上得到印证。内在不确定性是指一个人可能拥有的机会以及自由,但是,人们在担心、害怕或是紧急情况下,这种内在不确定性就会消失。因为,紧急情况下人们更依赖于所处的特定的环境和情况,当人们没有时间和机会自己做出决策时,特别是在人们意识到有风险的情况下,人的这种内在不确定性会变得更加显著。例如,只有当存在更多的内在不确定性时,人们才更倾向于接受更高的外部环境的不确定性,因为这种内在不确定能够使人可以根据自己喜好和当时的情绪进行决策,这刚好印证了冯·福斯特的伦理规则:"想得更远,机会才能更多",也印证了中国的一句古训"人无远虑,必有近忧"。

弗鲁温维尔德给出的不确定分类如图 2-1 所示。这种不确定主要分为内在的不确定(随机或偶然的不确定)和客观知识的不确定两大类。其中,内在不确定主要来自(自然)系统内部的随机性和变动性,理论上这种随机不确定可以通过无限次的观察得到;而知识或是认知不确定是由于知识的缺乏、评估的不确定,也许是基于有限数据、模型和假设的过程步骤引起的不确定。知识的不确定可以通过度量方法减轻甚至消除,通过观察得到科学的确定性;而内部不确定代表系统自然属性的一种不确定,是不能消除的,是一种客观存在的不确定。内部不确定与时间和空间不确定相关;知识(认知)的不确定主要分为模型不确定和统计不确定,模型的不确定主要是指事件的过程或现象没有得到完全理解和掌握,统计不确定主要是指选取的统计函数未能充分描述事件的现象。统计不确定可以分为分布类型不确定和分布参数不确定。

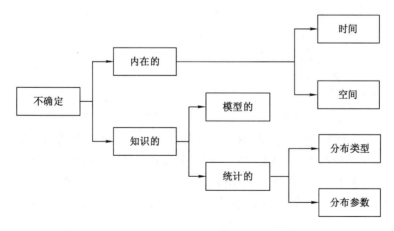

图 2-1　弗鲁温维尔德给出的不确定分类图

(3) 不确定的表达

数学被认为是迄今最科学客观的语言,但也不能完全描述不确定,因为数学语言也不是完全绝对语言,数学模型有约束条件或假设条件,同样存在着不确定。在真实世界里,没有完全精确的事物,一般含糊的单词或术语都可以视为不确定。因为客观事物通常是不确定的,客观规律也常常是模糊的,客观的数据也是缺失的。即使今天对不确定的描述是正确的,但明天可能就是不正确的了,因为情况已经变化了。关于不确定的表达,相对于普通语言,数学语言的确相对更客观。但是,人对客观世界的反应渗透着主观的思想、观念,不同的人对相同的客观世界反应也是不同的,数学家们对不确定的表达并没有给人们清楚的感知,对于普通人来说,不确定的数学表达仅仅是数字和公式的语言。

不确定看起来是人类社会与生俱来的属性。不管未来是否永远存在不确定的问题,在目前和不远的将来,人类都需要建立某些战略来应对不确定问题。几百年来,通过科学模型建立以及数学模型创新的过程,科学家们一直在量化和解释这个世界的不确定。从牛顿力学到拉普拉斯定理,特别是对概率和统计理论的探索更是为不确定的量化奠定了基础,还有进入 20 世纪以来的不确定原理、不完备理论、测不准理论、混沌理论、德尔菲调查法、人工智能网络、模糊集理论、遗传算法、不规则碎片、专家判断法、粗糙集理论、灰色系统、群体智能和数据挖掘等,都为不确定的数学表达做出了贡献。但是,人类依然看不见不确定背后的精确情景,不能准确解释和理解未来的社会,特别是远古的宿命论和宗教观一直到今天都在影响着人的思想和行为。因此,关于不确定的表达还需要从不同视角和领域进行不断的更新与补充,这样才能更好地面对未来社会的发展。

(4) 不确定的相关术语

① 随机。

"随机"是统计学、概率论和时间序列等领域的通用术语,主要是用来描述和处理不确定性的概念。随机性潜移默化地影响着人们的生活,如人们熟知的平均值、方差等。其实,很多数学模型都是建立在随机基础之上的。

② 复杂。

"复杂"是来自拉丁语"complectati",是盘绕和包含的意思。关于复杂的概念有如下观点:

a. 复杂是系统各个元素加上其关系的产物。

b. 复杂是系统中出现的更多的可能性。

c. 复杂是不透明的。

③ 系统。

倘若一个人想要计算所要观察的环境的复杂性,那么对环境的一些构成元素进行分类是有意义的,这种分类就产生了系统的概念。因此,"系统"是某种观察世界的方法的结果。还有一些其他关于系统的定义,例如"系统"由一整套相关的元素构成、"系统"是由不同元素组成的一个整体、系统与环境间通常存在边界等定义。总之,系统一般包含许多元素,这些元素以不同的方式联系在一起。根据系统元素的联系及其行为,系统可以分为以下几个类型:

a. 简单系统。最简单的系统是指所谓的"混乱系统",通常用平均值描述和预测这类系统,如温度。

b. 微小系统。微小系统具有清楚的因果关系特点,有时也称为确定系统,大部分机械系统属于这种类型。

c. 非微小系统。非微小系统很难预测,该类系统能够产生输出,也能担当系统的输入,有时也称为因果联系。

d. 自动更新系统。自动更新系统是一个更高程度的复杂系统,这类系统在目标的驱使下能够不断自动更新,如生物、经济和社会系统都属于自动更新系统。这种自动更新系统通过抵御扰动或阻尼程序来隔离或减弱外界干扰,能够减少危害它们生存的因素的影响,它们通常能够与环境达到平衡。

（5）风险与不确定

不确定绝不等同于风险,但风险与不确定形影不离,那么,二者的区别与联系是怎样的呢？刘新立在《风险管理》一书中认为不确定是一种主观心理状态,是存在于客观事物与人们之间的一种差距,反映了人们难以预测未来事件的一种怀疑状态,并把不确定水平分为三级,如图 2-2 所示。

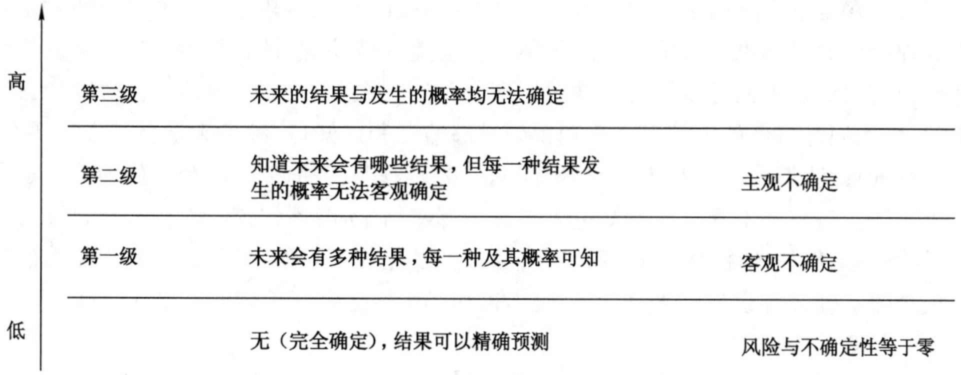

高		
第三级	未来的结果与发生的概率均无法确定	
第二级	知道未来会有哪些结果,但每一种结果发生的概率无法客观确定	主观不确定
第一级	未来会有多种结果,每一种及其概率可知	客观不确定
低	无（完全确定）,结果可以精确预测	风险与不确定性等于零

图 2-2　刘新立《风险管理》一书给出的不确定的水平

不确定是确定的反义词,是人主观认识与客观事物的差异造成的,是由于人们难以把握和预测未来事物和事件的发展结果而产生的心理怀疑。假设我和朋友准备进行跳伞活动,当飞机起飞后到达海滨上空时,想起忘了带降落伞,发现飞机上有一个又旧又脏的降落伞。此时此刻,我们都对降落伞产生了一样的不确定性——这个又旧又脏的降落伞是否好用？一旦出现问题,我们将有摔死的可能性。我们决定由其中一个人试试。我们当中任何人使用这个降落伞的同时将承担风险,而另外一个人没有承担任何风险。然而,我们对降落伞是否失灵都持有不确定性。事实上,我们持有相同的不确定性（但对今天是死是活完全没有影响）,只有当其中一个人跳下去并且打开降落伞时,不确定才随着时间、事件和行动的进行而消除。然后,纵使随着降落伞的打开,不确定性得到了消除,他是否安全着陆仍然存在风险。因此,风险是人所承担的由于不确定性造成的后果。存在不确定不一定存在风险。此外,玩投币游戏时,如果投得正面你将赢得 10 元,如果投得反面你将输掉 10 元,这里的风险是反面朝上你将输掉赌注。因此,不确定带来了风险。不确定性是某事件发生的概率,而风险是该事件发生导致的后果。尽管人们常常替换这两个概念,但是不确定与风险是两个不同的概念。

因此,一个事件或活动结果的不确定程度不仅与该事件或活动本身性质有关,还与人们对这项活动的认知程度有关。当指定结果不可预测时,会出现不确定性,有时可以通过客观概率将其转化成风险。现代概率论研究认为,概率分为客观概率和主观概率两种,通常情况下,客观概率是根据过去发生概率的统计数据来确定某个结果在未来发生的概率。主观概率则是根据专家或管理层的最佳猜测来估计某事件或活动发生的波动性。

总之,不确定是产生风险的来源,如果将客观确定也纳入不确定水平,可以将其分为以下四个层次:

第一层次是客观确定。知道将要发生的事情且其发生是确定的,或者可以精确预测的,例如签订的商品贸易合同、地铁的到达时间和运行速度等。

第二层次是客观不确定。知道未来有多种结果,并且每一种结果发生的概率也知道,但具体哪一种结果发生是不能完全肯定的。这种不确定是客观世界本身所具有的一种现象或性质,一种具有统计意义上的不确定性,可以通过历史经验或重复试验来描述其发生规律的不确定性,概率论已经能够一定程度上解决这种经典的不确定,例如投币游戏、骰子赌博等。

第三层次是主观不确定。知道未来有哪些结果发生,但不知道哪一种结果能发生,并且发生哪种结果的概率也无法确定。这种不确定会随着事件的时间、行为的进展而发生变化,这些不确定主要是人们还没有完全掌握原理、信息和数据造成的主观认识与客观的距离而产生的,当人们对事件的内部发展机理得到足够信息和认知,这种不确定会变成客观不确定或确定性,因此我们称为主观不确定,例如下一次大地震、恐怖袭击的预测的不确定。

第四层次是完全不确定。不知道未来发生哪些结果,既不知道会发生什么,更不知道发生结果的概率,例如地球、太阳系以及宇宙的未来变化等。当然,随着社会科学技术的发展,第四层次的不确定可以转化为第三层次不确定,第三层次不确定也可以转换成第二层次水平。

不确定主要源于以下几个方面:来自客观世界和事物本身的客观不确定,例如地震、热带气旋等;来源于人们所选择的为了准确反映所研究系统真实物理行为的模拟模型只是原型中的某一个,这样造成了模型选择的不确定,例如一些物理实验模型、经济分析模型等;来自人们不能精确地量化模型的输入参数而导致的参数不确定,例如典型参数估计本身就产生不确定性,有误差需要假设检验等;来自数据的不确定,例如测量误差、数据的不一致和不均匀性;还有数据加工处理和转换产生误差,由于时间和空间限制、样本数据缺乏导致的不确定性,例如巨灾模型利用的大地震数据缺乏代表性等。这些不确定的来源涉及风险管理的整个过程,所以,研究风险时不可避免地要探讨不确定,风险评估与管理始终伴随着不确定的问题。不确定性分析分为两个层次:第一层次是从基本事件(输入)的发生概率的不确定性导致顶层事件(输出)的不确定性分析;第二层次是从估计基本事件的不确定性对顶层事件的不确定性的影响分析。

总之,风险是客观存在的,不确定性是一种心理状态;风险是可以测度的,其发生都有一定的概率,而不确定性是不能测度的。风险的重要性在于它能给人们带来损失或收益的不确定,而不确定性的重要性则在于它影响个人、公司和政府的决策过程。例如前面所述中的例子,在驴的前面摆两篮子干草,干草的质量是一样的,驴子距离干草的距离也是一样的,那么确定驴子向哪个篮子的干草走去是一个不确定问题,但是如果干草不一样,或者一个篮子是干草,另一个是塑料制作的假干草,在只能选择一个篮子的前提下,驴子的决策面临风险。

2.1.3 风险概念形成与发展

(1)客观风险与主观风险

风险究竟是这个客观世界本身带来的,还是人类自己的判断和反应引起的? 关于风险是客观还是主观的讨论,一直以来都在进行着。许多持有主观风险观点的人认为不存在真正的客观风险,风险的量化也是一种主观行为,这些主观行为将可能误导结果。客观风险主要在工程领域,特别是在风险定量中有着实实在在的研究与应用,这是因为这些领域可以通过观察风险具体特征,为风险量化提供可能信息,如观察事件发生的频率和结果。这种观察或模拟的好处在于事先给定不同的假设存在相应的不同结果。因此,客观风险度量被认为可合理地量化和描述风险。

① 风险客观说。

风险客观说认为风险是客观存在的损失或收益的不确定,特别是金融与经济领域的风险不仅是潜在的损失,也同时意味着收益的不确定。一般认为,能够通过观察试验获得客观风险的定量分析和评价的信息,这种风险分析和评价主要基于概率论与数理统计等数理方法。因此,一般的商业保险、自然灾害、生产安全等领域的风险都是客观风险,可以通过概率论与数理统计的方法进行预测和评估。例如保险行业内风险定义是一定时期的期望损失,工程领域的风险是损失的可能性,安全领域的风险也是损失的不确定,这些均属于客观风险学派的定义和概念。客观风险说有着不同的风险内涵、不同的风险视角和不同风险观点,在实际应用中,衡量不同客观风险的指标也不同。

② 风险主观说。

风险主观说认为,不同个人对相同的风险会有不同的认知和判断。这与个人的知识、经验、心理和成长环境以及所处时代的政治、法律和经济环境有关。主观风险也存在不确定性,但风险的不确定来自主观的判断,不同的人对同一事物的主观认识和判断均有不同的感受与观点,正所谓仁者见仁智者见智。心理学、社会学等人文社会科学领域多持有此种观点,认为风险不是测度的问题,而是认知形成过程的问题。此外,随着风险科学的发展,一些学者认为风险产生的原因是人类的需求与行为,或者是人类本身及其财产的存在导致了风险事故的发生并造成损失,包括生命与健康、财产与环境等损失。其实,从人类社会脆弱性来看,风险事件的发生与否或损失大小,在很大程度上与人类的生存方式和需求有着重要且复杂的关系。

总之,不论强调风险是客观存在的还是人类主观的理念、经验或感知,从本质上来看,风险是客观世界的产物,更是人类社会发展和思维的产物。因此,现代的风险概念必然是主观和客观因素结合的观点。

(2) 客观风险概念的分类

① 风险是损失的可能性。

此类观点定义风险是损失发生的可能性。追溯风险定义,海恩斯最早将风险纳入经济学理论范畴,其在 1895 年发表的《作为一种经济因素的风险》(*Risk as an Economic Factor*)一文中认为,风险意味着损失的可能性,相关利益者在执行某种经济行为时,如果存在发生不利结果的不确定性,那么,该项经济行为就会承担风险,承担风险的结果是对该项经济行为利润的冲减。法国学者赖曼在 1928 年出版的《普通经营经济学》一书中也将风险定义为"损失的可能性"。此后,麦尔、柯梅克和罗森布尔等更多的学者也较明确地将风险定义为损失的可能性。德国学者斯塔德勒将风险定义为"影响给付或意外事故的可能性"。总之,损失可能学派观点是"损失发生的概率越大,风险就越大"。损失可能性观点揭示了风险与损失的关系,符合人们对风险的日常理解和认识,但是忽视了风险与收益的关系、风险与行为的关系。从现代社会来看,风险不仅仅是损失,也是收益,风险不仅仅是一种结果,还是一种社会行为,在社会经济和生活中发挥着重要的作用。正因为如此,在现实社会中,风险、损失、收益之间基本上建立起了转换机制。如果将风险定义建立在损失的可能性上,这将导致不能全方位地研究风险,特别是无法适应对风险的系统管理和研究。

一般情况下,工商企业、工程项目等风险评估与管理都是根据损失可能性来定义和量化风险的,通常将损失可能性的取值范围界定在 0％～100％ 之间,取值越接近 100％,意味着风险越大。例如,企业在某一特定期间内的经营活动中,一年内遭受损失的概率介于 0％～100％ 之间,0％ 表示该企业的经营活动不会遭受损失,100％ 则表示该企业的经营活动必定会发生损失,90％ 则表示该企业遭受损失的风险可能性为 90％。因此,损失可能性学说是损失的概率越大,风险也越大。工程项目也是如此,例如海洋灾害的防护堤工程,一般把工程在寿命期使用过程中失事可能性作为风险的大小度量,认为失事的概率越大,风险越大。

② 风险是不确定性。

这种观点认为,风险的本质就是不确定性,将不确定性直观地理解为事件发生的最终结果的多种可能状态,即未来结果的多种可能性,风险是确定的反义词。权威的《新帕尔格雷夫经济学大词典》定义风险与不确定性相同,即"风险现象,或者说不确定性或不完全信息现象,在经济生活中无处不在"。在某些情况下,这些可能状态的数量及其可能程度可以根据经验知识或历史数据进行估计,但事件的最终结果却是不能事先得知的,否则就是确定性事件,也就不存在所谓的风险了。风险是不确定性的定义很好地把不确定性与风险联系起来,在很大程度上揭示了不确定性与风险的内在联系,奠定了现代风险理论的基石,为风险的量化创造了理论基础。但是,如果认为风险就是不确定性,那么就不存在风险概念本身,即风险失去了存在的意义。因此,不能把风险简单视为不确定性,这是因为不确定与确定是特定时间内的概念。"确定"在《韦氏词典》中的解释是"一种没有怀疑的态度",那么,确定的反义词"不确定"也应该是怀疑自己对当前行为所造成未来结果的预测能力,是一种心理状态,这种心理状态是由于人对客观事物认识的差距所造成的,反映人们对预测未来结果的怀疑。

一项活动的结果不确定程度是由两方面构成的,首先是客观活动本身性质决定的,其次这种不确定和人们认识这项活动的程度有关。威雷特在《风险及保险经济理论》一书中认为,风险可以视为客观的偶然,即偶然性的结合体,它应以损失发生的不确定性为必要条件。继威雷特之后,奈特更进一步地论证了不确定性,他在其 1921 年出版的名著《风险、不确定性及利润》一书中,将风险和不确定性区别开来:如果经济行为者所面临的随机性能用具体的概率来表述,那么就可以说这种情况涉及风险;要是经济行为者对不同的可能事件不能或没有指定具体的概率值,就说这种情况涉及不确定性。例如,人们自己看到阴天带伞是不确定条件下的风险决策,但是收听天气预报预测 80％ 下雨的情况下带伞则是风险条件下的决策。因此,一方面,不确定性是风险的客观基础,对风险的产生和发展有重要的影响;另一方面,风险同时又作用于主观,决策者的主观认知能力和认知条件对风险结果有直接的影响。这种区分对于在不同的主观认知能力和条件下进行投资决策具有积极意义,但在实际中风险与不确定性很难严格区分,当我们面临不确定性情况进行决策时,不得不依靠直觉判断,设想出几种可能性并给出主观概率,使不确定性问题转化为风险问题。

风险是不确定性观点认为:不确定性程度越高,风险越大,取值范围在 0％～100％ 之间,取值越接近 50%,风险越大,这是因为 50% 左右的事件发生概率最让人难以决策和把握;相反,如果取值接近 0% 或者 100%,反而人们更容易做出判断和决策。尽管该观点来自客观信息,但从某种意义上来说,该观点属于主观的风险学说观点,强调个人的心理判断,即信心度。因此,人们往往把不确定性包含在风险中,不加以严格区别,所以在现代风险管理中,对风险的研究从不确定性研究开始,贯穿着客体和主体,或自然和社会两个方面。该观点认为的损失不确定性是指以下几种情况:

a. 发生与否不确定。

b. 发生的时间不确定。

c. 发生的状况不确定。

d. 发生的后果严重性程度不确定。

③ 风险是结果的差异性。

风险是结果的差异性,特别是不确定事件的结果与预期结果的差异性。这种结果的差异,可能是与初始值的差异(一般称为绝对差异),也可以是与预期值的差异(一般称为相对差异)。一般认为差异越大,风险也就越大,风险的定义为在给定情况下和特定时间内事件未来结果的差异性,很多学者持类似的观点,如洛伦兹·格利茨认为"风险是指结果的任何变化"。威廉姆斯和汉斯的著作《风险管理与保险》也类似地定义风险为"在给定情况下和特定时间内,那些可能发生的结果之间的差异",其本质是某一期望结果可能发生变动的情况。结果差异性客观风险在金融投资、财务审计等经济管理领域发展迅速,如美国经济学家夏普于 20 世纪 60 年代中期首次提出资本资产定价模型,荣获 1990 年诺贝尔经济学奖。资本资产定价模型得到的风险系数 β,就是利用计算资本资产的市场价格的方差、协方差以及相关系数等信息,通过风险溢价来评估资本资产价值。此外,风险价值(Value At Risk,VAR)等理论也是从结果差异的角度来量化评估风险。

衡量这种结果差异或波动性的数理统计方法主要有变量的期望值、方差、标准差、变异系数等,期望值表示变量波动变化的集中趋势和平均水平,方差则表示变量变化的离散趋势,即风险水平。用方差或标准差来度量风险水平的高低是风险衡量的基本方法。用方差或标准差来衡量风险,需要将低于预期收益的下侧风险和高于预期收益的上侧风险都纳入风险的计量框架,即所谓的风险既可能是损失,也可能是收益。

④ 风险是一定概率水平下的危险或损失。

该观点更多的是应用超概率定义危险性或风险损失,如相同概率水平下的危险性越大,风险就越大,超概率曲线给出了不同概率下的危险性或者潜在损失。美国洪水风险图是根据不同概率水平条件下洪水危险性及灾害损失的区划图,其本质是洪水发生不同损失的频率地理图。此洪水风险图具体内容包括:根据危险性标明不同保险费率分区,再按照保险标的对水灾的易损性程度来厘定保险费率。从本质上来说,这种风险也可以认为是从损失可能性风险衍生出来的损失不确定性。

(3) 风险的性质

广义概念上的风险性质主要体现为风险的收益和损失或危险性。

① 风险的收益性:将风险视为一种获得收益的机会,认为风险越大可能获得的回报就越多,风险意味着潜在的收益,正如"不入虎穴焉得虎子"的谚语。当然,风险越大,其相应可能遭受的损失也越大,风险的收益和损失更多地体现在金融投资等经济领域。

② 风险的危险性:认为风险是一种危机,认为风险是消极的事件,可能产生损失,这也常常是大多数人所理解的风险。而还有人认为风险是一种学术上的问题,即认为风险是种不确定性,只要风险存在,就有发生损失的可能性。正是由于风险发生之后会有损失,因此,世界各国政府和企业组织包括个人都关注风险的研究。

③ 风险的客观性:认为风险是不以人们的意志为转移、独立于人们意志之外的客观存在,只能采取风险管理的办法降低风险发生的频率和损失幅度,而不能彻底消除风险。

④ 风险的普遍性:在现代社会,个体或组织与环境都面临着各式各样的风险。随着科学技术的发展和生产力的提高,还会不断产生新的风险,且风险事故造成的损失也越来越大。例如,核能技术的运用产生了核辐射、核污染风险;航空技术的运用产生了意外发生时的巨大损失的风险。

⑤ 风险的可变性:认为风险在一定条件下具有可转化的特性。世界上任何事物都是互相联系、互相依存、互相制约的。因而任何事物都处于变动与变化之中,这些变化必然会引起风险的变化,即风险是动态的风险。例如,科学发明和文明进步都可能使风险发生变动。

(4)风险定义

现代意义上的风险定义随着人类活动的复杂性和深刻性而逐步深化,并被赋予了哲学、经济学、社会学、统计学甚至文化艺术领域内更广泛、更深层次的含义,且与人类的决策和行为后果联系越来越紧密,"风险"一词也成为现代生活中出现频率很高的词汇。但是,目前尚无统一的风险概念定论,早在 1981 年,国际风险分析学会(Society for Risk Analysis,SRA)认为,由于人类社会活动及其复杂性,各个领域对风险的理解不太可能完全一致,甚至宣布不再对风险进行定义。因此,社会的经济学家、灾害环境科学家、风险管理学者、数理统计学家以及金融投资学者和保险精算师等均根据自己业内具体情况,给出属于他们各自领域的风险的定义。

① 传统的数学统计定义。

人们可以应用很多不同的数学理论来处理风险的不确定性,其中最常用的工具是数理统计和概率论。虽然偶然性问题通过数学公式的处理变得可以"看得见"了,但是公式中参数的客观性也还是要依赖于模型的假设,同时数据的好坏也会影响模型的结果。这种风险的定义或者说风险的公式代表"客观风险"的度量,其代表公式为 $R = C \cdot P$,R 表示风险,C 表示损失的后果,P 表示损失后果发生的概率。该种风险定义在保险业得到了应用,保险业关于风险的概念是期望损失,即数学期望。这种期望损失的定义能够简化处理很多问题,但将期望损失等同于风险的定义存在争议,特别是不同情况下期望损失相同,不能简单地认为风险相同,因为方差不同,人们对风险的感知影响着对这些数学风险概念的理解。例如,相同的期望损失,风险却是不一样的,小概率大损失的大灾害风险和大概率小损失的灾害风险尽管期望损失可能相同,但是这两种情况是不同的风险,人们对它们的态度不同,所采用的风险管理和控制方案也不可能相同。因此,该风险定义尽管可以量化风险,但并不适合科学地评估和管理风险。

② 灾害风险定义。

灾害风险从其本质上来看,是潜在的致灾因子、风险事故和损失构成的统一体,这三者之间相互影响,前者与后者之间是因果关系。所谓致灾因子,即为促使和加重事件发生的频率和增大损失严重程度的条件,这是损失事件发生的潜在原因。根据致灾因子的性质,可以将其分为有形致灾因子和无形致灾因子。有形致灾因子是客观事物本身的因子,无形致灾因子是指文化、风俗、伦理、习惯、价值观等非物质的影响因子,包括道德和心理元素,有时也称人类社会致灾因子。风险事故,也可以称为灾害事件,是指客观存在的、可造成生命风险的潜在损失事件,而这种不确定的损失是指非故意的、非预期的和非计划的损失,这种损失不仅包括经济损失,还包括生命健康和精神损失。

灾害风险的定义不仅考虑客观风险源情况,还考虑社会系统的性质及其对风险的反应能力,是风险源或致灾因子与人类社会脆弱性共同作用可能造成的潜在损失。脆弱性包括物理脆弱性、经济脆弱性、社会脆弱性和生态脆弱性等。灾害风险的经典公式为 $R = H \cdot V$,R 表示风险,H 表示致灾因子,V 表示脆弱性。

值得注意的是,灾害与灾害风险是两个概念,灾害是致灾因子和承灾体的脆弱性共同作用的结果;灾害风险是致灾因子和承灾体脆弱性共同作用导致的损失的不确定。灾害风险定义在自然灾害风险、环境污染和安全生产等领域应用广泛。

灾害风险本质也是一种风险,只不过致灾因子是客观因素,特别是指那些导致损失的风险,而不能导致收益的风险,灾害风险是致灾因子与脆弱性共同作用下的潜在危险事件,影响人类生命健康、物质和精神生活幸福的不确定性。

③ 主观风险定义。

主观风险的定义考虑了人们的心理意识、认知或感知,即所谓的风险认识或风险感知。风险感知对人们风险的态度和处理风险的行为有非常重要的影响,因为人们通常是根据心理反应和主观判断做出相应的风险决策。尽管风险的一些主观偏好有时是非常有偏见的,但是这样的想象风险的结果却是真实存在的;尽管客观的风险测量被认为是客观的,但是主观的风险判断实际上比客观风险的结果更加“客观”,这是因为这种主观风险判断更能对人类的决策和行为方式产生直接影响,在某种程度上甚至决定了人们的风险行为。例如,人们是否接受风险、是否控制和转移风险常常是权衡风险与收益,而不是风险与风险的比较,因此,风险决策时既要考虑风险是潜在的损失,还要考虑风险也意味着潜在的收益。

④ 国际标准化组织的风险定义。

国际标准化组织给出的风险定义是某一事件发生的概率和其后果的组合,在某些情况下,风险起因是预期的后果或事件偏离的可能性。后果是指某一事件的结果,产生不止一种后果,这种后果可以是正面和负面的,可以是定性或定量表述的,概率是某一事件发生的可能程度,即度量某一随即事件发生可能性大小的实数,其值介于 0~1 之间,同时需要注意的是描述风险常用频率一词,如极不可能、不太可能、可能、很可能、几乎确定,或者难以置信、不可能、可能性极小、偶尔、有可能、经常。事件是指特定情况的发生,注意事件可能是确定的,也可能是不确定的。此外,事件可能是单一的,也可能是系列的。

总之,风险的具体定义取决于谁来定义风险,不同的领域给予风险的定义不同,如在经济领域,就给出了期望损失、期望效用等不同的概念;社会科学家认为风险的概念是一种情境的定义和社会构架;物理科学家和工程师认为风险是由计算和度量决定。广泛使用的风险概念是事件的发生概率和结果的乘积,如保险等领域的期望损失概念。风险虽然尚无统一和明确的概念,但是风险定义有以下本质特征:一是风险事故发生不确定或是风险事故造成损失的不确定;二是风险事故发生的概率及其损失后果的不确定的综合。

2.2 风险分类

不同领域的风险定义不同,风险的分类也不同。风险分类既便于理论研究和交流,又有助于实务上对不同类型的风险采取不同的风险管理措施和风险决策方法。可以从管理的角度对风险进行分类,也可以从风险产生的诱因角度进行分类,还可以从认识论的角度进行分类等。风险的分类标准不同,风险的分类也不同,下面分别从不同角度对风险分类进行介绍。

2.2.1 国际风险管理理事会的风险分类

国际风险管理理事会风险管理框架的创新之一就是对风险进行了系统的分类。风险因素与潜在结果之间存在一定的因果关系,对风险因素的感性认知与科学描述在于建立因果关系的难易程度和因果关系的可靠性。国际风险管理理事会强调人们对每一特定风险的因果关系的认识状态和认识水平,并以此将风险划分为简单风险、复杂风险、不确定风险和模糊风险,下面分别介绍四类风险,见表2-1。

表 2-1 国际风险管理理事会风险分类

类别	描述	实例
简单风险	因果关系清楚,并且已达成共识的风险	车祸、吸烟
复杂风险	众多风险因素与特定的观测到的风险结果之间的因果关系难以识别或量化的风险	大坝风险、典型传染病
不确定风险	影响因素已经明确,但负面影响的可能性或负面结果本身不能精确描述	地震、新型传染病
模糊风险	解释性模糊:对于同一评估结果存在不同解释,比如对是否有不利影响(风险)存在争议	电磁辐射
	标准性模糊:存在风险的证据已经无可争议,但对于可容忍的或可接受的风险界限的划分还存在分歧	转基因食物、核电

（1）简单风险

简单风险是指因果关系清楚,并且已达成共识的风险。简单风险并不等同于小的或可忽略的风险,关键是其潜在的负面影响十分明显,所用的价值观是无可争议的,不确定性较低。简单风险的例子包括交通事故、已知的食品和健康风险(如吸烟)、有规律发生的自然灾害风险等。

（2）复杂风险

复杂风险是指众多风险因素与特定的观测到的风险结果之间的因果关系难以识别或量化的风险。造成这种困难的原因在于风险因素之间相互作用,如协同作用与抵抗作用,风险结果与风险因素之间的滞后,个体之间的差异、中介变量等。复杂风险包括相互联系的技术系统失灵,如电力传输网络故障。

（3）不确定风险

不确定风险是指尽管影响因素明确,但负面影响的可能性或负面结果本身不能精确描述的风险。不确定风险的潜在损害及其可能性未知或高度不确定,对不利影响本身或其可能性还不能做出准确的描述,由于其相关知识是不完备的,其决策的科学和技术基础缺乏清晰性;在风险评估中往往偏重依靠不确定的猜想和预测。不确定风险包括许多自然灾害、恐怖活动、罢工和转基因物种的长期影响等。

（4）模糊性风险

模糊性风险是指对可接受的风险评估结果产生几种有意义和合理的不同解释。模糊性风险包括标准性模糊和解释性模糊。标准性模糊是指存在风险的证据已经无可争议,但对于可容忍的或可接受的风险界限的划分还存在分歧。解释性模糊是指对于同一评估结果存在不同解释,比如对是否有不利影响（风险）存在争议。模糊风险包括一些有争议的科学技术,如食品添加剂、被动吸烟和合成基因等。

2.2.2　根据风险影响范围分类

风险影响范围不同,产生的损失后果也不同,风险评估的方法、评价的标准、风险控制和转移措施也不同,有必要将其进行分类,这里只做粗略的分类,具体影响范围分类还需进一步定性和定量分析得出。风险按照其起源以及对社会环境等的影响范围,粗略地分类包括基本风险和特定风险。

（1）基本风险

基本风险是由非个人的,或至少是个人往往不能阻止的因素所引起的,损失通常波及很大范围的风险。这种风险一旦发生,任何特定的社会个体很难在较短的时间内阻止其蔓延。如战争是人类社会面临的一类基本风险,自然灾害风险是一类基本的风险,地震、洪水、飓风都有可能造成数额极大的财产和生命损失,如 2008 年汶川大地震造成 8 万多人死亡或失踪。近年来,恐怖袭击风险成为一种新的基本风险,并在许多国家蔓延。恐怖分子在 2001 年 9 月 11 日对美国进行的袭击造成了 4 架喷气式客机的损失、纽约世贸中心倒塌、五角大楼破坏和几千人的伤亡。基本风险不仅仅影响一个群体或一个团体,而且影响到很大的人群,甚至整个人类社会。

（2）特定风险

特定风险是指由特定的社会个体所引起的,通常由某些个人或者家庭来承担损失的风险。例如,由于家庭火灾、爆炸等所引起的财产损失的风险属于特定风险。特定风险通常被认为是由个人引起的、在个人的责任范围内,因此它们的管理也主要由个人来完成,如通过保险、损失防范和其他工具来应付这一类风险。

特定风险和基本风险的界定实际上也随着社会经济和观念的变化而发生变化。如社会保险业中的养老保险、失业保险和工伤保险,曾经也都属于个人的风险,但目前也是社会的基本风险。

2.2.3　根据风险后果分类

风险的广义定义在于其后果包括正面和负面的影响,即收益和损失的不确定。按照风险导致后果的不同分类,可以把风险分为纯粹风险和投机风险。

（1）纯粹风险

纯粹风险是指只有损失机会而无获利机会的风险,纯粹风险所产生的后果有两种:损失和无损失,没有获得收益的机会。例如,汽车主人面临潜在撞车损失的风险,如果撞车发生,车主即受到经济损失,如果没有撞车,车主亦无收益。地震等自然灾害和安全事故导致的技术灾害属于纯粹风险,这种风险对于整个国家、社会、组织和个人均是只有损失的结果。这种风险只能通过风险控制手段避免和减轻风险损失的影响,或者转移分散风险。灾害风险管理教材中所研究的各种自然灾害和人为灾害也是纯粹风险,如火灾、水灾、疫情、地震等。

（2）投机风险

投机风险是指那些既有损失机会,又有获利可能的风险。投机风险所产生的后果有三种:盈利、损失、既不盈利又无损失。例如,一个企业的扩张就包含了损失机会和收益机会,炒股票也是典型的投机风险。

纯粹风险总是令人厌恶的,而投机风险则有其一些诱人的特性。纯粹风险所导致的损失是"绝对"的,即任何个人或团体遭到纯粹风险损失,就整个社会而言,亦遭受同样的损失。如一家工厂失火被烧毁了,业主受到了损失,对整个社会来讲,这一财产也就损失了。投机风险所导致的损失则是"相对"的,即某人虽然遭受损失,他人却可能因此而盈利,就整个社会而言,既无损失又不盈利。一些纯粹风险可重复出现,其统计规律比较明显,通常服从大数法则,对其预测有较高的准确率。风险管理以其为主要研究对象,管理方法和技术也较为规范化。而绝大多数投机风险事件的发生变化无常,很难应用大数定律来预测未来损失。

2.2.4　根据风险损失标的分类

按照损失标的分类主要应用于金融保险的实务领域,一般包括财产、责任、信用、人身等分类,简单给出这些分类,相关领域的研究可以进行更系统的解释。

① 财产风险:导致财产损毁、灭失和贬值的风险。

② 责任风险:对他人造成人身伤害或财产损失应负法律赔偿责任的风险。

③ 信用风险:无法履行合同给对方造成经济损失的风险。

④ 人身风险:因生、老、病、死、残而导致的风险。

2.2.5　根据风险来源分类

人类社会所面临的风险可能有各种来源,而且并不总是能被正确地估计。根据自然与人的关系,这里将风险分为两大类:自然风险和人为风险。

（1）自然风险

例如地震、火灾、洪水给企业造成的自然灾害风险。

（2）人为风险

人为风险主要是由于人类生存和发展的需要而产生的非预期风险,主要包括以下几大类:

① 社会风险。社会风险是由于人们的宗教信仰、道德观念、行为方式、价值取向、社会结构与制度甚至风俗习惯受到冲击之后所产生的不确定事件,进而导致社会各种冲突和极端事件的发生,严重的甚至发生恐怖事件,影响人们的生活、国家的稳定和经济发展。

② 政治风险。它是由于国家的政策变化所导致的风险。对于一个国家,领导人的更换、军事政变等使得一些政策发生改变,进而导致政治风险。另外,国际政治环境的复杂、别国的参与等都可能产生政治风险。例如,气候变化、节能减排等环境政策变化;伊拉克战争后的政府领导人更换等。对于企业来说,政治风险则包括可能对企业造成影响的国有化、制裁、内战和政策方面的不稳定。

③ 经济风险。它指由于宏观经济和微观经济市场变化所导致的各类市场价格的风险。很多经济风险也和政治风险相互渗透,由于经济的全球化,经济风险与政治风险更是具有相伴而生的趋势和特点。

④ 法律风险。由于社会法律体系的变化与进步,法律标准和条款也将随着经济理念变化而变化或调整。

⑤ 操作风险。一般指组织运行和程序带来的风险。特别是安全生产领域和公共安全领域都存在着这种潜在的风险,如果管理不好将导致风险事故,造成生命财产损失,甚至公共安全秩序混乱等诸多其他社会问题。

2.2.6　根据损失的主体分类

风险导致的损失有不同的承担者,根据损失主体不同的简单分类包括:个人(家庭)风险、社会风险、企业风险和国家风险。

① 个人风险:是指评估区域内,各种潜在风险事故造成区域内某一固定位置的人员个体死亡的概率,通常用个人死亡率表示。

② 社会风险:是指能够引起大于等于 N 人死亡的累积频率(F),社会风险常用 $F\text{-}N$ 曲线表示。

个人风险和社会风险都是基于死亡人数的指标,个人风险和社会风险指标是风险评价标准的量化和排序的重要依据。但是个人风险和社会风险指标不能从经济价值上给出决策标准,只有货币化的指标才能够据此有效进行减轻灾害风险的决策。因此,国内外很多学者对生命风险价值进行研究,一般生命价值的定价往往容易产生伦理问题,为了避免这个问题,研究生命价值更多地是以生命统计价值的概念来表示,其定义是在给定的时间里,为降低一点死亡概率而愿意支付的价格,或个人愿意接受一点死亡概率的提高所要求的补偿。严格地说,生命价值评价的是死亡风险,并不涉及生与死的问题。

③ 企业风险:是指遭受经济损失的不确定。关于企业风险有专门的研究,如企业风险管理、企业战略与风险管理等,本书不做相关研究和介绍。

④ 国家风险:通常用于评估一个国家的竞争力或投资风险,知名的洛桑管理学院以经济行为、政府效率、商业效率和基础设施 4 个方面的 20 个指标来量化一个国家的竞争力。

2.2.7　我国现行法律法规的分类

如果从风险潜在损失的定义出发,现行法律中的《突发事件应对法》给出了我国现行的行政管理体制框架下的风险分类,该部法律定义的"突发公共事件"是指突然发生,造成或者可能造成重大人员伤亡、财产损失、生态环境破坏和严重社会危害,危及公共安全的紧急事件,根据突发公共事件的过程、性质和机理将突发公共事件分为自然灾害、事故灾害、公共卫生事件和社会安全事件四类,与此对应的风险的分类也可以分为四大类,即自然灾害风险、安全生产风险、公共卫生风险和社会公共安全风险。

① 自然灾害风险：主要包括水旱灾害、气象灾害、地震灾害、地质灾害、海洋灾害、生物灾害和森林草原火灾等风险。

② 安全生产风险：主要包括工矿商贸等企业的可能发生各类安全事故、交通运输事故、公共设施和设备事故、环境污染和生态破坏事件等风险。早在 1992 年，国家安全生产委员会就颁布了行业安全生产标准，该标准把风险分为以下六类：物理危险和有害因素；化学危险和有害因素；生物危险和有害因素；心理、生理危险和有害因素；行为危险和有害因素；其他危险和有害因素。

③ 公共卫生风险：主要包括可能发生的传染病疫情、群体性不明原因疾病、食品安全和职业危害、动物疫情以及其他严重影响公众健康和生命安全的风险。

④ 社会公共安全风险：主要包括恐怖袭击事件、经济安全事件、涉外突发事件等。

2.2.8 不同学者对风险的分类

不同时代、不同种族文化背景的人们，对风险的认知往往不同，因为人们获得的知识、信息水平和能力千差万别。在古代，雷击是模糊的风险问题，如今，有了天气动力学的知识，有了诸如卫星这样的现代设备监测天气过程，雷击就成了简单的风险问题。

（1）根据信息完备程度分类

当知识被视为一种特殊的信息时，信息成为认知风险的广义约束，也就是说，新的风险分类应该与信息的完备度相关联。换言之，所谓的"简单""复杂""不确定""模糊"风险，并不能根据风险自身来定义，而应该由人们所拥有的信息多少来决定。黄崇福根据拥有信息完备程度进行了风险分类：

① 伪风险：也称确定性风险，即可以用系统模型和现有数据精确预测与特定不利事件有关的未来情景。

② 概率风险：即可以用概率模型和大量数据进行统计预测的与特定不利事件有关的未来情景。

③ 模糊风险：即可以用模糊逻辑和不完备信息近似推断的与特定不利事件有关的未来情景。

④ 不确定风险：即用现有方法不可能预测和推断的与某种不利事件有关的未来情景。

（2）Start 的风险分类

国内外很多学者专家对风险的分类进行了系统研究，风险研究学者 Start（斯塔特）提出了四种不同类型的风险：

① 真实风险：是指完全由未来环境发展所决定的风险。

② 统计风险：是指由现有数据可以进行认识的风险。

③ 预测风险：是指能通过对历史事件的研究，在此基础上建立系统模型，从而进行预测的风险。

④ 察觉风险：是指通过人们的经验、观察、比较等能察觉到的风险，是一种主观感知的风险。

同一个风险，也可能涉及两类以上的风险。例如，对于保险公司而言，民航飞机失事风险是统计风险；对购买保险的乘客来说，民航飞机风险是察觉风险。

（3）根据致灾因子原理分类

前面已经解释了致灾因子实际上也称风险因素或风险因子。根据风险因素,不同致灾因子的科学分类如下:

① 物理性风险因素。风险的产生源于物理作用、物理现象、物理的因素(没有新物质生成的变化,只能导致物质或物体的外形或状态随之改变),物理学所研究的力、热、光、电、声以及其他的物理的因素作用,导致风险出现。如力,包括物体形变、位移等的动力能量的表现,爆炸、倒塌等;热,物体由于温度影响、热运动等,对外表现是火灾、过冷、过热引发的风险;工业、娱乐业等的噪声引起的风险;电离子或非电离子引发的辐射风险等。

② 化学性风险因素。这是人类社会活动所使用的物体或物质的化学性质以及物体或物质的化学变化(有新物质生成的变化),导致的人类社会风险因素活动中危险的发生和损失的产生,风险的产生是源于化学作用、化学现象、化学因素,物体因为分子、离子层面的改变而引起性质的变化导致风险的产生。对生物、环境,产生有毒、有害的伤害或由于性质的改变而对正常状态产生威胁。如化学上的有毒物质、基因毒素物质、致癌物质、污染环境的物质与化合物等。

③ 生物性风险因素。自然或人造生命体在其活动中所导致的人类社会的危险发生和损失产生,是一种纯自然现象。人类不合理活动导致生物界异常而产生的风险——生态风险,生物的原因导致的人类生命、健康受到威胁或人居环境的变坏,使得人的生存质量变差,这种风险因素叫生物诱因。例如,真菌和海藻、细菌、病毒、转基因生物体、其他病原体等。

④ 自然风险因素。自然风险是自然力的不确定变化所导致人类的物质生产活动中的危险发生和损失产生,在风险因素影响下的承灾体本身无力去改变自然的风险因素,对人类生命财产及其社会带来巨大的威胁,使得人类生产、生活受到影响,主要是指自然现象如地震、水灾、火灾、风灾、雹灾、冻灾、旱灾、宇宙射线、电磁波等,以及与自然现象有决定性关系的自然现象。自然风险在现实生活中是最频繁发生的风险。自然风险的特征为具有客观性、不可控性、周期性和广泛性。

⑤ 人的风险因素。这里的个人风险是指由于人们心理、生理上的因素,或是由于人类对自身及其生存环境缺乏认识在环境的影响下所导致的危险发生和损失产生。由于人类在生产、生活过程中,故意或不是故意的操作失误,马虎、大意产生的失误,没有按照设计、规程、说明书的误操作等由于人的因素所造成的损失或伤害,强调人为的、个体的决定性力量(换个人做有可能避免),这样的风险诱因叫人的因素,有时候带有人的生理或心理的行为,对其他人的生理、心理产生攻击,给其他人带来不便,如安全、事故、误操作带来的矿山、矿井的塌方,医疗、手术的失误等。

⑥ 管理类风险因素。管理类风险是一种行为风险,是个人或组织在管理过程中不能恰当地运用一定的职能和手段来协调个人或组织的活动、实现个人或组织既定目标,导致危险发生和损失产生。此类风险是由于管理不当、不合理,管理技术、水平不够,管理太超前与真实环境不符合,管理人员的设计、技巧不足等所引起的,重点是整个管理的流程中存在风险,与管理者个人的失误要区别开。

⑦ 社会类风险因素。社会风险强调的重点是综合性的、群体性的、不能物质化的、大的、复杂的事件,是发生在整个社会环境的大背景下的,事件的发生是偶然性和必然性的统一。虽然由个别、个体引发,但会在社会上蔓延、扩大,造成的影响可能会被放大数倍,引起

的主要是整个社会的心理、社会层面的损失。例如,恐怖主义活动和阴谋破坏(敌对势力的阴谋破坏、机械破坏);人类暴力犯罪;羞辱、侮辱、群体暴力、聚众滋扰事件;对人类身体、心理的实验(创新医学的应用);群众癔症(大规模的不正常的兴奋);心理综合病症(受心理影响的,精神身体相关的),是整个社会或某类群体的不恰当的行为违背了整个社会或某类群体的利益所导致的危险和损失。主要包括政治行为风险、经济行为风险、文化行为风险。

⑧ 其他风险因素。上面七类因素都无法包括的、不明确的因素都归入此类,如沟通因素:交流的信息不对称、不全面导致的风险,广泛存在于社会、经济、人际交往关系之中,包括了信息交流困难等(区别于管理类因素中的沟通不畅风险);供求因素:主要存在于金融、市场领域中的股票、汇率、证券、期货、黄金、粮食等自由经济的波动变化,以及市场中货物供应过量或者不足而引发的对社会不满、社会恐慌等情况。

2.3　风险的本质

风险的本质是指构成风险特征,影响风险的产生、存在和发展的因素,可以将其归结为风险因素、风险事故和损失。

(1) 风险因素

风险因素是指促使和增加损失发生的频率或严重程度的条件,它是事故发生的潜在原因,是造成损失的内在或间接原因。如房屋存在易燃易爆物品、灭火设施不灵等,是增加火灾损失频率和损失幅度的条件,是火灾的风险因素。根据风险因素的性质,可以将其分为有形风险因素和无形风险因素。

有形风险因素:是指直接影响事物物理功能的物质风险因素,又称实质风险因素。例如建筑物的结构及灭火设施分布等对于火灾来说就属于有形风险因素。建筑物的结构如木质结构与水泥结构,对损失概率有影响;灭火设施分布如灭火设施齐全与不齐全,虽然不能对损失概率发生作用,但可以影响损失幅度。在这里提出暴露的概念,假设一个人驾驶一辆汽车行驶在公路上,就称驾驶者和汽车暴露在与车祸有关的人身风险和汽车风险中。也就是说,暴露是一种处于某种风险之中的状态,人与车称为暴露体。暴露体此时所处环境中的一些有关的物质性因素,如路况、车况、驾驶者的身体状况等就是有形风险因素。

无形风险因素:是指文化、习俗和生活态度等非物质的、影响损失发生可能性和受损程度的因素,它进一步分为道德风险因素和心理风险因素两种类型。道德风险因素是与人的品德修养有关的无形因素,指人们以不诚实或不良企图或欺诈行为故意促使风险事故发生,或扩大已发生的风险事故所造成的损失的原因或条件,如欺诈、盗窃、贪污,汽车司机违规驾驶、投保人员制造虚假赔案等属于道德风险因素。心理风险因素虽然也是无形的,但与道德风险因素不同的是,它是与人的心理有关的,是指由于人们的疏忽或过失,以致增加风险事故发生的机会或扩大损失程度的因素,并不是故意的行为。如驾驶员行车过程中走神、投保人员对被保险财产的防损容易发生疏忽。道德风险因素和心理风险因素均与人的行为有关,所以也常将二者合并称为人为因素。由于无形因素具有很大的隐蔽性,在对风险进行管理时,不仅要注重那些有形的危险,更要严密防范这些无形的隐患。

（2）风险事故

风险事故是造成生命财产损失的偶发事件，又称风险事件。风险事故是造成损失直接的或外在的原因，它是风险因素到风险损失的中间环节。风险只有通过风险事故的发生，才有可能导致损失。例如汽车刹车失灵造成的车祸与人员损伤，其中刹车失灵是风险因素，车祸是风险事故。

有时风险因素与风险事故很难区分，如下冰雹，使得路滑而发生车祸，这时冰雹是风险因素，车祸是风险事故；若冰雹直接击伤行人则它就是风险事故。因此，应以导致损失的直接性与间接性来区分，导致损失的直接原因是风险事故，间接原因则为风险因素。

（3）损失

这里的损失是指非故意的、非预期的和非计划的经济价值的减少或消失，它包含两个方面的含义：一方面，损失是经济损失，即必须能以货币衡量。当然，有许多损失是无法用货币来衡量的，如车祸造成的人员伤亡，但仍需对其进行评估而给出一个货币衡量的评价。另一方面，损失是非故意、非预期和非计划的。这两个方面缺一不可。如折旧，虽然是经济价值的减少，但它是固定资产自然而有计划的减少，不符合第二个条件，不在这里所讨论的损失之列。

损失可以分为直接和间接两种。前者是指直接的、实质的损失，强调风险事故对于标的本身所造成的破坏，是风险事故导致的初次效应；后者强调由于直接损失所引起的破坏，即事故的后续效应，包括额外费用损失和收入损失等。

总之，风险本质上是由风险因素、风险事故和损失三者构成的统一体，这三者之间存在着一种因果关系。风险因素增加或产生风险事故，风险事故引起损失。换句话说，风险事故是损失发生的直接与外在原因，风险因素为损失发生的间接与内在原因。三者串联在一起构成了风险形成的全过程。

思考与练习

1. 风险与不确定性的联系和区别是什么？
2. 何为风险客观说？如何分类？
3. 何为风险主观说？如何分类？
4. 风险的定义、性质和分类是怎样的？
5. 风险的本质是什么？

第3章 风险定性分析方法

　　风险分析的方法有数十种,对所有的分析方法进行归类是比较困难的,这些分析方法之间既有联系,又有区别。它们或者分析方法比较相近,或具有共同分析特点,有些分析方法既可以划为这一类,又可以划为另一类。从定性和定量分析角度可以将其分为定性分析方法和定量分析方法。定性分析是指对风险的影响因素进行非量化的分析,即只进行可能性的分析或做出灾害或事故能否发生的感性判断。定性分析主要包括预先危险性分析、鱼刺图分析、作业危害分析、危险性可操作性研究分析、安全检查表等。定量分析方法是在定性分析的基础上,运用数学方法分析系统事故及影响因素之间的数量关系,对事故的危险性做出数量化的描述。定量分析主要包括事件树分析、事故树分析、管理失误与风险树分析等。在上述分析方法中,事件树分析和事故树分析既可用于定性分析,也可用于定量分析。本章从定性角度出发,对系统安全定性分析方法进行阐述。

3.1 预先风险分析

3.1.1 预先风险分析的概念与步骤

　　(1) 预先风险分析的概念与目的

　　预先风险分析(Preliminary Hazard Analysis,PHA)也称为风险预先分析,是在一项工程活动(设计、施工、生产运行、维修等)之前,首先对系统可能存在的主要危险源、危险性类别、出现条件和导致事故的后果所做的宏观、概略分析,是一种定性分析、评价系统内危险因素的危险程度的方法。

　　预先风险分析的目的,是尽量防止采取不安全的技术路线,避免使用危险性物质、工艺和设备;如果必须使用,也可以从设计和工艺上考虑采取安全防护措施,使这些危险性不致发展成为事故,造成灾害。

　　预先风险分析的显著特点,是把分析工作做在行动之前,避免由于考虑不周而造成损失。当生产系统处于新开发的情况,对其危险事件还没有很深的认识,或者是采用新的操作方法,接触新的危险物质、工具和设备时,使用这一方法就十分合适。

印度博帕尔市农药厂事故,因毒气泄漏造成几千人死亡、十几万人中毒的严重后果,除了其他原因以外,将存在剧毒物质的农药厂设计在人口稠密区是一个重大失误。如果在工厂选址时考虑了这一点,就不会造成这么惨重的损失。我国有些钢铁企业和化工企业,在生产运行和系统大修之前运用 PHA 取得的经验证明,它是一种在安全管理工作中非常有效的危险性辨识与分析技术。由于在工程活动之前开展分析,几乎不耗费什么资金,却可以取得防患于未然的效果,所以大家都乐于使用。

(2) 预先风险分析的步骤

预先风险性分析大体分为以下五个步骤:

① 熟悉系统。在对系统进行危险性分析之前,首先要对系统的目的、工艺流程、操作运行条件、周围环境做充分的调查了解。在此基础上,请熟悉系统的有关人员进行充分的讨论研究,根据过去的经验、资料以及同类系统过去发生过的事故信息,分析对象系统是否也会出现类似情况和可能发生的事故。

② 辨识危险因素。根据系统具体状况,采取合理的危险因素辨识方法,查找能够造成人员伤亡、财产损失和系统完不成任务的危险因素。

③ 识别转化条件。研究危险因素转变为危险状态的触发条件,即找出"触发事件";确定危险状态转变为事故(或灾害)的必要条件,即确定"形成事故的原因事件"。

④ 确定危险因素的危险等级。按照危险因素形成事故的可能性和损失的严重程度,划分其危险等级,以便按照轻重缓急采取危险控制措施。

⑤ 制定危险控制措施。根据危险因素的危险等级,制定并实施危险控制措施。

3.1.2　风险的辨识与等级划分

(1) 危险性的辨识

危险因素,就是在一定条件下能够导致事故发生的潜在因素。要对系统进行风险分析,首先要找出系统可能存在的所有危险因素。

既然危险因素有一定的潜在性质,辨识危险因素就需要有丰富的知识和实践经验。为了迅速查出危险因素,可以从以下几方面入手。

① 从能量转移概念出发。

能量转移论者认为,事故就是能量的不希望转移的结果。能量转移论的基本观点是:人类的生产活动和生活实践都离不开能量,能量在受控情况下可以做有用功,制造产品或提供服务;一旦失控,能量就会做破坏功,转移到人就造成人员伤亡,转移到物就造成财产损失或环境破坏。

该理论的原始出发点是防止人身伤害事故。他们认为:"生物体(人)受伤害只能是某种能量的转移",并提出了"根据有关能量对伤亡事故加以分类的方法"。

哈登将伤害分为两类:第一类伤害是由于施加了超过局部或全身性损伤阈的能量引起的,见表 3-1;第二类是由于影响了局部的或全身性能量交换引起的,见表 3-2。

既然事故来自能量的非正常转移,那么在对一个系统进行危险因素辨识的时候,就要确定系统内存在哪些类型的能源,以及它们存在的部位、正常或不正常转移的方式,从而确定各种危险因素。这也就是按第一类伤害的能量类型确定危险因素,同时,还要考察影响人体内部能量交换的危险因素,即按照第二类伤害确定危险因素,如引起窒息、中毒、冻伤等的致害因素。

表 3-1　第一类伤害实例

施加的能量类型	产生的原发性损伤	举例与注释
机械能	移位、撕裂、破裂和挤压,主要损伤人体组织	由于运动的物体,如子弹、皮下针、刀具和下落物体冲撞造成的损伤,以及由于运动的身体冲撞相对静止的设备造成的损伤,如跌倒时、飞行时和汽车事故中。具体的伤害结果取决于合力施加的部位和方式
热能	炎症、凝固、烧焦和焚化,伤及身体任何层次	第一、二、三度烧伤。具体的伤害结果取决于热能作用的部位和方式
电能	干扰神经-肌肉功能,以及凝固、烧焦和焚化,伤及身体任何层次	触电死亡、烧伤、干扰神经功能,如在电休克疗法中。具体的伤害结果取决于电能作用的部位和方式
电离辐射	细胞和亚细胞成分与功能的破坏	反应堆事故,治疗性与诊断性照射,滥用同位素,放射性粉尘的作用。具体伤害结果取决于辐射能作用的部位和方式
化学能	一般要根据每一种或每一组的具体物质而定	包括由于动物性和植物性毒素引起的损伤,化学灼伤,如氢氧化钾、溴、氟和硫酸,以及大多数元素和化合物在足够剂量时产生的不太严重而类型很多的损伤

注:这些伤害是由于施加了超过局部或全身性损伤阈的能量引起的。

表 3-2　第二类伤害实例

影响能量交换的类型	产生的损伤或障碍的种类	举例与注释
氧的利用	生理损害,组织或全身死亡	全身——由机械因素或化学因素引起的窒息,如溺水、一氧化碳中毒和氰化氢中毒;局部——"血管性意外"
热能	生理损害,组织或全身死亡	由于体温调节障碍产生的损害,如冻伤、冻死

注:这些损伤是由于影响了局部的或全身的能量交换引起的。

② 从人的操作失误考虑。

系统运行的好坏和安全状况如何,除了机械设备本身的性能和工艺条件外,很重要的因素就是人的操作可靠性,即人的操作可靠性对系统的安全性有着重要的影响。然而,人作为系统的一个组成部分,其失误概率要比机械、电气、电子元件高几个数量级。这就要求,在辨识系统可能存在的危险性时,要充分考虑到人的操作失误所造成的危险。在这方面,人机工程、行为科学都有较为成熟的经验,系统安全分析方法中也有可操作性研究等方法可供借鉴。

③ 从外界危险因素考虑。

系统安全不仅取决于系统内部的人、机、环境因素及其配合状况,有时还要受系统以外其他危险因素的影响。其中,有外界所发生的事故或不测事件对系统的影响,如火灾、爆炸;也有自然灾害对系统的影响,如地震、洪水、雷击、飓风等。尽管外界危险因素发生的可能性很小,但危害却往往很大。因此,在辨识系统危险性时,也应考虑这些外界因素,特别是处于设计阶段的系统。

（2）风险等级划分

风险查出后,为了按照轻重缓急采取防护措施,对预计到的风险加以控制,就要按其形成事故灾害的可能性和损失的严重程度确定危险等级。一般划分为下列四个等级（经常用罗马数字标识）：

Ⅰ级：安全的，尚不能造成事故灾害。

Ⅱ级：临界的，处于事故灾害的边缘状态，暂时还不会造成人员伤亡和财产损失，应当予以排除或采取控制措施。

Ⅲ级：危险的，必然会造成人员伤亡和财产损失，要立即采取措施。

Ⅳ级：灾难的（破坏性的），会造成灾难性事故（多人伤亡，系统损毁），必须立即排除。

3.1.3　预先风险分析的应用

预先危险性分析结果一般采用表格的形式列出。预先危险性分析表应该包括以下内容：

① 表明系统的基本目的、工艺过程、控制条件及环境因素等。

② 划分整个系统为若干子系统（单元）。

③ 参照同类产品或类似的事故教训及经验，查明分析单元可能出现的危害。

④ 确定危害的起因。

⑤ 提出消除或控制危险的对策，在危险不能控制的情况下分析最好的预防损失的方法。

规范的预先危险性分析表的格式见表 3-3。实际应用中，可以根据具体情况确定 PHA 分析表的格式，可参考下文的两个示例。

表 3-3　PHA 表通用格式

系统：　　　　　　　子系统：　　　　　状　　　态：　　　　　制表者：

编号：　　　　　　　日　期：　　　　　制表单位：

危险因素	触发事件	发生条件	原因事件	事故后果	危险等级	防范措施	备注
①	②	③	④	⑤	⑥	⑦	⑧

注：①—潜在危害因素；②—导致产生"危险因素"的事件；③—使"危险因素"发展成为潜在危害的事件或错误；④—导致产生"发生条件"的事件及错误；⑤—事故后果；⑥—危险等级；⑦—为消除或控制危害应采取的措施，应包括对装置、人员、操作程序等多方面的考虑；⑧—必要的其他说明。

【例 3-1】　家用热水器预先危险性分析。

如图 3-1 所示，家用热水器用煤气加热，装有温度和煤气开关联锁系统，当水温超过规定温度时，联锁动作将煤气阀关小；如果发生故障，则由卸压安全阀放出热水，防止发生事故，下面对其进行预先危险性分析。

列出家用热水器预先危险性分析表，见表 3-4。

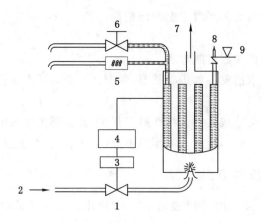

1—煤气阀;2—煤气;3—调节装置;4—温度比较器;5—卸压安全阀;

6—热水阀;7—废气;8—进水;9—逆止阀。

图 3-1　热水器装置示意图

表 3-4　热水器预先危险性分析(系统名称:热水器)

危险因素	触发事件	现象	事故的原因事件	事故情况	结果	危险等级	对策措施
水压高	煤气连续燃烧	有气泡产生	安全阀不动作	热水器爆炸	伤亡损失	Ⅲ	装爆破板,定期检查安全阀
水温高	同上	同上	同上	水过热	烫伤	Ⅱ	同上
煤气	火嘴熄灭,煤气阀开,煤气泄漏	煤气充满	火花	爆炸,火灾	伤亡损失	Ⅰ	火源和煤气阀装联锁,定期检查,通风,气体检测器
毒气	同上	同上	人在室内	煤气中毒	伤亡	Ⅱ	同上
燃烧不完全	排气口关闭	充满一氧化碳	同上	同上	同上	Ⅱ	一氧化碳检测器,警报器,通风
火嘴着火	火嘴附近有可燃物	火嘴附近着火	火嘴引燃	火灾	伤亡损失	Ⅲ	火嘴附近应有耐火构造,定期检查
排气口高温	排气口关闭	排气口附近着火	火嘴连续燃烧	同上	同上	Ⅱ	排气口装联锁,温度过高时煤气阀关闭,排气口附近应为耐火构造

表中有关栏目的含义及相互关系是:

危险因素:在一定条件下能够导致事故发生的潜在因素。它是"事故情况"的原因。一般情况下,它不能单独引起事故发生。

触发事件:促使形成危险因素的原因事件。促使某一危险因素形成,可以有若干触发事件,它与事故情况没有直接关系。

现象:危险因素的表面现象。这是为了发现危险因素而提供的线索。

事故的原因事件:它是指危险因素形成事故的条件。也就是说,危险因素和形成事故的原因事件都存在的情况下才会发生事故。

【例 3-2】　矿山立井提升系统预先危险性分析。

矿山立井提升系统的预先危险性分析见表 3-5,应按照表中所提对策开展安全工作,严防提升伤害事故的发生。

表 3-5　矿山立井提升系统预先危险性分析表

危险因素	事故原因	事故结果	危险等级	防治对策
卷扬机安全缺陷	制动不可靠、不灵敏、失效或无过卷保护装置	人员伤亡	Ⅲ	检查、维修,完善制动装置和过卷保护装置
提升系统及钢丝绳安全缺陷	使用前未进行检验、试验,使用时未做到定期检测,安全系数不符合安全要求	伤亡事故	Ⅲ	做好施工组织设计,提升吊挂系统应符合安全要求,定期进行检查、检验和监测,发现问题及时更换;井口设置封口盘,封口盘上设井盖门及围栏
罐笼运行安全缺陷	罐笼超载,提升速度过快,未安装安全伞,无稳绳运行阶段过长	人员伤亡	Ⅲ	按规程要求提升罐笼,严禁超载、超速,并按规定安装安全伞,采用符合安全要求的提升钩头
人员操作失误	没有做到持证上岗,违章作业,对信号操作、判断失误	伤亡事故	Ⅲ	对操作人员进行安全培训,严禁"三违"现象的发生
罐笼梁及梁销、各悬挂及连接装置安全缺陷	使用前未详细检查,使用不符合安全要求的连接装置,未按要求进行拉力试验	人员伤亡、悬挂系统损坏	Ⅳ	对连接装置按规程要求进行试验、维护、检修,保证牢固并安全运行,及时更换不合格的部件
信号失误	信号工未按要求发出信号	伤亡事故	Ⅲ	信号工要严格按规程操作
罐笼防坠器缺陷	使用前未详细检查,使用不符合安全要求的防坠器	伤亡事故	Ⅲ	对防坠器按规程要求进行检查、试验、维护、检修,保证防坠器终端载荷符合要求

3.2　鱼刺图分析

3.2.1　鱼刺图的概念与作用

鱼刺图又称为树枝图或特性要因图。它是 1953 年由日本的质量管理专家石川馨最早使用的,所以也叫石川图。最初鱼刺图主要用于质量管理方面,之后将它移植到安全分析方面,成为一种重要的事故分析方法。

鱼刺图是根据其形状命名的(图 3-2)。当我们进行事故分析时,将事故的各种原因进行归纳、分析,并用简明的文字和线条加以全面表示,绘制成一幅鱼骨刺形的事故分析图形,即为鱼刺图。

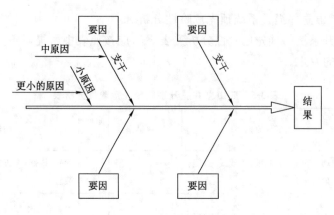

图 3-2　鱼刺图的形状

用这种方法分析事故,可以使复杂的原因系统化、条理化,把主要原因搞清楚,以便明确事故的预防对策,采取有效的措施,防止事故的发生。

鱼刺图既可以用于进行一次事故的深入分析,也可以对多次事故做综合定性分析,还可以用于分析与指导安全管理工作。它的主要作用有以下几点:

① 既可用于事前预测事故及事故隐患,亦可用于事后分析事故原因,调查处理事故。

② 可用以建立安全技术档案,一事一图。这样,便于保存事故资料,作为安全管理和技术培训工作的技术资料。

③ 指导事故预防工作。鱼刺图既来源于实践,又高于实践。它使存在的问题系统化、条理化后,再返回到事故预防工作的实践中去,检验指导实践,以改善安全管理工作。

3.2.2　鱼刺图的形状与做法

鱼刺图的形状(格式)如图 3-2 所示。图中的主干线右端标上箭头,表示"结果",指某个不安全问题、事故类型或灾害结果;主干线表示原因与结果的关系,箭头所指方向表示事件的发展方向。在主干线的上、下画出倾斜的支干线,并用箭头指向主干线,它们表示某个不安全问题的原因。图中"要因"是指事故的主要原因,即对造成结果起决定作用的主要因素。"中原因""小原因"则是指引起"要因"的因素。分析某个不安全问题产生的原因时,要从大到小、从粗到细,一直到能采取措施消除这种原因时,就不再细分而作成鱼刺图。

鱼刺图分析的基本步骤为:

(1)调查

对所分析的事故要做全面了解,通过广泛的调查研究,把事故的所有原因都找出来进行讨论、分析。

(2)定题

将要分析的事故、要解决的问题或要研究的对象作为"结果"定下来,画在图的右方,并画出主干和箭头。

(3)原因分类

按照人、物、环境和管理等几大因素,把调查和分析的原因由大到小、由粗到细地进行分类,明确各个原因对事故的影响。要审慎确定要因,然后将各原因层层展开,直到不能再分为止。

（4）填图

根据上述原因分类，按照各个原因的从属关系，逐一填入图中。

鱼刺图绘制完成后，据其分析和制定事故预防措施，系统、全面地开展事故预防工作。

鱼刺图分析的步骤可归纳为：针对结果，分析原因；先主后次，层层深入。

3.2.3　鱼刺图分析注意事项

利用鱼刺图进行事故分析时，应注意如下几个方面的问题：

① 集思广益。把各种不同的见解都收集、记录下来。为此，可以召开不同类型人员的调查会，广泛收集意见。

② 细致具体。分析事故原因要细致具体，便于采取切实可行的事故预防措施。

③ 抓主要矛盾。寻找事故原因时，切忌罗列表面现象而不深入分析它们的因果关系，不区分主次。确定原因的主次时，可以采用统计方法或民主讨论的方法。

④ 结合其他分析方法，如安全检查表、主次图分析等。

特别值得指出的是，鱼刺图和主次图经常要结合使用，以便找出影响事故的主要原因，针对主要原因采取措施，并用主次图检查措施的实施效果。

鱼刺图与主次图结合使用的具体方法是：用鱼刺图系统、全面地分析事故原因；用主次图找出影响事故的主要原因。结合鱼刺图和主次图分析结果，采取针对性事故防范措施。用主次图检查措施的实施效果。

3.2.4　案例分析

【例 3-3】　某厂在马路旁清理铸钢件，工人在捆扎后起吊，起重机吊杆旋转过程中，钢丝绳摆动撞坏施工现场上空 9 m 高的高压输电线，从而造成触电死亡事故。试用鱼刺图分析这一事故。

首先，进行该事故的因果分析：

① 发生这起事故的主要原因可从以下四大因素分析：

a. 现场安全管理上没有做到先调查。

b. 操作者在无人监护下独自进行作业。

c. 起重机工作幅度范围上空通过高压线路。

d. 钢丝绳导通高压电源，与人体形成回路。

② 分析每个大原因，找出直接构成大原因的较小因素：

a. 现场未做调查是由于全厂没有成文的安全规程，布置任务时未考虑到起重机回转吊杆时钢丝绳与高压线交叉。

b. 操作者未发现上空通过高压线，或者虽经发现，但起吊时吊杆钢丝绳与高压线之间没有安全间距。

c. 钢丝绳接通电源是由于撞坏高压线绝缘所致。

③ 进一步深入分析更小因素：

a. 未发现高压线是由于缺乏安全教育，操作者不了解工作中可能出现的危险。

b. 未留安全间距可能是没有目测高压线高度或目测错误。

④ 再追查分析：钢丝绳撞击高压线是起吊施工中没有控制吊荷惯性的结果。

继续分析，一直到不易再分解的基本事件为止。

这时，就可根据上述分析，按照鱼刺图的格式（形状），绘制出鱼刺图，如图 3-3 所示。

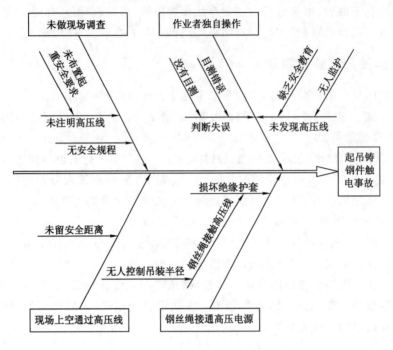

图 3-3　起吊铸钢件触电事故鱼刺图

【例 3-4】　公路上发生一起货车翻车事故。试分析其原因。

这起事故的主要原因是驾驶员麻痹大意，在小雨、路滑、视线不良的弯道上不提前减速，以至于在对面来车时，避让不及，造成车辆侧滑；车载货物固定不牢，重心偏移，导致车辆倾覆。

根据上述事故原因分析，做出该事故的因果分析图，如图 3-4 所示。

在找出这起事故主要原因、次要原因的基础上，便可以有针对性地采取措施。

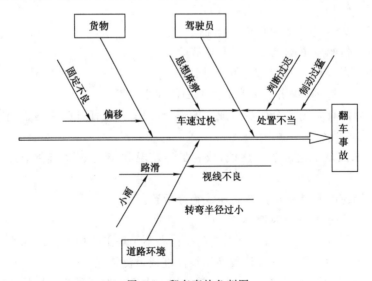

图 3-4　翻车事故鱼刺图

3.3　作业危害分析

3.3.1　作业危害分析的概念与作用

作业危害分析（Job Hazard Analysis，JHA）又称为作业安全分析（Job Safety Analysis，JSA）、作业危害分解（Job Hazard Breakdown，JHB），是对作业活动的每一步骤进行分析，从而辨识其潜在的危害并制定安全措施，提供适当的个体防护装置，以防止事故发生、防止人员受到伤害。

作业危害分析将作业活动划分为若干步骤，对每一步骤进行分析，从而辨识潜在的危害并制定安全措施。作业危害分析有助于将认可的职业安全健康原则在特定作业中贯彻实施。这种方法的特点在于职业安全健康是任何作业活动的一个有机组成部分，而不能单独剥离出来。

所谓的"作业"（有时也称"任务"），是指特定的工作安排，如"操作研磨机""使用高压水灭火器"等。"作业"的概念不宜过大，如"大修机器"，也不能过细，如"接高压水龙头"。

开展作业危害分析，能够辨识原来未知的危害，增加职业安全健康方面的知识，促进操作人员与管理者之间的信息交流，有助于得到更为合理的安全操作规程。作业危害分析的结果可作为操作人员的培训资料，并为不经常进行该项作业的人员提供指导；还可作为职业安全健康检查的标准，并协助进行事故调查。

3.3.2　作业危害分析程序

作业危害分析按如下五个步骤进行。

（1）确定（或选择）待分析的作业

理想情况下，所有的作业都要进行作业危害分析。实际工作中，首先要确保对关键性的作业实施分析。确定分析作业时，优先考虑以下作业活动：

① 事故频率和后果。频繁发生事故或不经常发生但可导致灾难性后果的。

② 严重的职业伤害或职业病。后果严重、危险的作业条件或经常暴露在有害物质中。

③ 新增加的作业。由于经验缺乏，明显存在危害或危害难以预料。

④ 变更的作业。可能会由于作业程序的变化而带来新的危险。

⑤ 不经常进行的作业。由于从事不熟悉的作业而可能有较高的风险。

（2）将作业划分为若干步骤

选定作业活动之后，要将其划分为若干步骤。每一个步骤都应是作业活动的一部分。按照顺序在分析表中记录每一步骤，明确说明它是什么具体操作。

划分的步骤不能太笼统，否则会遗漏一些步骤以及与之相关的危害；步骤划分也不宜太细以免出现过多的步骤。根据经验，一项作业活动的步骤一般不超过 10 项。如果作业活动划分的步骤实在太多，可先将该作业活动分为两个部分，分别进行危害分析。此处的要点是要保持各个步骤正确的顺序。顺序改变后的步骤在危害分析时可能不会被发现有些潜在的危害,也可能增加一些实际并不存在的危害。

划分作业步骤之前,应仔细观察操作人员的操作过程。观察人通常是操作人员的直接管理者,被观察的操作人员应该有工作经验并熟悉整个作业工艺。观察应当在正常的时间和工作状态下进行。例如,某项作业活动是夜间进行的,就应在夜间进行观察。

(3)辨识每一步骤的潜在危害

根据对作业活动的观察、掌握的事故(伤害)资料以及经验,依次对每一步骤的潜在危害进行辨识。辨识的危害列入分析表中。

为了辨识危害,需要对作业活动做进一步的观察和分析。辨识危害应该思考的问题是:可能发生的故障或错误是什么,其后果如何,事故是怎样发生的,其他的影响因素有哪些,发生的可能性有多大等。

(4)确定预防对策

危害辨识以后,需要制定消除或控制危害的对策。确定对策时,应该从工程控制、管理措施和个体防护三个方面加以考虑。具体对策依次为:

① 消除危害。消除危害是最有效的措施,有关这方面的技术包括改变工艺路线、修改现行工艺、以危害较小的物质替代、改善环境(通风)、完善或改换设备及工具等。

② 控制危害。当危害不能消除时,采取隔离、机器防护等措施控制危害。

③ 修改作业程序。完善危险操作步骤的操作规程、改变操作步骤的顺序以及增加一些操作程序(如锁定能源措施)。

④ 减少暴露。这是没有其他解决办法时的一种选择。减少暴露的一种办法是减少在危害环境中暴露的时间,如完善设备以减少维修时间、佩戴合适的个体防护器材等。为了减轻事故的后果,应设置一些应急设备,如洗眼器等。

确定的对策要填入分析表中。对策的描述应具体,说明应采取何种做法以及怎样做,避免过于原则的描述,如"小心""仔细操作"等。

(5)信息传递

作业危害分析是消除和控制危害的一种行之有效的方法,因此,应当将作业危害分析的结果传送到所有从事该作业的人员。

3.3.3 作业危害分析应用实例

【例3-5】 化学的储罐清理。

化学品储罐主要用于存放酸碱、醇、气体、液体等化学物质,在工业生产过程中使用非常广泛。储罐清理要按相应的操作规程,指派安全主管在现场指挥监督作业,操作人员需持证上岗。此实例就是对储罐清理进行作业风险分析。作业活动为:从顶部人孔进入储罐,清理化学品储罐的内表面。运用作业危害分析方法,将该作业活动划分为9个步骤并逐一进行分析,分析结果列于表3-6。

表 3-6　作业危害分析

步骤	危害辨识	对策
1. 确定罐内的物质种类,确定在罐内的作业以及存在的危险	爆炸性气体; 氧含量不足; 化学物质暴露——气体、粉尘; 蒸气(刺激性、毒性); 液体(刺激性、毒性、腐蚀、过热); 运动的部件/设备	① 根据标准制定相关有限空间进入的规程; ② 需要取得有安全、维修和监护人员签字的作业许可证; ③ 拥有具备资格的人员对气体进行检测; ④ 通风至氧含量为 19.5%~23.5%,并且任一可燃气体含量低于其爆炸下限的 10%; ⑤ 提供合适的呼吸器材; ⑥ 提供保护头、眼、身体和脚的防护服; ⑦ 参照有关规范提供安全带和救生绳索; ⑧ 如果有条件,定期清理罐体外部
2. 选择和培训操作者	操作人员的呼吸系统或心脏有疾患,或有其他的身体缺陷; 没有培训操作人员导致操作失误	① 招聘专业安全员进行检查,招聘人员应适应于该项工作; ② 培训相关操作人员; ③ 按照有关规范,对作业进行预演
3. 设置检修设备	软管、绳索、器具脱落造成危险; 电器设施:电压过高、导线裸露; 电动机未锁定并未做出标记	① 按照位置,顺序地设置软管、绳索; ② 检查管线及器材以确保安全; ③ 设置接地故障断路器; ④ 如果有搅拌电机,加以锁定并做出标记
4. 在罐内安放梯子	梯子滑倒	将梯子牢固地固定在人孔顶部或其他固定部件上
5. 准备入罐	罐内有气体或液体	① 通过现有的管道清空储罐; ② 审查应急预案; ③ 打开储罐; ④ 工业卫生专家或安全专家检查现场; ⑤ 罐体接管处设置盲板(隔离); ⑥ 安排具备相关资格的人员检测罐内气体(定期检测)
6. 罐入口安放设备	脱落或倒下	① 使用机械操作设备; ② 罐顶作业处设置防护栏
7. 入罐	从梯子滑脱; 暴露于危险的作业环境中	① 根据有关标准,配备个体防护器具; ② 外部监护人员观察、指导入罐作业人员,在紧急情况下将操作人员从罐内营救出来
8. 清洗储罐	发生化学反应,生成烟雾或散发空气污染物	① 为所有操作人员和监护人员提供防护服及器具; ② 提供罐内照明; ③ 提供排气设备; ④ 向罐内补充空气; ⑤ 随时检测罐内空气; ⑥ 轮换操作人员或保证一定时间的休息; ⑦ 如果需要,提供通信工具以便于得到帮助; ⑧ 提供 2 人作为后备救援,以应付紧急情况
9. 清理	使用工(器)具而引起伤害	① 预先演习; ② 使用运料设备

3.3.4 作业危害分析的特点及使用条件

（1）作业危害分析的特点

作业危害分析能够辨识原来未知的危害，增加职业安全健康方面的知识，促进操作人员与管理者之间的信息交流，有助于得到更为合理的安全操作规程。作业危害分析的结果可作为操作人员的培训资料，可为不经常进行该项作业的人员提供指导，可作为职业安全健康检查的标准，还可协助进行事故调查。

（2）作业危害分析的适用条件

作业危害分析是一种定性风险分析方法，主要用于涉及手工操作的各种作业。许多石油和天然气企业采用了这一方法。

3.4 危险与可操作性研究

危险与可操作性研究（Hazard and Operability Study，HAZOP），也称为可操作性研究（Operability Study，OS），是英国帝国化学公司（ICI）开发的系统安全分析方法，主要用于在化工系统的设计和定型阶段发现潜在的危险性和操作难点，以便考虑控制和防范措施。后来，应用范围逐渐扩大，从化工扩展到机械、仓储、运输等系统，也从大型连续生产到小型间断反应，从设计定型阶段到操作规程的审查阶段等领域获得应用。

3.4.1 危险与可操作性研究的概念及术语

（1）危险与可操作性研究的概念

危险与可操作性研究是一种对工艺过程中的危险因素实行严格审查和控制的技术。它是通过关键词和标准格式寻找工艺偏差，以辨识系统存在的危险因素，并根据其可能造成的影响大小确定防止危险发展为事故的对策。其中，"可操作性研究"的含义就是"对危险性的严格检查"，其主要考虑的是"工艺流程的状态参数（温度、压力、流量等）一旦与设计规定的条件发生偏离，就会发生问题或出现危险"。开发这种方法是为了揭示系统可能出现的故障、干扰、偏差等情况，列出危险因素的清单，估计其影响，提出相应对策。

进行危险与可操作性研究，所采用的是不同专业领域专家的"头脑风暴法"，由多个相关人员组成的小组来完成。这种分析方法的目的是激发工程设备的设计人员、安全专业人员和操作工人的想象力，使他们能够辨识设备的潜在危险性，以采取措施，排除影响系统正常运行和威胁人身安全的隐患。

（2）危险与可操作性研究的术语及关键词

进行危险与可操作性研究时，应全面、系统地审查工艺过程，不放过任何可能偏离设计意图的情况，分析其产生的原因及后果，以便有的放矢地采取控制措施。

危险与可操作性研究中，常用的术语如下：

① 意图：工艺某一部分完成的功能。

② 偏离：与设计意图的情况不一致，在分析中运用关键词系统地审查工艺参数来发现

偏离。

③ 原因:产生偏离的原因,通常是物的故障、人的失误、意外的工艺状态(如成分的变化)或外界破坏等原因引起。

④ 后果:偏离设计意图所造成的后果(如有毒物质泄漏等)。

⑤ 工艺参数:生产工艺的物理或化学特性。一般性能如反应、混合、成分、浓度、黏度、pH 值等,特殊性能如温度、压力、相态、流量等。

⑥ 关键词:在危险辨识过程中,为了启发人的思维,对设计意图定性或定量描述的简单词语。

危险与可操作性研究的关键词有七个:否(没有,No)、多(过大,较大,More)、少(过小,较小,Less)、而且(多余,以及,也,又,as Well as)、部分(局部,Part of)、相反(反向,Reverse)、其他(异常,Other than)。各关键词的含义见表 3-7。

表 3-7　关键词表

关键词	意义	解释
否	对规定功能完全否定	完全没发挥规定功能,什么都没发生
多	数量增加	① 指数量的多或少,如数量、流量、温度、压力、时间(过早、过晚、过长、过短、过大、过小、过高、过低);
少	数量减少	② 指性质,如酸性、碱性、黏性; ③ 指功能,如加热、反应程度
而且	质的增加	达到规定功能,另有其他事件发生,如: ① 增加过程,如输送时产生静电; ② 比应有的组分多,如附加相、蒸汽、固态物质、杂质、空气、水、酸、锈蚀物
部分	质的减少	仅实现部分功能,有的功能未实现,如: ① 多步化学反应没完全实现; ② 物料混合物中某种物料少或完全没有; ③ 缺少某种元件或不起作用
相反	逻辑上规定功能相反	对于过程:① 反向流动;② 逆反应(分解与化合);③ 程序颠倒。 对于物料:用催化剂还是抑制剂
其他	其他运行状况	① 其他物料,其他状态(原料、中间产物、催化剂、聚集状态); ② 其他运行状态(开停车、维修、保养、试运行、低负荷、过负荷); ③ 其他过程(不希望的化学反应、分解、聚合); ④ 不适宜的运动过程; ⑤ 不希望的物理过程(加热、冷却、相位变化、沉淀)

在安全实践中,危险与可操作性研究已形成了多种应用类型,如过程 HAZOP(Process HAZOP,主要用于分析工厂或工艺过程)、程序 HAZOP(Procedure HAZOP,主要用于分析操作程序)、人的 HAZOP(Human HAZOP,主要用于分析人的差错)等。不同应用类型中,应结合系统的具体情况和实际需要,以上面的介绍为基础,对关键词做出合理的解释和

定义。

3.4.2 危险与可操作性研究步骤

当某个工艺参数偏离了设计意图时,则会使系统的运行状态发生变化,甚至造成故障或事故。

HAZOP分析过程中,由关键词与工艺参数结合分析,找出与意图的偏离,即:

关键词＋工艺参数＝偏离

由关键词与工艺参数相结合设想偏离的示例见表3-8。

表3-8 应用关键词与工艺参数设想偏离

关键词	+	工艺参数	=	偏离
没有	+	流量	=	没流量
较多	+	压力	=	压力升高
又	+	一种相态	=	两种相态
异常	+	运行	=	维修

危险与可操作性研究按照如下步骤进行:

① 建立研究组,明确任务,了解研究对象。开展可操作性研究,必须先建立一个有各方面专家参加的研究组,并配备一名有经验的课题负责人。同时,要明确研究组的任务,是解决系统安全问题,还是产品质量、环境影响问题。然后,对研究对象进行详细了解和说明。

② 将研究对象划分成若干适当的部分,明确其应有功能,说明其理想的运行过程和运行状态。

③ 通过系统地应用预先给定的关键词(表3-7),寻找与应有功能不相符合的偏差,并写出造成偏差的可能原因。

④ 从这些可能的原因中圈定实际存在的原因,即从假设的原因确定实际可能发生的原因。

⑤ 对有重要影响的、实际存在的原因提出有效对策。

⑥ 编制危险与可操作性研究表格。在上述分析的基础上,编制出完整的危险与可操作性研究表格。

由上述可知,危险与可操作性研究总的程序是:从系统某一部分的一个规定功能开始,先后使用7个关键词,一个关键词讨论完了要及时总结,然后进入下一个关键词;7个关键词讨论完了进入下一个规定功能,全部规定功能讨论完了进入下一部分,直至整个系统审查完毕。其过程如图3-5所示。

3.4.3 危险与可操作性研究应用实例

【例3-6】 DAP系统HAZOP分析。

下面以DAP工艺系统(图3-6)为例,说明危险与可操作性研究方法的实际应用。

DAP是磷酸氢二铵的英文缩写,由氨水与磷酸反应生成。生产过程中分别通过调节氨水储罐与反应釜之间管线上的阀门A、磷酸储罐与反应釜之间管线上的阀门B,控制进入反

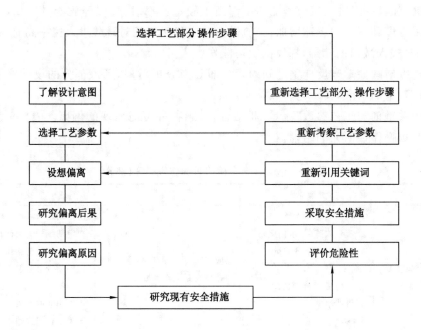

图 3-5 危险与可操作性研究程序图

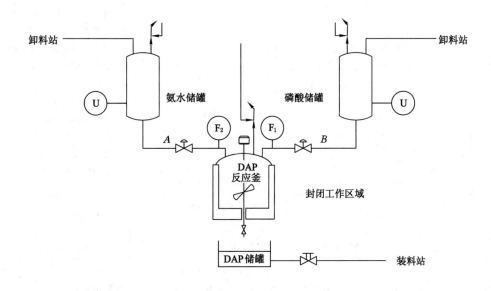

图 3-6 DAP 工艺系统

应釜的氨和磷酸的速率。

当磷酸进入反应釜的速率相对氨进入的速率高时,会生成另一种不需要的物质,但没有危险;当磷酸和氨两者进入反应釜的速率都高于额定速率时,反应释放能量增加,反应釜可能承受不了温度和压力的迅速增加;当氨进入反应釜速率相对磷酸进入速率高时,过剩的氨可能随 DAP 进入敞口的储罐,挥发的氨可能伤害人员。

本例选择磷酸储罐与反应釜之间的管线部分为分析对象,则该部分的设计意图是向反应釜输送一定量的磷酸,其工艺参数是流量。

把 7 个关键词与工艺参数"流量"相结合,设想各种可能出现的偏离。表 3-9 为该工艺部分危险与可操作性研究的结果。

表 3-9　DAP 工艺危险与可操作性研究(部分)

关键词	偏离	可能原因	后果	措施
没有	没有流量	① 磷酸储罐中无料; ② 流量故障(指示偏离); ③ 操作者调节磷酸量为零; ④ 阀门 B 故障而关闭; ⑤ 管线堵塞; ⑥ 管线泄漏或破裂	反应釜中氨过量进入 DAP 储罐并挥发到工作区域	① 定期维修和检查阀门 B; ② 定期维护流量计; ③ 安装氨检测器和报警器; ④ 安装流量监控报警、紧急停车系统; ⑤ 工作区域通风; ⑥ 采用封闭式储罐
多	流量大	① 阀门 B 故障; ② 流量计故障(指示偏低); ③ 操作者调节磷酸量过大	① 反应釜中磷酸过量,若氨量也大则反应释放大量热; ② 生成不需要的物质; ③ DAP 储罐液位过高	① 定期维护和检查阀门 B; ② 定期维护流量计; ③ 安装流量监控报警、紧急停车系统
少	流量小	① 阀门 B 故障; ② 流量计故障(指示偏高); ③ 操作者调节磷酸量过小	反应釜中氨过量进入 DAP 储罐并挥发到工作区域	① 定期维修和检查阀门 B; ② 定期维护流量计; ③ 安装氨检测器和报警器; ④ 安装流量监控报警、紧急停车系统; ⑤ 工作区域通风; ⑥ 采用封闭式储罐
以及	输送磷酸和其他物质	① 原料不纯; ② 原料入口处混入其他物质	① 生成不需要的物质; ② 混入物或生成物可能有害	① 定期检查原料成分; ② 定期维护和检查管路系统
部分	磷酸含量不足	原料不纯	① 生成不需要的物质; ② 混入物或生成物可能有害	定期检查原料成分
反向	反向输送	反应釜泄放口堵塞	磷酸溢出	定期维护和检查反应釜
其他	送入的不是磷酸	磷酸储罐中物料不是磷酸	① 可能发生意外反应; ② 可能带来潜在危险; ③ 可能使反应釜中氨过量	定期检查原料成分

3.5　安全检查表法

3.5.1　安全检查表的定义与分类

（1）安全生产检查

安全检查是通过巡视、观察、询问和测量等常规手段，对特定对象（生产场所、公共场所、工艺系统等）的安全状况进行分析和确认，以及时发现、查明系统中的风险因素（不安全状态和不安全行为），及时采取措施消除事故隐患、防止事故发生的常规安全工作。

安全生产检查是保证企业安全生产工作的正常开展、保护劳动者的生命和健康、促进企业产量和效益提高的重要手段，一直受到我国政府和生产企业的高度重视。早在 1963 年 5 月，国务院制定的"五项规定"中，就明确包括"安全生产定期检查"，规定对企业的安全生产情况必须定期进行检查，包括全面检查、专业检查（针对行业安全特点）和季节性检查。要求安全检查必须有计划、有目的地进行，并且要依靠群众，讲究实效。

① 安全生产检查的分类。

安全生产检查既包括企业本身对生产卫生工作进行的经常性检查，也包括由地方政府安全监管部门、行业主管部门联合组织的定期检查。可以对安全卫生进行普遍检查，也可以对某项问题，如防暑降温、电气安全、矿井防治水等进行专业重点或季节性检查。

② 安全检查的内容与结果处理。

安全检查的内容可以概括为查思想、查管理、查隐患、查事故处理。

安全检查是发现危险因素的手段，是为了采取措施消除危险因素、把事故和职业病消灭在事故发生之前。因此，不论何种类型的安全检查，都要防止搞形式、走过场，更要反对那种"老问题、老检查、老不解决"的僵化作风。要讲究实效，认真贯彻"边检查、边整改"的原则，对检查出来的问题，必须做到条条有落实、件件有交代，及时、认真地进行整改。

（2）安全检查表的定义

为了查明系统中的不安全因素，以提问的形式，将需要检查的项目按系统或子系统顺序编制而成的表格，叫作安全检查表。安全检查表实际上是实施安全检查的项目清单和备忘录。

制订安全检查表进行安全检查是安全管理的一项基础工作。为了系统地发现厂矿、车间、工序或机器、设备、装置以及各种操作管理和组织措施中的不安全因素，应对整个系统进行深入、细致的分析，把大系统分成若干小的子系统，再根据有关安全规范、标准、制度以及其他系统分析方法的分析结果，针对各个子系统中需要查明的不安全因素，确定需要检查的项目和要点，并编制成安全检查表，以便进行安全检查，避免检查时漏项。

安全检查表既是安全检查和诊断的一种工具，又是发现潜在危险因素的一个有效手段，它简单实用，很受生产现场欢迎。我国引进安全系统工程后，首先在各行业应用的即是安全检查表。

3.5.2 安全检查表的编制与应用

（1）安全检查表的内容与格式

安全检查表编制时要求尽可能做到无遗漏，要综合考虑人、物、环境和管理四个方面的因素（即 4M 因素）。最简单的安全检查表只有四个栏目，即序号、检查项目、回答（"是""否"栏）和备注（注明措施、要求或其他事项），见表 3-10、表 3-11。

表 3-10　安全检查表的格式（提问式）

序号	检查项目	回答	备注
×××	××××××	×	×××
×××	××××××	×	×××
...	......	...	......

表 3-11　安全检查表的格式（对照式）

序号	检查项目	标准及要求	检查情况	备注
×××	××××××	×	×××	×××
×××	××××××	×	×××	×××
...	......	...	......	...

为了提高检查效果，可以通过增设栏目使安全检查表进一步具体化。例如，可以增加"标准及要求"栏目，列出各检查项目的检查标准、要求及有关规定，使检查者和被检查者明确应该怎样做、做到什么程度；还可以增设"处理意见"和"处理日期"等栏目，以便于及时解决存在的问题，确保系统的安全。

为了使检查人员特别重视对危险性大的项目进行检查，可以对各个检查项目的轻重程度做出标记，即分析各检查项目的危险程度并划分为不同的重要等级（如 A、B、C 级），或按危险程度给出它们的权值。

安全检查要在表末或表头注明被检查对象（地点等）、检查者和（或）检查日期等信息，以备安全管理工作中应用。

（2）安全检查表的编制

① 安全检查表的编制方法。

实际应用中，可以根据需要编制安全检查表，也可以按专题编写安全检查表。

为了提高安全检查表的编制质量，编制工作应由安全技术人员、生产技术人员和技术工人共同进行。安全检查表编出后，还要在实施过程中不断修改完善，使其更加符合实际，以便通过一定时间的实践应用，使其达到标准化、规范化。

通过事故树分析，查出事故的基本原因事件，明确各基本事件与事故的关系，以便有针对性地编制安全检查表，也是一种行之有效的方法。

编制安全检查表的依据有：

a. 有关规程、规范、规定和标准。例如采煤工作面安全检查表，应以《煤矿安全规程》《操作规程》《作业规程》中的有关规定作为编制的依据，使安全检查表的内容符合这些规程的要求。

b. 本单位的经验。即本单位长期以来形成的安全管理经验和生产管理经验,以及基于本单位的实际状况,对本单位的事故预防工作有效的安全技术措施。

c. 事故案例资料。它包括国内外同行业、同类型的事故案例资料。

d. 系统安全分析的结果。即通过事故树分析、事件树分析等系统安全分析方法进行分析,找出导致事故的各个基本事件,并以这些分析方法的分析结果作为编制安全检查表的依据。

编制安全检查表时,应注意以下问题:

a. 安全检查表要系统、全面,要包括需要查明的、导致事故的所有不安全状态和不安全行为。

b. 安全检查表要突出重点、抓住要害,不可过繁或过简。检查项目过少,难以包括导致事故的多种因素;检查项目过多,又会分散注意力,冲淡对重要项目的检查。因此,编制检查表时,要对众多的检查要点进行归纳,使设置的检查项目既不遗漏,又突出重点,做到简繁适当,富有启发性。

c. 各种安全检查表应各有侧重,分清各自的职责,有重点地设置检查项目。岗位上可查可不查的内容,不要列入岗位安全检查表中。

d. 编制岗位安全检查表时,要着眼于对操作及与操作有关的工艺、设备和环境条件的具体安全检查,不要混同于一般的安全操作规程。

e. 随着工艺的改进、设备的更新以及生产环境的变化,要不断地修改和完善安全检查表的内容,使其适用于新的情况。

② 全检查表的应用。

安全检查工作中,应对照安全检查表中的检查项目逐项认真检查,检查结果用"是""否"来回答,或用"√""×"符号来表示;需要采取的措施、要求等事项记录在"备注"栏内。如果检查表中有"处理意见""处理时间"等栏目,则根据实际情况填写。

应用安全检查表时,需要注意以下几个问题:

a. 各类检查表都有其适用范围和适用对象,不宜通用。

b. 安全检查表的实施工作应由具体的部门或人员负责。厂级安全检查表,应由安全监察处(站)、技术科会同其他有关部门(如保卫部门等)联合实施;工区用安全检查表,应由工区领导负责人实施或指定专人负责实施;岗位安全检查表,应指定专人负责实施。

c. 应制定安全检查表的实施办法和管理制度,保证安全检查表的实施效果。例如,可把安全检查表的实施工作列入安全例会及交接班工作中,或将其与奖惩制度挂钩。

d. 安全检查表的实施工作中,要注意信息的反馈和处理,对查出的问题要及时进行处理,以有效地防止灾害的发生。

e. 为了提高安全检查表的应用效果,应根据系统工程的原理,积极研究安全检查表新的应用方法,进一步提高其发现和处理事故隐患的效果。近年来,以安全检查表为基础,对灾害风险进行检查和评价,并据此开展有针对性的风险管理工作,取得了很好的效果。

3.5.3　安全检查表的特点

在各类工业企业中,安全检查都是安全工作中最常用的一种方法,行业主管部门和政府部门的安全监管也是如此,安全检查是最常用,也是最重要的一种方法。安全检查表的采用,给安全检查工作带来了新的活力,使安全检查工作的手段和效果得到了很大的改观。

(1) 安全检查表检查与传统安全检查的区别

传统安全检查的工作形式很多,也很普遍。虽然传统安全检查的作用和效果是不可磨灭的,但由于这些检查往往缺乏系统的检查提纲,很多情况下只能凭几个有经验的检查人员根据自己的经验进行判断,因而往往存在检查中漏项、忽视重要问题的检查、检查结果不客观甚至因人而异等一些明显的问题。

应用安全检查表进行安全检查,是安全工作中的一种有效手段,可以大大提高安全检查工作的效果。这是由于安全检查表是采用系统观点编制的,它将复杂的大系统分割成若干子系统或更小的单元,然后集中各类有关人员的经验和智慧,对这些简单的单元或子系统中可能存在的危险性、可能造成的事故后果以及如何消除和控制事故的危险性进行深入、细致的分析研究,并列出安全检查的详细提纲。这样,经过编制人员对单元、子系统以至整个系统进行详细推敲后编制出的安全检查表,可以做到周密、全面、不漏项。所以,安全检查表对于安全检查工作可以起到指南和备忘录的作用。应用安全检查表进行安全检查,可以使检查结果全面、准确地反映系统的实际安全状况,对安全管理工作有较强的指导作用。

(2) 安全检查表的优点

安全检查表的优点归纳如下:

① 具有全面性、系统性。由于安全检查表能够事先编制,因而有充足的编制时间,可以组织熟悉检查对象的各类人员进行深入、细致的分析和讨论。在此基础上编制的安全检查表,可以做到系统、全面,使可能导致事故的各种危险因素不致被遗漏。这样,可以克服安全检查的盲目性,避免安全检查工作中的走过场现象,提高安全检查工作的质量。

② 安全检查表采用提问的方式进行表述,有问有答,可以给人以深刻印象,让人知道如何做才是正确的,因而可以起到安全教育的作用。在督促各项安全规章制度的实施、制止违章作业和违章指挥等工作中,安全检查表均具有指导和提示的作用。

③ 可以根据已有的规程、标准和规章制度等进行编写,利于实现安全工作的标准化和规范化。

④ 可以和生产责任制相结合。由于不同的检查对象有不同的安全检查表,因而易于分清责任,可以作为安全检查人员履行职责的考核依据。同时,安全检查表中还可以注明对改进措施的要求,便于隔一段时间再有针对性地检查改进情况。

⑤ 安全检查表是定性的检查方法,是对传统安全检查工作的改进和提高。它简明易懂、容易掌握,不仅符合我国现阶段使用,而且还可以为进一步采用其他更先进的安全系统工程方法进行事故预测和安全评价打下基础。

3.5.4 案例分析

安全检查表示例:

① 某化工厂厂级安全检查考核表(表3-12、表3-13)。

② 某厂桥式起重设备岗位安全检查表(表3-14)。

③ 运输系统安全检查表(表3-15)。

表 3-12　某化工厂厂级安全检查考核表

项目	序号	检查内容	标准		得分	
			要求	依据标准	计划	实得
安全管理 （33 分）	1	安全机构和人员是否安全	组织落实	《化工过程安全管理导则》（AQ/T 3034—2022）	1	
	2	安全例会是否召开过（每月一次）	分管主任主持		2	
	3	车间领导是否参加轮流安全值班	记录为准		2	
	4	出了工伤事故是否按规定上报	及时		4	
	5	事故后是否严格执行"三不放过"原则	分管主任主持		4	
	6	是否用检查表对班组每月一次检查	分管主任主持		5	
	7	岗位安全检查表和 ABCDE 卡的应用是否相符	表卡一致		10	
	8	隐患整改通知卡（D 卡）执行是否良好	验收签字为准		5	
安全教育 （12 分）	1	新工人上岗前是否进行过安全教育	考试合格	《化工过程安全管理导则》（AQ/T 3034—2022）	2	
	2	安全宣传栏是否达到要求	一月一期一篇		2	
	3	违章违制人员处罚后是否上警告牌	干部工人一样		2	
	4	厂下达的安全教育指标是否完成	100%		1	
	5	班组安全活动日发言人数是否有 50%	每周一次		5	
作业现场 （23 分）	1	化工装置应设计装备自动化控制系统	应当安装	《化工过程安全管理导则》（AQ/T 3034—2022）	3	
	2	管道仪表流程图、物料平衡图、操作规程、工艺控制指标、现场处置方案等生产技术资料	应编制完全		2	
	3	工具箱是否在规定地点摆放整齐	发现填卡上报		2	
	4	除尘管道是否有严重泄漏	发现填卡上报		2	
	5	平台走道是否有严重积油、水	不影响走安全		3	
	6	水沟箅条盖板是否齐全	用后盖好		2	
	7	生产设备四周是否有杂物、备件堆放	不影响操作		2	
	8	水冲地坪胶管是否乱拖放	损坏填卡上报		2	
	9	工作区灯具是否完好	完整齐全		1	
	10	危险点的安全标志是否损坏、丢失	完整齐全		2	
	11	特殊岗位工人是否持证上岗操作（徒工不单独顶岗工作）	培训合格		2	
安全技术 （32 分）	1	临时行灯是否采取低压	安全电压	《化工过程安全管理导则》（AQ/T 3034—2022）	2	
	2	电器线路是否有乱搭挂、裸露漏电	绝缘、完整		4	
	3	电器开关是否有乱挂物件和完好	绝缘、完整		2	
	4	高速传动装置是否有牢固的安全罩	完好牢固		5	
	5	起重吊车限位是否灵敏完好	灵敏可靠		4	
	6	氧气瓶与乙炔桶摆放距离是否符合要求	离明火 10 m，两距 5 m		5	
	7	乙炔桶安全壶内水是否缺少和浑浊	有效可靠		3	
	8	电焊机接线头是否有防护罩	安全可靠		4	
	9	2 m 以上平台栏杆是否符合要求	牢固完好		3	

表 3-13　季度违规扣分内容标准

序号	扣分内容	扣分	
		标准	分数
1	违章违制	每一人次	1～2
2	险肇事故	每一人次	2～5
3	无故到期完不成 D 卡整改	酌情	2～5
4	轻伤事故	每一人次	20
参 加 检查人		检查实得分	分
		日期：　　年　　月　　日	

表 3-14　某厂桥式起重设备岗位安全检查表

序号	检查项目	标准及要求	标准依据	检查情况					
				1	2	3	4	5	6
1	操作室电气柜门是否完好	完整关严	国发(56)40						
2	电铃是否完好	完好、声音清晰	16 条						
3	紧急开关	可靠	27 条						
4	大、小钩限位器	完好	10 条						
5	大、小车极限	完好	19 条						
6	舱门、栏杆开关	完好	24 条						
7	各部制动器是否完好	完好	15 条						
8	照明是否完好	工作区明亮	国发(56)40						
9	外露传动部分防护保护罩	完好、可靠	18 条						
10	钢丝绳是否完好	完好	65 条						
11	走梯、平台、走台栏杆是否完好	完好	GB 4053						
岗位工人签字				1		3		5	
				2		4		6	

　　使用说明：1. 将检查情况在小格内打"√"或"×"；

　　　　　　　2. 发现问题填附表上报车间解决。

表 3-15　运输系统安全检查表

序号	检查内容	检查结果	处理意见	负责人
1	副井上下把关人员是否严守岗位？			
2	上下物料的操作程序是否正确？			
3	电机车司机是否持证上岗？			
4	电机车有没有超速行驶？			
5	电机车喇叭和照明尾灯是否完好？			
6	大巷运输信号灯是否完好？			
7	扳道工是否坚守岗位？			

表 3-15(续)

序号	检查内容	检查结果	处理意见	负责人
8	大巷中有没有扒、蹬、跳和坐重车现象?			
9	电机车闸皮是否可靠?			
10	挡车器、阻车器是否灵活可靠?			
11	绞车是否完好?是否按规定使用护绳?			
12	绞车固定是否牢固可靠?方向是否合适?			
13	绞车信号是否按规定设置?是否灵敏可靠?			
14	绞车司机是否持证上岗?			
15	绞车钢丝绳是否完好?有没有超挂车现象?			
16	胶带机司机是否持证上岗?			
17	跨越胶带处是否有过桥?			
18	有没有人违章乘坐胶带?			
19	胶带信号装置是否完备、可靠?			
20	胶带机头的照明情况是否符合规定?			

检查时间:　　　　　　　检查人:

3.6　其他定性分析方法

3.6.1　情景分析法

情景分析法又称脚本法或者前景描述法,是假定某种现象或某种趋势将持续到未来的前提下,对预测对象可能出现的情况或引起的后果做出预测的方法,是一种定性的预测方法。利用情境分析方法,创造出不同的情境,情境可以是达到目的的不同方式,或作用力交互作用的分析。如假设地震可能发生的不同情境,任何触发不希望情境的事件都被识别为风险。

在风险管理方面,情景分析法可以作为一种适用于对可变因素较多的项目进行风险预测和识别的系统技术,它在假定关键影响因素有可能发生的基础上,构造出多重情景,提出多种未来的可能结果,以使采取适当措施防患于未然,帮助管理者发现未来变化的某些趋势和避免过高或过低估计。利用情景分析法也可以提醒决策者注意某种措施或政策可能引起的风险或危机性的后果,建议决策者需要进行监视的风险范围,研究某些关键性因素对未来过程的影响,并提醒决策者注意内外部环境变化会给企业带来哪些风险。

情景分析认为未来并不只是一成不变的发展模式,而是对历史进行回顾分析的基础上,对未来的趋势进行一系列合理的、可认可的、自圆其说的假定。用情景分析法来进行预测,不仅能得出具体的预测结果,而且还能分析达到未来不同发展情景的可行性以及提出需要采取的技术、经济和政策措施,为管理者决策提供依据。根据情景分类,情景分析法可以分为历史情景法、预期分析方法、因素分解法和压力测试法。

(1) 历史情景法

假设历史上发生过的事情会重演。例如,我们可以分析假如类似 1997 年亚洲金融危机的事件在明年再次发生会对我们的投资和运营产生什么影响。从国际上看,1987 年 10 月发生在美国的股市崩溃、1992 年欧洲货币危机、1995 年墨西哥比索危机、1997 年亚洲金融危机、美国"9 · 11"事件等都可以作为情景进行分析。使用历史情景时,不仅可以使用自己的历史情景,也可以使用别人的历史情景。无论如何,使用历史情景的不足之处是生成的情景往往受已经发生的历史事件的局限。

(2) 预期分析方法

预期分析方法是对主观假设的一些情景进行分析。预期分析方法的优点是其可以不受真实历史事件的限制,故可以生成如假如全国发生大面积禽流感这样的情景;又如假设人民币贬值,在这种预期情况下,有人就会推测利率上升、股票市场回升。由于预期分析方法是相当主观的未考虑其他潜在风险因素,因此在仔细分析预期情景的时候可能会产生一些困难。预期分析方法在制订危机处理方案时是一种常见的方法。

(3) 因素分解法

因素分解法是把未来对目标的影响分解成若干个因素,然后分别假设这些因素的变化情况而生成可能的情景。例如,对我们企业收益的影响可能有原材料的价格、产品的质量、客户的需求、新技术的发展等。我们可以假设原材料价格的水平上升很多,但客户的需求和我们的产品质量也上升很多同时没有新技术的出现这样一个综合的情景,并在此基础上分析我们的盈利情况。

这种方法可以把复杂的情景简单化,并清楚看出其中每一个因素的影响,甚至可以进行敏感度分析。但是这种方法忽略了相关性,如产品的质量和客户的需求之间的正相关关系如果很高,分析结果与实际情况会有较大差距。

(4) 压力测试法

对于极端情景的分析通常称作压力测试。压力测试的情景发生概率很小,如 0.5%、0.1%。但这些情景又确实有所发生,而一旦发生,其突发的影响可能又是巨大的,让分析者了解最坏情景和最极端情景下对追求目标的影响。压力测试可以作为在险值法的补充,以弥补后者对于置信区间以外的极端事件的分析之不足。

3.6.2 专家分析法

这是一类风险识别方法,主要是利用专家的个人知识、经验和智慧找到风险因素,并尽可能评估风险的潜在损失。具体形式多种多样,如德尔菲法、专家问卷法、专家座谈会(讨论会)、专家个别访谈、头脑风暴法、主观概率法、交叉影响法、专家质疑法等。

(1) 德尔菲法

德尔菲法是常用的一种专家分析法,20 世纪 40 年代由美国兰德公司首创,最初用于定性预测,现广泛应用于以专家调查为核心的各类咨询分析工作中。德尔菲法的主要步骤有:

① 准备阶段。该阶段包括准备背景资料,使专家获得信息系统化;设计调查表,明确需要专家判断的问题;专家要对本专业问题有深入研究,知识渊博,经验丰富,思路开阔,富于创造力和洞察力;人数视项目而定。

② 征询阶段。该阶段采用函询方式,一般进行 3～4 轮。保证专家独立发表看法,由专人组织联络专家。第一轮函询,由专家根据背景资料和要识别的风险类别,自由回答。组织者对专家意见综合整理,把相同的风险因素、风险事件用准确的术语统一描述,剔除次要的、分散的事件。整理后反馈给专家。第二轮函询,要求专家对第一轮整理出的风险因素和风险事件的判断依据、发生概率、损失(机会)的状态等予以说明。组织者整理后再次反馈给专家。第三轮函询,各位专家再次得到函询的统计报告后,对组织者总结的结论进行评价,重新修正原先的观点和判断。经过第三或第四轮的函询,专家的判断、分析结果应收敛或基本一致,组织者整理出最终结论。如果专家意见不收敛,则可适当增加反馈次数或修正函询问题设计。

③ 结果处理阶段。该阶段对最后一轮专家意见进行统计归纳处理,得到专家意见的风险识别结果及专家意见的离散程度。

(2) 头脑风暴法

头脑风暴法又称智力激励法、BS 法、自由思考法,是由美国创造学家奥斯本于 1939 年首次提出、1953 年正式发表的一种激发性思维的方法。此法经各国创造学研究者的实践和发展,至今已经形成了一个发明技法群,如奥斯本智力激励法、默写式智力激励法、卡片式智力激励法等。头脑风暴法又可分为直接头脑风暴法(通常简称为头脑风暴法)和质疑头脑风暴法(也称反头脑风暴法)。前者是在专家群体决策时尽可能激发创造性,产生尽可能多的设想的方法;后者则是对前者提出的设想、方案逐一质疑,分析其现实可行性的方法。

采用头脑风暴法组织群体决策时,要集中有关专家召开专题会议,主持者以明确的方式向所有参与者阐明问题,说明会议的规则,尽力创造融洽轻松的会议气氛。主持者一般不发表意见,以免影响会议的自由气氛,由专家们"自由"提出尽可能多的方案。

① 头脑风暴法的激发机理如下:

a. 联想反应。即在集体讨论问题的过程中,每提出一个新的观念,都能引发他人的联想,相继产生一连串的新观念,形成新观念堆,为创造性地解决问题提供更多的可能性。

b. 热情感染。即在不受任何限制的情况下,集体讨论问题能激发人的热情。自由发言,可以突破固有观念的束缚,最大限度地发挥创造性的思维能力。

c. 竞争意识。即人人争先恐后,竞相发言,不断地开动思维,力求有独到见解、新奇观念。

d. 个人欲望。即在集体讨论解决问题过程中,个人的欲望自由,不受任何干扰和控制,是非常重要的。

② 头脑风暴法的主要步骤有:

a. 确定议题。使与会者明确知道通过这次会议需要解决什么问题,不限制可能的解决方案的范围。

b. 资料准备。收集相关资料,以便与会者了解与议题有关的背景材料和外界动态。会场可做适当布置,座位排成圆环形的环境往往比教室式的环境更为有利。

c. 确定人选。一般以 8～12 人为宜,与会者人数太少不利于激发思维,人数太多则每个人发言的机会相对减少,影响会场气氛。

d. 明确分工。要推定 1 名主持人,1～2 名记录员(秘书)。主持人的作用是在头脑风暴畅谈会开始时重申讨论的议题和纪律,在会议进程中启发引导,掌握进程。记录员应将与会者的所有设想都及时编号,简要记录。

e. 规定纪律。与会者一般应遵守:集中精力、积极投入;不私下议论,影响他人思考;发言针对目标,不做过多解释;相互尊重,平等相待等。

f. 掌握时间。会议时间由主持人掌握,一般以几十分钟为宜,经验表明:创造性较强的设想一般在会议开始 10~15 min 后逐渐产生,美国的创造学家帕内斯指出,会议时间最好安排在 30~45 min 之间。

思考与练习

1. 安全检查表的定义、分类、格式、特点和优缺点各是什么? 为提高安全检查表的应用效果,可做哪些改进? -

2. 假如你是一名检查员,试编制 KTV 防火安全检查表和学生宿舍防火安全检查表。

3. 什么是预先危险性分析? 其目的是什么? 如何辨识危险因素? 如何划分危险等级? 规范的预先危险性分析表格式如何?

4. 根据以往学过的专业知识或自己的实际经验,进行某一系统的预先危险性分析。

5. 鱼刺图分析的概念、形状、步骤、注意事项和优缺点各是什么?

6. 如何结合使用鱼刺图和主次图进行事故分析?

7. 作业危害分析的概念、作用、步骤和优缺点各是什么?

8. 什么是危险与可操作性研究? 说明其作用和目的。

9. 危险与可操作性研究中,其分析、处理方式和研究步骤如何?

10. 危险与可操作性研究的关键词有哪些? 说明它们的意义和在不同应用中的变化。

11. 何为偏离? 何为关键词?

12. 德尔菲法的主要步骤有哪些?

13. 头脑风暴法的激发机理和主要步骤是什么?

14. 试列举灾害风险定性分析方法,并说明各种方法的适用条件。

第 4 章　风险定量分析方法

4.1　事件树分析

事件树分析是最重要的系统风险分析方法之一,简称为 ETA(Event Tree Analysis),是运筹学中的决策树分析(Decision Tree Analysis,DTA)在可靠性工程和系统风险全分析中的应用。

决策树分析是决策论中的一种重要方法,是利用决策树对客观问题进行分析研究,从而做出最佳决策的一种系统分析方法。事件树分析则是从决策树分析引申而来的分析方法。1972 年以前,事件树分析法主要用于管理工作中进行决策;1972 年以后,开始应用于安全方面的事故分析。

事件树分析最初用于可靠性分析,它是用元件可靠性表示系统可靠性的系统分析方法之一。系统中的每个元件,都存在具有与不具有某种规定功能的两种可能。元件正常,则说明其具有某种规定功能;元件失效,则说明其不具有某种规定功能。人们把元件正常状态记为成功、把失效状态记为失败。按照系统的构成状况,顺序分析各元件成功、失败的两种可能,将成功作为上分支、失败作为下分支,不断延续分析,直至最后一个元件,就可形成事件树,对系统做出动态、全面的分析。

4.1.1　事件树分析的基本理论

(1) 事件树分析的概念和基本原理

事件树分析是一种从原因到结果的过程分析,属于逻辑分析方法,遵照逻辑学的归纳分析原则。

如上所述,对于每一个系统,其各个组成部分(元素)都存在着正常工作(成功)和失效(失败)两种状态。各个元素工作状态的不同组合,决定了系统的工作状态——成功或失败。事故的发生也是这样,它是许多事件相继发生、发展的结果。其中,一些事件的发生是以另一些事件首先出现为条件的。事故发展过程中出现的事件可能有两种情况,即事件出现或不出现,或者事件导致成功或导致失败。各个事件的发生、发展状态是随机的,但最终是以事故发生或不发生为结果。这样,如果能够掌握可能导致事故发生的各个事件的发展顺序和逻辑关系,对事故分析和预测、预防工作无疑是很有帮助的。

从事件的起始状态出发,按照事故的发展顺序,分成阶段,逐步进行分析,每一步都从成功(希望发生的事件)和失败(不希望发生的事件)两种可能后果考虑,并用上连线表示成功、下连线表示失败,直到最终结果。这样,就形成了一个水平放置的树形图,称为事件树。这种分析方法就称为事件树分析法。

(2)事件树分析引例

【例 4-1】 泵、阀门串联输送系统。

有一个泵和一个阀门串联的液体输送系统,如图 4-1 所示。

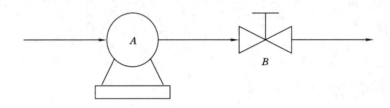

图 4-1 泵-阀系统简图

液体沿箭头方向顺序经过泵 A、阀门 B。组成系统的元件 A、B 都有正常和失效两种状态。根据系统实际构成情况,当泵 A 接到启动信号后,可能有两种状态:正常启动开始运行;或失效,不能抽出液体。画出泵 A 运行的两个分支,并将正常作为上分支、失效作为下分支。

在泵 A 正常后,再分析阀门 B 的两种状态:正常和失效。事件树的结构是按照系统的具体情况作出的,故阀门 B 的正常与失效只接在泵 A 正常状态的分支上;泵 A 处于失效状态,系统就呈失效状态(状态③),阀门 B 对此结果没有影响,不再延续分析。当阀门 B 正常时,系统处于状态①——正常;阀 B 失效时,系统处于状态②——失效。这样,就形成了这个液体输送系统的事件树,如图 4-2 所示。

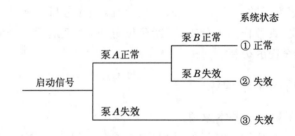

图 4-2 液体输送系统事件树

从该事件树中可以清楚地看出系统的运行状态以及系统中各个事件的动态变化过程。只有泵 A 和阀门 B 均处于正常状态时,系统才能正常运行,而其他两种情况均是系统失效状态。

采用事件树分析法,不但能够定性地了解整个事件的动态变化过程,而且可以定量地计算各个阶段的概率(如果已知有关中间事件发生概率的话),最终计算系统各种状态的发生概率以及系统成功和失败的概率。

例如,若上述泵-阀系统中泵 A 正常的概率 $P\{A\}=0.999\ 9$,阀 B 正常的概率 $P\{B\}=0.999$,求系统正常和失效的概率。

先求出系统各个状态的概率:

状态①发生的概率为:
$$P_1 = P\{A\}P\{B\} = 0.999\ 9 \times 0.999 = 0.998\ 9$$

式中,$P\{A\}$、$P\{B\}$ 分别为 A、B 处于正常状态的概率。相应地,$P\{\overline{A}\}$、$P\{\overline{B}\}$ 分别为 A、B 处于失效状态的概率。

状态②发生的概率为:
$$P_2 = P\{A\}P\{\overline{B}\} = P(A)[1 - P(B)] = 0.999\ 9 \times 0.001 = 0.001\ 0$$

状态③发生的概率为:
$$P_3 = P\{\overline{A}\} = 1 - P(A) = 1 - 0.999\ 9 = 0.000\ 1$$

因为只有在状态①系统能正常运行,所以系统正常运行的概率为:
$$P\{正常\} = P_1 = 0.998\ 9$$

状态②和状态③均为系统的失效状态,所以系统失效的概率为:
$$P\{失效\} = P_2 + P_3 = 0.001\ 0 + 0.000\ 1 = 0.001\ 1$$

4.1.2　事件树分析的作用和步骤

(1) 事件树分析的作用

通过以上介绍,可以总结出事件树分析的作用如下:

① 能明确事故的发生、发展过程,指出如何控制事故的发生。

通过事件树分析可以看出导致事故各个事件的发生、发展过程以及系统的结果,也就是查明各个事件的发生顺序、它们对导致事故发生以及避免事故发生的作用和它们的相互关系,从而判明事故发生的可能途径及其危害,同时也就指出了防止事故发生的可能途径及其危害,同时也就指出了防止事故发生的可能途径和方法,可用以指导事故预防工作,并可用来进行直观的安全教育。

② 从宏观角度分析系统可能发生的事故,掌握系统中事故发生的规律。

应用事件树分析能够掌握事故发生发展的全部动态过程,从宏观角度分析系统可能会发生哪些事故。将它与事故树分析相比较,可以更清楚地看出这一点:事故树分析仅限于事故的瞬间静态分析,是从微观角度分析系统中的一种事故。所以,通过事件树分析,能够全面掌握系统中各种事故的发生规律,从而采取有效的措施消除事故,改进系统的安全状况。

③ 可以找出最严重的事故后果,为确定事故树的顶上事件提供参考依据。

通过事件树分析,了解了系统中可能发生的各种事故,则可以找出其中最严重的事故后果,再利用事故树分析法对这一最严重事故做更进一步的分析。

④ 可以作为对已发生的事故进行原因分析的技术方法。

利用事件树对已发生的事故进行技术分析,可以快速地找出事故的发生原因及其发生过程,有利于吸取事故教训,防止类似事故的发生。

一般说,事件树分析对任何系统均可使用,而尤其适用于多环节事件的事故分析。

(2) 事件树分析的步骤

事件树分析大致按如下四个步骤进行:

① 确定系统及其组成要素。也就是明确所分析的对象及范围,找出系统的构成要素,以便于展开分析。

② 对各子系统(要素)进行分析。也就是分析各要素的因果关系,并对其成功与失败两种状态进行分析。

③ 编制事件树。根据因果关系及状态,从初始事件开始由左向右展开编制事件树;根据所做出的事件树,进行定性分析,说明分析结果,明确系统发生事故的动态过程。

④ 定量计算。标示各要素成功与失败的概率值,求出系统各个状态的概率,并求出系统发生事故的概率值。

目前,对各类事故进行事件树分析时,由于各个中间事件的概率值很难确定,定量计算较难准确进行,进行事件树定性分析时,可只进行前三步,即只进行定性分析。

4.1.3 事件树分析应用示例

【例 4-2】 矿井斜巷跑车事件树分析。

某矿井中的一运输斜巷,设有胶带输送机运送煤炭,在胶带输送机旁边敷设检修轨道,未留人行道。两名工人从运输斜巷底部开始,沿检修轨道向上行走。由于绞车司机不知有人行走,从运输斜巷的上部车场放下一辆矿车,向两名工人直冲过来。多亏在巷道底部工作的一位老工人发现险情,及时发出了紧急停车信号,矿车在接触第一个工人的刹那间停住,才避免了一起死亡事故。但向上行走的两个工人中,一人受重伤,一人受轻伤。试用事件树分析这一事故。

分析这一事故,如果两名工人进入运输斜巷前发出了行人信号,绞车司机不会向下放车,两名工人可安全通过运输斜巷;若两名工人未发行人信号,但这段时间不向下放车,亦可顺利通过运输斜巷,但这是不保险的;若恰在两名工人向上行走时放下车来,则要看在巷道底部工作人员是否发现了险情、是否向绞车司机发出了紧急停车信号以及信号是否有效。若未发紧急停车信号,矿车直冲下来,必然碾过上行的工人而造成伤亡事故;若发了紧急停车信号,但信号无效,结果也是一样的;若发了紧急停车信号,矿车在接触上行工人之前停下来,则两名工人可冒险通过;若矿车停止之前接触上行工人,也会发生受伤甚至死亡事故,这就是上面所述的情况。

这是一个以向上行走的工人、绞车司机、巷道底部工作人员、矿车和巷道为分析对象的综合系统。以行人进运输斜巷为初始事件,用事件树进行分析,如图 4-3 所示。事件树分析得出了 10 个结果,有 5 个是危险的,3 个是冒险的,1 个是侥幸的,1 个是安全的,即我们希望的结果只有 1 个。从事件树中还可看出,若该巷道设有人行道,而行人又走人行道的话,虽然冒险但一般不至于发生伤亡事故。所以,该巷道未设人行道是不合适的。

对于某些含有两种以上状态的环节事件的系统来说,如脚手架护身栏的高度有正常、高、低三种状态,化学反应系统的反应温度也有正常、高、低三种状态,等等。对于这种情况,应尽量归纳为两种状态,以符合事件树分析的规则。但是,为了详细分析事故的规律和分析的方便,也可以将两态事件变为多态事件。此时,要保证多态事件状态之间是互相排斥的。

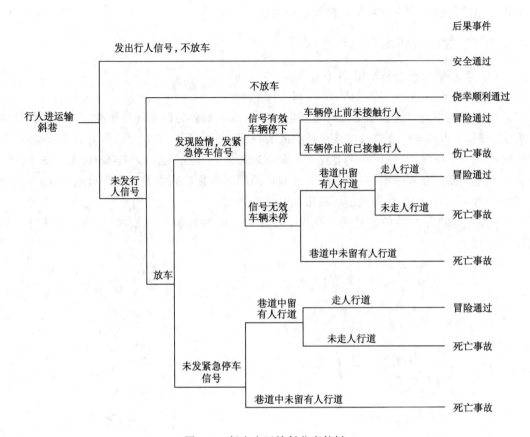

图 4-3　行人走运输斜巷事件树

因为多态事件状态之间仍是互相排斥的,此时,可以把事件树的两分支变为多分支,而不改变事件树分析的结果。

4.2　事故树分析

事故树分析亦称为故障树分析,简称为 FTA(Fault Tree Analysis),是系统风险分析中最重要的分析方法,也是系统风险分析方法中得到广泛应用的一种方法。实践证明,事故树分析是对各类事故进行分析、预测和评价的有效方法,可为风险管理提供科学的决策依据,具有重要的推广、应用价值。

事故树分析方法起源于美国贝尔电话研究所。1961 年,沃森在研究民兵式导弹发射控制系统的安全性时首先提出了这种方法。接着,该研究所的门斯等改进了这种方法,对预测导弹发射偶然事故做出了贡献。后来,波音公司对 FTA 进行了重要改革,使之能够利用计算机进行模拟。20 世纪 60 年代后期,FTA 由航空航天工业发展到以原子能工业为中心的其他产业部门。1974 年,美国原子能委员会利用 FTA 对商业核电站事故危险性进行评价,发表了著名的"拉斯姆逊报告",引起世界各国的广泛关注。目前,在各个行业、在系统风险分析和风险评价的许多领域都在应用这一方法。

4.2.1 事故树分析的概念与步骤

（1）事故树的概念和作用

① 树。

树是图论中的概念。图论是将客观世界中的系统抽象为图来进行研究的一门近代数学分支。图，是由若干个点以及连接这些点的线段组成的图形。图中的点称为节点，线段称为边或弧。一个图中，若任何一个节点至少有一边与另一节点相连，就称为连通图。图 4-4 就是一个连通图。在连通图中，若某一节点和边的顺序衔接序列中始点和终点重合，则称之为回路。图 4-4 中 A、B、C 围成的三角形就是一个回路。

树，就是没有回路的连通图。例如，把图 4-4 中的回路全部断掉，就变成一棵树，如图 4-5 所示。

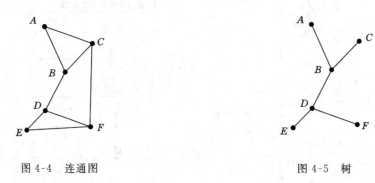

图 4-4　连通图　　　　　　　　　　图 4-5　树

② 事故树与事故树分析。

事故树，是从结果到原因描绘事故发生的有向逻辑树。逻辑树是用逻辑门连接的树图。

事故树分析，是一种逻辑分析工具，遵照逻辑学的演绎分析原则，即从结果分析原因的原则。事故树分析用于分析所有事故的现象、原因、结果事件及它们的组合，从而找到避免事故的措施。

③ 事故树分析的作用。

a. 能够较全面地分析导致事故的多种因素及其逻辑关系，并对它们做出简洁和形象的描述。

b. 便于发现和查明系统内固有的和潜在的危险因素，为制定安全技术措施和采取安全管理对策提供依据。

c. 能够明确各方面的失误对系统的影响，并找出重点和关键，使作业人员全面了解和掌握各项防止、控制事故的要点。

d. 可以对已发生事故的原因进行全面分析，以充分吸取事故教训，防止同类事故的再次发生。

e. 便于进行逻辑运算，进行定性、定量分析与评价。

（2）事故树分析的步骤

完整的事故树分析可以分为以下四个步骤。实际进行事故树分析时，分析人员可根据需要和可能，选择其中的几个步骤。

① 编制事故树。

为编制事故树,要全面了解所分析对象系统的运行机制和事故情况,选定事故树分析的对象——顶上事件。然后,作出事故树图。

② 事故树定性分析。

事故树定性分析包括:

a. 化简事故树。

b. 求事故树的最小割集和最小径集,亦可只求出两者之一。

c. 进行结构重要度分析。

d. 定性分析的结论。

定性分析是事故树分析的核心内容。通过定性分析,可以明确该类事故的发生规律和特点,找出预防事故的各种可行方案,并了解各个基本事件的重要性程度,以便准确地选择并实施事故预防措施。

③ 事故树定量分析。

事故树定量分析包括:

a. 确定各基本事件的发生概率。

b. 计算顶上事件的发生概率。计算出顶上事件的发生概率后,应将计算结果与通过统计分析得出的事故发生概率进行比较。如果两者相差悬殊,则必须重新考虑事故树图是否正确,以及各基本事件的发生概率确定得是否合理等问题。

c. 进行概率重要度分析和临界重要度分析。

④ 风险评价。

风险评价亦称为安全评价,即根据风险率的大小评价该类事故的危险程度。风险率等于事故损失严重程度与事故发生概率的乘积,是衡量危险性的指标。

如果风险率超过允许的安全指标,则必须予以调整,从定性和定量分析的结果中找出降低顶上事件发生概率的最佳方案,使事故的风险率降至预定值以下。

事故树分析的四个步骤中,第 1 步编制事故树是分析正确与否的关键;第 2 步定性分析是事故树分析的核心;第 3 步定量分析是事故树分析的方向,即用数据准确地表示事故的危险程度;第 4 步风险评价是事故树分析的目的。目前,采用事故树分析法对各类事故进行分析时,难以准确求得基本事件的发生概率,进行事故树定量分析比较困难,所以往往只进行到第 2 步——事故树定性分析。但是,事故树定量分析是事故树分析的方向,应尽可能地进行,对所分析事故的危险程度予以准确定量。

4.2.2　事故树的编制

事故树编制是 FTA 中最基本、最关键的环节。编制工作一般应由系统设计人员、操作人员和可靠性分析人员组成的编制小组来完成,经过反复研究,不断深入,才能趋于完善。

事故树编制的完善与否直接影响到事故树定性分析与定量分析的结果是否正确,关系到运用 FTA 的成败。所以,事故树编制实践中及时进行总结提高,以编制出正确、合理的事故树,是非常重要和关键的步骤。

(1)事故树的编制过程

① 确定所分析的系统。

确定所分析的系统,即确定系统中所包含的内容及其边界范围,并要熟悉系统的整个情况,了解系统状态、工艺过程及各种参数,以及作业情况、环境状况等;要调查系统中发生的各类事故情况,广泛收集同类系统的事故资料,进行事故统计,设想给定系统可能要发生的事故。例如,如果分析建筑防火系统,需要确定是哪种类型的建筑(如普通民用建筑、高层民用建筑等),明确所分析建筑物的具体范围,熟悉它们的具体状况及其防火设备、设施的性能和参数,调查相应建筑物中的各类火灾事故,分析事故发生的规律;如果分析煤矿采煤工作面系统,则要确定是哪种类型的工作面(如单一走向长壁、大采高综采工作面等),划定工作面的具体范围,熟悉工作面的煤层特征、顶底板岩性、支架类型以及机电设备性能、瓦斯等级、通风状况等各方面的情况,并调查类似工作面发生的各类事故,了解事故发生的规律。

② 确定事故树的顶上事件。

顶上事件,即事故树分析的对象事件,也就是所要分析的事故。

对于某一确定的系统而言,可能会发生多种事故,一般首先选择那些易于发生且后果严重的事故作为事故树分析的对象——顶上事件。例如,在一般工厂中,物体打击和机械伤害事故是这样的事故;同时,那些虽不经常发生,但对整个系统的安全状况造成重大威胁的事故,也常选作顶上事件,如工厂中的锅炉爆炸和煤矿中的瓦斯爆炸事故等。另外,根据事故预防工作的实际需要,也可选择其他事故进行事故树分析。

③ 调查与顶上事件有关的所有原因事件。

原因事件包括与顶上事件有关的所有因素,可从 4M 因素着手进行调查。例如,若顶上事件是建筑火灾事故,则建筑材料和建筑中的可燃物情况、防火设施和灭火器材情况、防灭火工作程序、现场人员和消防人员状况等都是与顶上事件有关的原因事件,都需要调查清楚;若顶上事件是采煤工作面冒顶伤人事故,则工作面顶板状况、支护和支架情况、操作程序、现场指挥和人员状况等都是与顶上事件有关的原因事件,都需要加以调查和明确。

④ 绘制事故树。

首先绘制顶上事件,在它下面的一层并列写出其直接原因事件,并用逻辑门连接上、下两层事件;然后,再把构成第二层各事件的直接原因写在第三层上,并用适当的逻辑门连接起来……这样,层层向下,直到最基本的原因事件,就画出一棵完整的事故树。

最基本的原因事件称为基本事件,基本事件与顶上事件之间的各个事件称为中间事件。事故树的最下一层事件,也可能是省略事件或正常事件,它们也属于基本事件。

(2) 事故树的符号

事故树是用逻辑门连接的各种事件符号组成的。其中,事件符号是树的节点,逻辑门是表示相关节点之间逻辑关系的符号,逻辑门与事件符号之间的连线是树的边。事故树的符号有事件符号、逻辑门符号和转移符号,下面分别进行介绍。

① 事件符号。

a. 矩形符号。矩形符号表示顶上事件或中间事件(表 4-1),即需要继续往下分析的原因事件。作事故树图时,将事件的具体内容简明扼要地写在矩形方框中。需要注意的是,由于事故树分析是对具体系统做具体分析,所以顶上事件一定要清楚、明了,不能笼统、含糊。例如,可以将"化工厂火灾爆炸事故"作为顶上事件,而不宜将"化工厂事故"作为顶上事件。

b. 圆形符号。圆形符号表示基本原因事件(表 4-1),即最基本的、不能再向下分析的原因事件,基本事件可以是设备故障、人的失误或与事故有关的环境不良因素等。

表 4-1　事件符号表

事故树符号	名称
□	顶上事件或中间事件
○	基本原因事件
⌂	正常事件
◇	省略事件或二次事件

c. 屋形符号。屋形符号表示正常事件（表 4-1），即系统在正常状态下发挥正常功能的事件。这是由于事故树分析是一种严密的逻辑分析，为了保持其逻辑的严密性，正常事件的参与往往是必需的。

d. 菱形符号。菱形符号可表示两种事件（表 4-1），其一是表示省略事件，即没有必要详细分析或其原因尚不明确的事件；其二是表示二次事件，即不是本系统的事故原因事件，而是来自系统以外的原因事件。例如，在分析矿山井下火灾时，地面的火源（能引起井下火灾）就是二次事件。

四种事件符号内都必须填写内容具体、概念清楚的事件内容，或用相应的字符符号表示。在具体进行事故树分析时，也可以根据实际需要选用其他的图形符号。

② 逻辑门符号。逻辑门连接着上下两层事件，表明相连接的各事件间的逻辑关系。逻辑门的应用是事故树作图的关键，只有正确地选择和使用逻辑门，才能保证事故树分析的正确性。

逻辑门的种类很多，其中最为基本、应用最多的有与门、或门、条件与门、条件或门和限制门。下面说明几种常用逻辑门的用法与作用。

a. 与门。与门如图 4-6 所示。与门连接表示，只有当其下面的输入事件 B_1、B_2 同时发生时，上面的输出事件 A 才发生，两者缺一不可。它们的关系是逻辑积关系，即 $A = B_1 \bigcap B_2$，或记为 $A = B_1 \cdot B_2$；若有多个输入事件时也是如此，如 $A = B_1 \cdot B_2 \cdots B_n$。

图 4-6　与门符号

例如，对于图 4-7 所示并联开关电路，若以"K_1 断开"和"K_2 断开"分别表示开关 1 和开关 2 为断开状态，则它们为基本原因事件，用圆形符号表示；电灯熄灭为事故树分析的结果事件，用矩形符号表示。

那么，基本原因事件与其造成的结果事件的关系是逻辑"与"的关系，将其画成事故树，如图 4-8 所示。

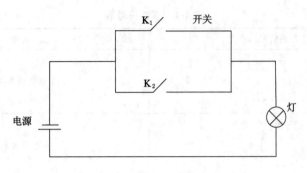

图 4-7　并联开关电路

再如,瓦斯爆炸必须满足三个条件:瓦斯积聚(浓度为 5%～16%)、引爆火源(温度大于 650 ℃)以及氧含量大于 12%。只有这三个原因事件同时发生时,才会发生瓦斯爆炸;三个事件中缺乏任何一个,瓦斯爆炸都不会发生。所以,以瓦斯爆炸作为顶上事件,用与门将它和三个原因事件连接起来,就形成图 4-9 所示的与门连接的事故树图。

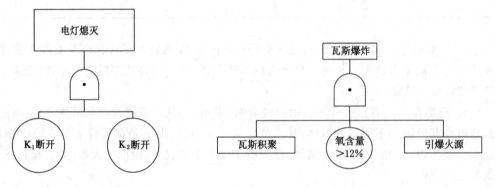

图 4-8　与门连接图示例(一)　　　　　　图 4-9　与门连接图示例(二)

需要说明的是,造成上层结果的下层原因事件必须是直接原因事件,而不应该是间接原因事件,以免造成分析的混乱或漏掉重要的原因事件。

b. 或门。或门(图 4-10)连接表示,输入事件 B_1、B_2 至少有一个发生,输出事件 A 就发生。它们的关系是逻辑和关系,即 $A = B_1 \bigcup B_2$ 或 $A = B_1 + B_2$。若有多个输入事件时也是如此。

例如,图 4-11 所示的串联开关电灯回路,只要开关 K_1、K_2 中任一个断开,电灯就会熄灭。所以,"电灯熄灭"和"K_1 断开""K_2 断开"的关系是逻辑和的关系,可用图 4-12 表示。

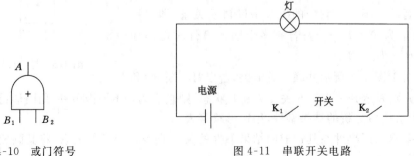

图 4-10　或门符号　　　　　　　图 4-11　串联开关电路

或门连接还有罗列输出事件形式的作用,这在作事故树时也是经常用到的。例如,锅炉爆炸事故有常压爆炸、超压爆炸和烧干锅突然加水爆炸,可用或门将它们连接起来,如图 4-13 所示;冒顶事故有采煤工作面冒顶和掘进工作面冒顶,可用或门将它们连接起来,如图 4-14 所示。这样,便于分别进行分析。

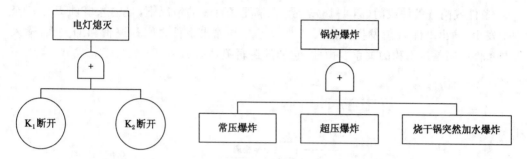

图 4-12　或门连接示例(一)　　　　　　　　图 4-13　或门连接示例(二)

c. 条件与门。条件与门(图 4-15)表示,必须在满足条件 α 的情况下,且输入事件 B_1、B_2 同时发生,输出事件 A 才发生,否则就不发生。这里,α 指输出事件 A 发生的条件,而不是事件。它们的关系是逻辑积关系,即 $A=(B_1 \bigcap B_2) \bigcap \alpha$,或 $A=B_1 \cdot B_2 \cdot \alpha$。

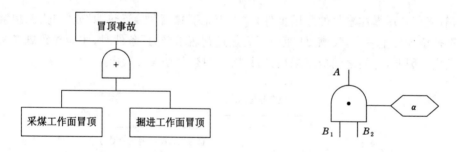

图 4-14　或门连接示例(三)　　　　　　　图 4-15　条件与门符号

例如,某系统发生低压触电死亡事故的直接原因是:人体接触带电体、保护失效和抢救不力。但这些直接原因事件同时发生也并不一定死亡,而最终取决于通过心脏的电流 I 与通电时间 t 的乘积 $I \cdot t \geqslant 50$ mA·s(毫安·秒),这一条件必须在条件与门的相应符号内注明,如图 4-16 所示。

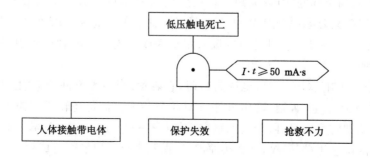

图 4-16　条件与门连接示例(一)

再以瓦斯爆炸事故为例,当瓦斯浓度为 5‰～16‰、氧的浓度大于 12‰和引火温度大于 650 ℃三个原因事件都具备时,但瓦斯不与火源相遇,则绝对不会发生瓦斯爆炸事故。所以,瓦斯爆炸事故需要在同时具备以上三个原因事件且满足"相遇"这一条件时才会发生,可用条件与门将它们连接起来,如图 4-17 所示。

d. 条件或门。条件或门(图 4-18)表示,在满足条件 α 的情况下,且输入事件 B_1、B_2 至少一个发生,输出事件 A 就发生。输入事件 B_1、B_2 与输出事件之间是逻辑和的关系,输入事件与条件 α 则是逻辑积的关系。由此,它们的逻辑关系为 $A=(B_1 \cup B_2) \cap \alpha$ 或 $A=(B_1+B_2) \cdot \alpha$。

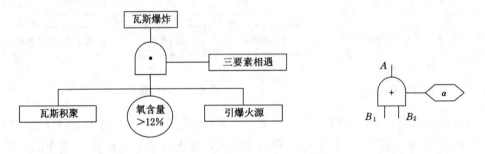

图 4-17　条件与门连接示例(二)　　　　　　　图 4-18　条件或门符号

例如,氧气瓶超压爆炸事故的原因事件是"在阳光下暴晒""接近热源"或"与火源接触",三个原因事件至少发生一个,又满足"瓶内压力超过钢瓶承受力"条件时,才能导致氧气瓶爆炸事故的发生。因此,它们之间应该采用条件或门连接,如图 4-19 所示。

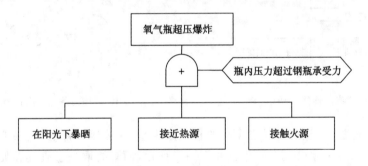

图 4-19　条件或门连接示例(一)

再如,引起瓦斯爆炸的"引爆火源"可以是"明火""爆破火源""摩擦撞击火花""自燃火源""电气火花"等,只要有一个发生,火源能量又达到引爆能量时,都能使"引爆火源"成为瓦斯爆炸的直接原因。因此,它们之间应该采用条件或门连接,"能量达到引爆能量"是其条件,如图 4-20 所示。

e. 限制门。限制门(图 4-21)也称为禁门,它表示:当输入事件 B 发生时,如果满足条件 α,输出事件 A 就发生;否则,输出事件 A 就不发生。它们是逻辑积的关系,即 $A=B \cap \alpha$ 或 $A=B \cdot \alpha$。需要注意的是,限制门的输入事件只有一个,这与其他逻辑门是不同的。

例如,"滑落煤仓死亡"事故,其直接原因是"误坠煤仓",但能否造成死亡后果,则取决于"煤仓高度及仓内状况"条件,故用限制门连接,如图 4-22 所示。

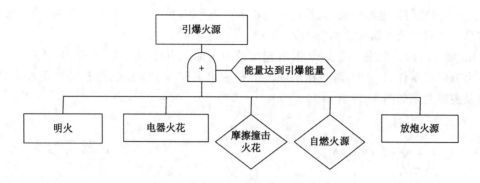

图 4-20　条件或门连接示例(二)

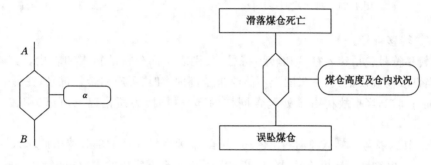

图 4-21　限制门符号

图 4-22　限制门连接图

上面介绍的 5 种逻辑门最为常用,应该熟练掌握。其中,又以与门、或门最为重要,其他逻辑门均是从这两个门衍生出来的。应该从明确逻辑关系和逻辑表达式入手,理解和掌握各个逻辑门的应用及其关系。

除上面介绍的 5 种逻辑门外,较为常见的还有"表决门""排斥或门""顺序与门",下面对它们做简单介绍。其他逻辑门在事故树中很少出现,不再赘述。

f. 表决门。表决门(图 4-23)表示,下一层的 n 个输入事件 B_1,B_2,$\cdots$,B_n 中,至少有 r 个发生时输出事件才发生的逻辑关系。这种情况在电气电子行业出现较多,其他行业不常出现。

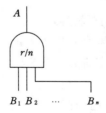

图 4-23　表决门符号

可以看出,或门和与门都是表决门的特例:

或门——$r=1$ 的表决门;

与门——$r=n$ 的表决门。

g. 排斥或门。也称异或门:若两个(或两个以上的)输入事件同时发生时,输出事件就不发生。其符号及逻辑关系如图 4-24 所示。

h. 顺序与门。顺序与门表示,其所连接的两个输入事件 B_1、B_2,只有 B_1 优先于 B_2 发生才会有输出事件 A 发生,顺序相反则不会有输出事件发生。这实际是条件概率事件,其符号及逻辑关系如图 4-25 所示。

图 4-24　排斥或门　　　　　　　　　图 4-25　顺序与门

③ 转移符号。

转移符号包括转入符号和转出符号,分别表示部分树的转入和转出。其作用有二:其一,当事故树规模很大,一张图纸不能绘出全部内容时,可应用转移符号,在另一张图纸上继续完成;其二,当事故树中多处包含同样的部分树时,为简化起见,可以用转入、转出符号标明。

a. 转入符号。转入符号(图 4-26)表示,需要继续完成的部分树由此转入。

b. 转出符号。转出符号(图 4-27)表示,尚未全部完成的事故树由此转出。

一般地,转出、转入符号的三角形内要对应标明数码或字符,以示呼应。

图 4-26　转入符号　　　　　　　　　图 4-27　转出符号

(3) 事故树编制实例

① 编制事故树的规则。

事故树的编制过程是一个严密的逻辑推理过程,应遵循以下规则:

a. 顶上事件的确定应优先考虑风险大的事故事件。

b. 合理确定边界条件。明确规定所分析系统与其他系统的界面,需要时可做一些合理的假设。

c. 保持逻辑门的完整性,不允许门与门直接相连。事故树编制时应逐级进行,不允许跳跃;任何一个逻辑门的输出都必须有一个结果事件,不允许不经过结果事件而将门与门直接相连,否则,将很难保证逻辑关系的准确性。

d. 确切描述顶上事件。明确地给出顶上事件的定义,即确切地描述出事故的状态及其什么时候在何种条件下发生。

e. 编制过程中及编成后,需及时进行合理的简化。

②　人工编制事故树的方法。

人工编制事故树的常用方法为演绎法,它是通过人的思考去分析顶上事件是怎样发生的,并根据其逻辑关系画出事故树。演绎法编制时首先确定系统的顶上事件,找出直接导致顶上事件发生的直接原因事件——各种可能原因或其组合,即中间事件(也可能是基本事件)。在顶上事件和与其紧连的直接原因事件之间,根据其逻辑关系画上合适的逻辑门。然后再对每个中间事件进行类似的分析,找出其直接原因事件,逐级向下演绎,直到不能继续分析的基本事件为止。这样,就可画出完整的事故树。

编制出事故树后,要对其正确性进行全面检查,判断其逻辑关系是否正确。其正确与否的判别原则是:上一层事件是下一层事件的必然结果;下一层事件是上一层事件的充分条件。

③　事故树编制示例。

下面通过几个事故树编制的示例,进一步说明事故树编制的全过程。

【例 4-3】　车床绞长发事故树。

机械工厂中,由于车床旋转运动时将员工特别是女工的长发绞进去,从而造成伤害的事故时有发生。所以,将这种事故作为顶上事件,进行事故树分析。在对车床系统的运行和事故情况调查、了解清楚后,就可以按照演绎分析的原则进行分析,编制出"车床绞长发事故"的事故树。

首先确定所分析的系统是机械工厂中的车床运行系统,包括车床及其旋转运动以及操作车床的人及其工作行为,不包括系统之外的因素。

将顶上事件"车床绞长发事故"记入最上端的矩形符号内,这即是事故树的第一层。车床绞长发事故的直接原因事件是"车床旋转"和"长发落下",将这两个原因事件记入第二层。其中,"车床旋转"是正常事件,用屋形符号表示;"长发落下"需继续向下分析,属于中间事件,记入矩形符号内。两者必须是同时发生才会导致顶上事件的发生,用与门将第一、第二层事件连接起来比较适宜;但是,第二层的两个原因事件要使顶上事件发生,还应满足"长发接触旋转部位"条件,所以,采用条件与门将第一、第二层事件连接起来,如图 4-28 所示的第一、二两层。

再以第二层事件作为结果事件,找出它们的所有直接原因事件,记入第三层的相应事件符号内,并用适当的逻辑门将它们与第二层连接起来。第二层的"车床旋转"为正常事件,无须向下分析;"长发落下"为中间事件,则需要继续向下分析。"长发落下"的直接原因事件为"留有长发"和"长发未在帽内",将它们记入"长发落下"下方的第三层,并根据它们的逻辑关系用与门连接。"留有长发"是基本原因事件,用圆形符号;"长发未在帽内"是中间事件,用矩形符号,如图 4-28 所示的第二、三两层。

第三层中的"留有长发"是基本原因事件,不再向下分析;"长发未在帽内"的直接原因事件是"未戴防护帽"和"未塞入帽内",写在事故树的第四层,并根据它们的逻辑关系用或门连接;两事件都是基本原因事件,都用圆形符号表示。至此,该事故树分析到了最基本的原因事件,也即完成了整个事故树的编制,如图 4-28 所示。

绘出事故树图后,还要按照上述原则进行全面的正确性检查,判断事故树编制的是否正确。

【例 4-4】　斜巷(井)运输事故事故树。

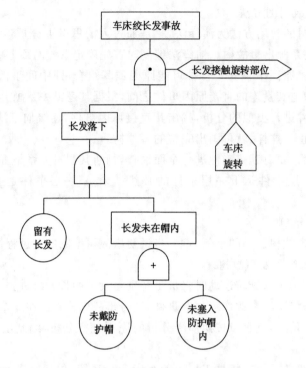

图 4-28　车床绞长发事故树

在矿山生产过程中,斜巷(井)运输事故是发生较为频繁的事故之一,所以将这种事故作为顶上事件,进行事故树分析。下面编制发生在轨道运输的斜巷或斜井中的运输事故的事故树。

首先确定所分析的系统是采用轨道矿车运输的斜巷或斜井中的人和物,不包括其他类型的巷道。在对系统的运行和事故情况调查、了解清楚后,就可以按照演绎分析的原则进行分析,编制出"斜巷(井)运输事故"的事故树。

将顶上事件"斜巷(井)运输事故"记入最上端的矩形符号内,这即是事故树的第一层。斜巷(井)运输事故的直接原因是系统处于"故障状态""安全措施失效""人员位置错误",将这三个原因事件记入第二层的矩形符号内。三者必须是同时发生才会导致顶上事件的发生,所以用与门将第一、第二层事件连接起来,如图 4-29 所示。

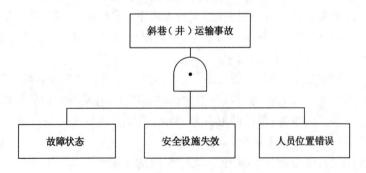

图 4-29　事故树的第一、第二层

再以第二层事件作为结果事件,分别找出它们的所有直接原因事件,记入第三层的相应事件符号内,并用适当的逻辑门将它们与第二层连接起来。第二层的"故障状态"包括"设备故障"和"操作失误",将它们记入"故障状态"下方的矩形符号内,并根据或门的第二种使用方法,用或门将它们连接起来;"安全设施失效"的直接原因事件是"无安全保护装置""安全保护装置失效""缺少信号装置",三者中只要有一个(或一个以上)发生,就可以使"安全设施失效",所以用或门将它们连接起来;"人员位置错误"的直接原因事件是"操作位置错""行人不走人行道""巷道断面不合适",三者中只要有一个存在就发生"人员位置错误",所以用或门将它们连接起来。这样,就完成了事故树第二层事件的原因分析,并绘出了第二、第三层事件的全部连接关系,如图 4-30 所示。

然后,继续分析第三层事件。第三层事件中,"设备故障"的直接原因事件是"斜巷(井)跑车""设备失修""矿车、箕斗掉道",将它们记在第四层的事件符号内,用或门连接起来,"斜巷(井)跑车"和"矿车、箕斗掉道"不再继续分析,所以用菱形符号表示。"设备失修"的直接原因事件是"钢丝绳破损"和"矿车连接装置破损",它们都是基本原因事件,故用圆形事件符号。至此,第三层事件中的"设备故障"已分析至基本事件,完成了这一部分的事故树绘制;采用同样步骤,对第三层事件中的"操作失误"和"巷道断面不合适"进行分析,直至分析到基本事件,就绘制出了完整的"斜巷(井)运输事故"事故树,如图 4-30 所示。

【例 4-5】　从脚手架坠落死亡事故树。

建筑工地经常出现各类事故,从脚手架上坠落是施工现场发生较多、后果严重的事故。下面编制从脚手架上坠落死亡事故树。

本例中,假设建筑施工不包括搭、拆脚手架,施工人员"从脚手架坠落"也不包括脚手架倒塌坠落。在明确所分析的系统,对施工现场、作业情况、机械设备、人员配备了解清楚以后,按照上述编制方法,编制出从脚手架上坠落死亡事故树,如图 4-31 所示。

事故树编制完成后,为了分析的方便,一般将各个事件标上字符符号。一般用 $x_1, x_2 \cdots$ 表示基本事件,用 T 表示顶上事件,用 A、B 等表示中间事件。

4.2.3　事故树的化简

事故树的化简要用布尔代数的有关知识,求事故树的最小割集和最小径集也要用布尔代数知识。因此,先简单介绍布尔代数的有关内容,然后再介绍事故树的化简方法。

(1) 布尔代数简介

布尔代数也叫逻辑代数,是一种逻辑运算方法,也可以说是集合论的一部分。布尔代数与其他数学分支的最主要区别在于:布尔代数所进行的运算是逻辑运算,布尔代数的数值只有两个:0 和 1。

在事故树分析中,所研究的事件也只有两种状态,即发生和不发生,而不存在其中间状态。所以,可以借助布尔代数进行事故树分析。

把只有某种属性的事物的全体称为一个集合。例如,某一车间的全体工人构成一个集合;自然数中的全部偶数构成一个集合;各类煤矿事故也构成一个集合。集合中的每一个成员称为集合的元素。

具有某种共同属性的一切事物组成的集合,称为全集合,简称全集,用 Ω 表示;没有任何元素的集合称为空集,用 $\varnothing$ 表示。

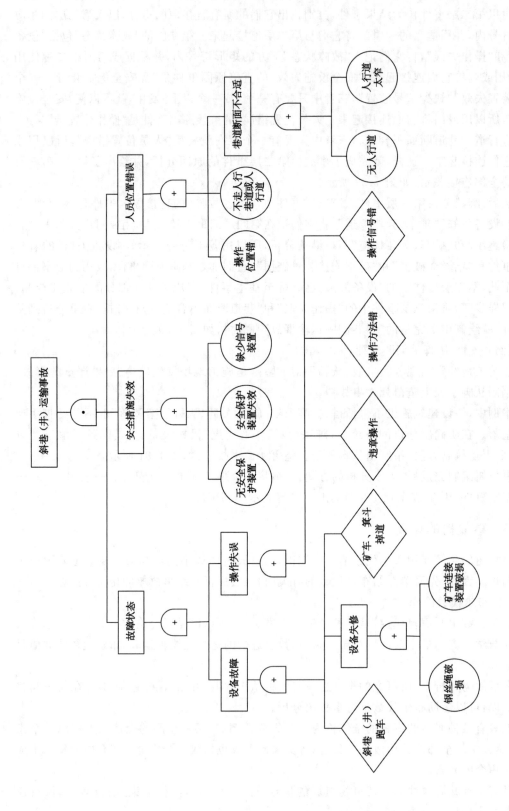

图4-30 斜巷（井）运输事故故事树

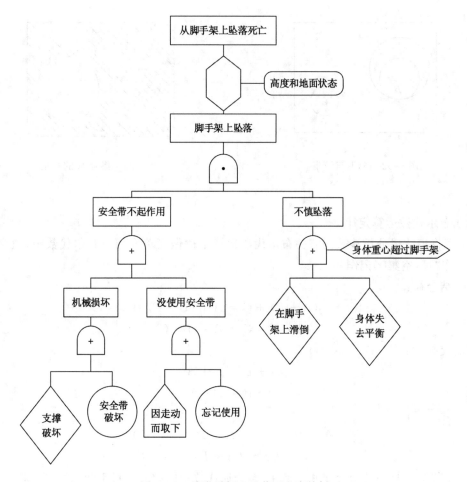

图 4-31　从脚手架上坠落死亡事故树

若集合 A 的元素都是集合 B 的元素,则称 A 是 B 的子集。集合论中规定,空集 $\varnothing$ 是全集 Ω 的子集。利用文氏图可以明确表示子集与全集的关系,如图 4-32 所示。图中,整个矩形的面积表示全集 Ω,圆 A 表示 A 子集,圆 B 表示 B 子集,圆 C 表示 C 子集。可以看出,集合 B 又是集合 A 的子集。

集合 A 以外的元素的全体构成集合 A 的补集,记为 A' 或 $\bar{A}$。图 4-33 中的阴影部分即是 A 的补集。在进行事故分析时,某事件不发生就是该事件发生的补集。

如果一个子集合中的元素不被其他子集合所包含,则称为不相交的或相互排斥的子集合。图 4-32 中的 A 和 C 即为不相交的子集合。

① 集合的运算。

由集合 A 和集合 B 的所有元素组成的集合 C 称为集合 A 和集合 B 的并集,记为 $C = A \cup B$。

记号"$\cup$"读作"并"或"或",也可写成"$+$",即也可以记为 $C = A + B$。

由 A、B 两个集合的一切相同元素所组成的新集合 C 称为 A、B 的交集,记为 $C = A \cap B$。符号"$\cap$"读作"交"或"与",亦可以用"$\cdot$"表示。所以,也可记为 $C = A \cdot B$ 或 $C = AB$。

事故树中,或门的输出事件是所有输入事件的并集,与门的输出事件是所有输入事件的

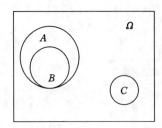

图 4-32　全集与子集

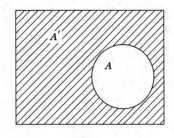

图 4-33　集合 A 的补集

交集。

② 布尔代数运算定律。

下面将事故树分析涉及的有关布尔代数运算定律做简单介绍。布尔代数中,通常把全集 Ω 记作"1",空集 $\varnothing$ 记作"0"。

a. 结合律:

$$(A+B)+C = A+(B+C)$$
$$(A \cdot B) \cdot C = A \cdot (B \cdot C)$$

b. 交换律:

$$A+B = B+A$$
$$A \cdot B = B \cdot A$$

c. 分配律:

$$A \cdot (B+C) = (A \cdot B) + (A \cdot C)$$
$$A+(B \cdot C) = (A+B) \cdot (A+C)$$

布尔代数运算中的结合律和交换律,与普通代数中的相同。对于分配律 $A+(B \cdot C) = (A+B) \cdot (A+C)$,可以应用文氏图给出其直观证明。

d. 互补律:

$$A+A' = \Omega = 1$$
$$A \cdot A' = \varnothing = 0$$

e. 对合律:

$$(A')' = A$$

互补律和对合律都可由集合的定义本身得到解释。

f. 等幂律:

$$A+A = A$$
$$A \cdot A = A$$

用文氏图对等幂律做出直观证明,如图 4-34 所示。

g. 吸收律:

$$A+A \cdot B = A$$
$$A \cdot (A+B) = A$$

它们的证明分别如图 4-35、图 4-36 所示。

h. 重叠律:

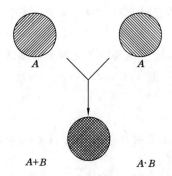

图 4-34　$A+A=A$ 及 $A \cdot A=A$ 的证明

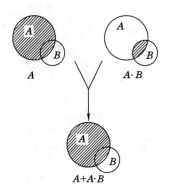 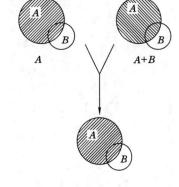

图 4-35　$A+A \cdot B=A$ 的证明　　　　图 4-36　$A \cdot (A+B)=A$ 的证明

$$A + B = A + A' \cdot B = B + B' \cdot A$$

i. 德·摩根律:

$$(A + B)' = A' \cdot B'$$
$$(A \cdot B)' = A' + B'$$

另外,根据全集的定义不难理解,下式是成立的:$1+A=1$。

采用布尔代数进行事故树分析时,这一公式也是经常用到的。

③ 逻辑式的范式。

逻辑式的范式是用布尔代数法化简事故树和求最小割集、最小径集的基础。

仅用运算符"·"连接而成的逻辑式称为与逻辑式,如 A、AB'、ABC 等都是与逻辑式;由若干与逻辑式经过运行符"+"连接而成的逻辑式称为与或范式,如 $ABC+DE$、$A+BC$ 等都是与或范式。

逻辑式的与或范式不是唯一的。在用布尔代数进行事故树分析时,我们总是将其化为最简单的形式,即要求与或范式中的项数最少,每一项(与逻辑式)中所含的元素最少。例如:

$$ABC + CD + CE + D + DE = ABC + CE + [(D + CD) + DE]$$
$$= ABC + CE + [D + DE]$$
$$= ABC + CE + D$$

仅用运算符"+"连接而成的逻辑式称为或逻辑式,由若干或逻辑式经过与运算符连接而成的逻辑式称为或与范式,如 $A+B+C$、$A(B+C)(C+D)$ 等都是或与范式。

或与范式也不唯一。实际应用中也要将其化为最简形式,即因式(或逻辑式)数目最少,且每个或逻辑式中所含元素最少,如 $x_1(x_2+x_3)(x_4+x_5)$。

(2) 事故树的化简方法

① 事故树的结构式。

无论是对事故树进行化简,还是对其进行定性、定量分析,都要列出事故树的结构式,即将事故树的逻辑关系用逻辑式表示。

例如图 4-37 所示的事故树,其结构式为:

$$T = A \cdot B$$

图 4-38 所示事故树,其结构式为:

$$T = A_1 \cdot A_2$$
$$= x_1 x_2 \cdot (x_1 + x_3)$$

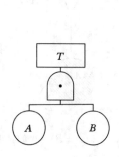

图 4-37 事故树示意图(一)

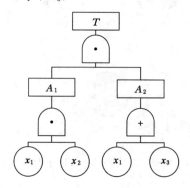

图 4-38 事故树示意图(二)

② 事故树的化简方法及示例。

对事故树进行化简,即利用布尔代数运算定律对事故树的结构式进行整理和化简。通过化简,可以去掉与顶上事件不相关的基本事件,并可以减少重复事件。根据化简结果,可以作出简化的但与原事故树等效的事故树图,既便于定量运算,又使事故树更加清晰、明了。

【例 4-6】 对图 4-38 所示事故树进行化简。

根据上面写出的事故树结构式,对其进行化简如下:

$$T = x_1 x_2 \cdot (x_1 + x_3)$$
$$= x_1 x_2 \cdot x_1 + x_1 x_2 \cdot x_3 \quad (分配律)$$
$$= x_1 x_1 \cdot x_2 + x_1 x_2 x_3 \quad (交换律)$$
$$= x_1 \cdot x_2 + x_1 x_2 x_3 \quad (交换律)$$
$$= x_1 x_2 \quad (吸收律)$$

亦可按如下方式对其进行化简:

$$T = x_1 x_2 \cdot (x_1 + x_3)$$
$$= x_1(x_1 + x_3) \cdot x_2 \quad (交换律)$$
$$= x_1 x_2 \quad (吸收律)$$

这样,就可作出如图 4-39 所示的等效事故树,它由 x_1 和 x_2 两个基本事件组成,通过一个与门和顶上事件连接。这不但使原事故树大大得到简化,同时表明原事故树中的基本事件 x_3 与顶上事件是无关的。另外,再通过顶上事件发生概率的计算,来观察其定量计算情况。

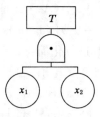

图 4-39　图 4-38 事故树的等效事故树

设基本事件 x_1、x_2、x_3 的发生概率分别为 $q_1=q_2=0.1,q_3=0.2$,按化简前的事故树进行计算,顶上事件的发生概率为:

$$g = q_1 q_2 \cdot [1-(1-q_1)(1-q_3)]$$
$$= 0.1 \times 0.1 \times [1-(1-0.1)(1-0.2)]$$
$$= 0.002\,8$$

按化简后的等效事故树进行计算,有:

$$g = q_1 q_2 = 0.1 \times 0.1 = 0.01$$

计算结果是不同的,其原因是化简前的事故树包括与顶上事件无关的基本事件,所以根据化简前的事故树算出的顶上事件发生概率是错误的。这说明,如果事故树的不同位置存在相同基本事件时,必须先对其进行化简,然后才能进行定量计算。否则,将得到错误的结果。

【例 4-7】　化简图 4-40 所示事故树,并作出其等效图。

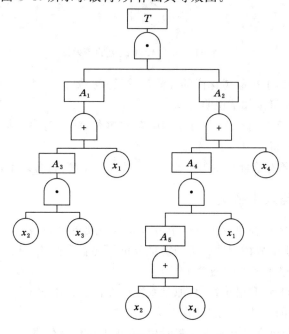

图 4-40　事故树示意图(三)

首先,写出事故树的结构式:

$$T = A_1 \cdot A_2$$
$$= (A_3 + x_1) \cdot (A_4 + x_4)$$
$$= (x_2 x_3 + x_1)(A_5 \cdot x_1 + x_4)$$
$$= (x_2 x_3 + x_1)[(x_2 + x_4)x_1 + x_4]$$

然后,根据布尔代数运算定律对其进行化简:

$$
\begin{aligned}
T &= (x_2 x_3 + x_1)[(x_2 + x_4)x_1 + x_4] \\
&= (x_2 x_3 + x_1)[x_2 x_1 + x_4 x_1 + x_4] \quad &\text{(分配律)} \\
&= (x_2 x_3 + x_1)[x_2 x_1 + x_4] \quad &\text{(吸收律)} \\
&= x_2 x_3 x_2 x_1 + x_2 x_3 x_4 + x_1 x_2 x_1 + x_1 x_4 \quad &\text{(分配律)} \\
&= x_2 x_3 x_1 + x_2 x_3 x_4 + x_1 x_2 + x_1 x_4 \quad &\text{(等幂律)} \\
&= x_1 x_2 + x_1 x_2 x_3 + x_2 x_3 x_4 + x_1 x_4 \quad &\text{(交换律)} \\
&= x_1 x_2 + x_2 x_3 x_4 + x_1 x_4 \quad &\text{(吸收律)}
\end{aligned}
$$

实际进行事故树的化简时,可适当简化上述计算步骤,无须一一写出来。

最后,根据化简后的事故树结构式,作出原事故树的等效图,如图 4-41 所示。

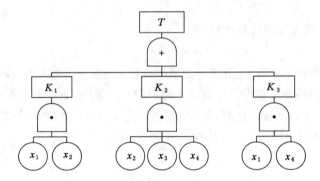

图 4-41　图 4-40 事故树的等效图

以上通过实例介绍了事故树化简的方法步骤及其必要性。对于何种情况下需要进行事故树化简的问题,一般可按如下说明处理:

① 如果事故树的不同位置存在有相同的基本事件,需要对事故树进行化简,然后才能对其进行定性、定量分析。

② 一般事故树(不存在相同的基本事件)可以进行化简,也可以不化简。

4.2.4　最小割集与最小径集

最小割集和最小径集在事故树分析中占有非常重要的地位,透彻掌握和熟练运用最小割集和最小径集,对于事故树定性分析和定量分析都起着重要的作用。

（1）最小割集和最小径集的概念

割集、径集、最小割集和最小径集,原是系统可靠性工程中的术语。本书中,我们只讨论它们在事故树分析中的具体概念和计算方法。

一个事故树中,如果全部基本事件都发生,则顶上事件必然发生。但是,一般情况下,顶上事件的发生不一定需要全部基本事件发生,而只需要某些特定的基本事件同时发生即可。

可以借助割集来研究这一问题。事故树分析中,能够导致顶上事件发生的基本事件的集合称为割集。也就是说,若一组基本事件同时发生就能造成顶上事件发生,则这组基本事件就称为割集。

在割集中,能够导致顶上事件发生的最小限度的基本事件集合称为最小割集。

若事故树中的全部基本事件都不发生,则顶上事件肯定不会发生。但是,一般情况下,某些特定的基本事件不发生,也可以使顶上事件不发生,这就是径集所要讨论的问题。事故树分析中,如果某些基本事件不发生,就能保证顶上事件不发生,则这些基本事件的集合就称为径集。

所谓最小径集,就是保证顶上事件不发生所需要的最小限度的径集。

综上可知,最小割集实际上是研究系统发生事故的规律和表现形式,而最小径集则是研究系统的正常运行至少需要哪些基本环节的正常工作来保证。

(2) 最小割集的求算方法

简单的事故树可以凭直观找出最小割集,一般的事故树则需借助于具体的方法来求出最小割集。求取最小割集的方法,有布尔代数化简法、行列法、矩阵法以及模拟法、素数法等多种方法,其中有一些是利用计算机求解的方法。从实用角度出发,本书重点介绍常用的布尔代数化简法和行列法,并简单介绍其他几种较为常用方法的思路。

① 布尔代数化简法。

布尔代数化简法求取最小割集,即利用布尔代数运算定律化简事故树的结构式,求得若干交集的并集,即化为最简单的与或范式,则该最简单的与或范式中的每一个交集就是一个最小割集,与或范式中有几个交集,事故树就有几个最小割集。例如,通过对图 4-40 事故树的化简,其最简单的与或范式为:

$$T = x_1 x_2 + x_2 x_3 x_4 + x_1 x_4$$

该事故树有三个最小割集。最小割集 K_1 由 x_1、x_2 两个基本事件组成,K_2 由 x_2、x_3、x_4 组成,K_3 由 x_1、x_4 组成:

$$K_1 = \{x_1, x_2\}, K_2 = \{x_2, x_3, x_4\}, K_3 = \{x_1, x_4\}$$

用布尔代数化简法求取最小割集,通常分四个步骤进行:

第一步,写出事故树的结构式,即列出其布尔表达式,从事故树的顶上事件开始,逐层用下一层事件代替上一层事件,直至顶上事件被所有基本事件代替为止。

第二步,将布尔表达式整理为与或范式。

第三步,化简与或范式为最简与或范式。化简的普通方法是:对与或范式中的各个交集进行比较,利用布尔代数运算定律(主要是等幂律和吸收律)进行化简,使之满足最简与或范式的条件。

第四步,根据最简与或范式写出最小割集。

下面通过实例说明用该法求取最小割集的具体步骤。

【例 4-8】　如图 4-42 所示事故树,试用布尔代数化简法求出其全部最小割集。

先写出事故树的结构式:

$$\begin{aligned}
T &= T_2 + T_3 \\
&= T_4 T_5 T_6 + x_4 x_5 \\
&= (x_1 + x_2)(x_1 + x_3)(x_2 + x_3) + x_4 x_5
\end{aligned}$$

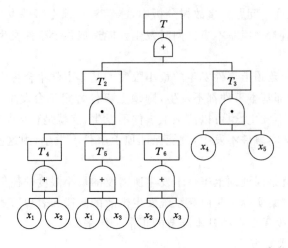

图 4-42　事故树示意图(四)

再利用布尔代数运算定律,将上式化为最简单的与或范式:

$$T = (x_1 + x_2)(x_1 + x_3)(x_2 + x_3) + x_4 x_5$$
$$= (x_1 x_1 + x_1 x_3 + x_2 x_1 + x_2 x_3)(x_2 + x_3) + x_4 x_5$$
$$= (x_1 + x_2 x_3)(x_2 + x_3) + x_4 x_5$$
$$= x_1 x_2 + x_1 x_3 + x_2 x_3 x_2 + x_2 x_3 x_3 + x_4 x_5$$
$$= x_1 x_2 + x_1 x_3 + x_2 x_3 + x_4 x_5$$

所以,该事故树的最小割集为四个,它们分别是:

$$K_1 = \{x_1, x_2\}, K_2 = \{x_1, x_3\}, K_3 = \{x_2, x_3\}, K_4 = \{x_4, x_5\}$$

利用最小割集,可以绘出与原事故树等效的事故树图。因为任何一个最小割集都是顶上事件发生的一组基本条件,所以用或门连接顶上事件和各个最小割集,用与门连接最小割集中的各个基本事件,就形成了与原事故树等效的事故树。例如,我们可利用如上四个最小割集绘出图 4-42 事故树的等效图,如图 4-43 所示。

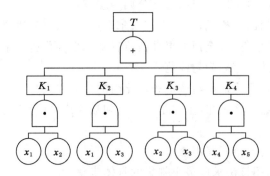

图 4-43　图 4-42 事故树的等效图

② 行列法。

行列法是富塞尔和文西利于 1972 年提出的,又称下行法或富塞尔算法。该法既可用于手工运算,又可编程序用计算机求解,故应用较广。

行列法的理论依据是:事故树"或门"使割集的数量增加,而不改变割集内所含事件的数量;"与门"使割集内所含事件的数量增加,而不改变割集的数量。行列法就是根据这一性质进行的,即根据逻辑门的不同,采用按行或按列排列的方法,找出事故树的最小割集。

用行列法求取最小割集的具体做法是:从顶上事件开始,顺序用下一层事件代替上一层事件,把与门连接的事件横向写在一行内(即按行排列),或门连接的事件纵向写在若干行内(即按列排列),或门下有几个事件就写几行。这样,逐层向下,直至各个基本事件全部列出。最后列出的每一行基本事件集合,就是一个割集。在基本事件没有重复的情况下,所得到的割集即是最小割集。一般情况下,需要用布尔代数法、质数代表法等对各行进行化简,以求得最小割集。

下面通过实例进一步说明用行列法求取最小割集的方法步骤。

【例 4-9】 用行列法求图 4-44 所示事故树的最小割集。

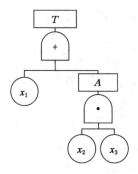

图 4-44 事故树示意图(五)

顶上事件 T 与第二层事件 x_1、A 用或门连接,故用 x_1、A 纵向排列来代替 T:

$$T \xrightarrow{\text{或门}} \begin{cases} x_1 \\ A \end{cases}$$

x_1 是基本事件,无须用其他事件替代;A 与其下一层事件 x_2、x_3 用与门连接,故用 x_2、x_3 横向排出来代替 A:

$$T \xrightarrow{\text{或门}} \begin{cases} x_1 \xrightarrow{} x_1 \\ A \xrightarrow{\text{与门}} x_2 x_3 \end{cases}$$

由于事故树中没有重复的基本事件,所以这样得到的两行就是事故树的两个最小割集:

$$K_1 = \{x_1\}, K_2 = \{x_2, x_3\}$$

【例 4-10】 用行列法求图 4-42 所示事故树的最小割集。

按照行列法的代换规则,其前几步的代换为:

$$T \xrightarrow{\text{或门}} \begin{cases} T_2 \xrightarrow{\text{与门}} T_4 T_5 T_6 \xrightarrow{T_4 \ \text{或门}} \begin{cases} x_1 T_5 T_6 \\ x_2 T_5 T_6 \end{cases} \\ T_3 \xrightarrow{\text{与门}} x_4 x_5 \end{cases}$$

进一步向下替代,到达基本事件后,得到如下 9 行:

$$\begin{cases} x_1 x_1 x_2 \\ x_1 x_1 x_3 \\ x_1 x_3 x_2 \\ x_1 x_3 x_3 \\ x_2 x_1 x_2 \\ x_2 x_1 x_3 \\ x_2 x_3 x_2 \\ x_2 x_3 x_3 \\ x_4 x_5 \end{cases}$$

说明该事故树有 9 个割集。为求得最小割集,需要用布尔代数运算定律对各行进行化简:

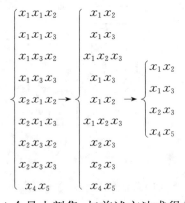

这样,就得到了事故树的 4 个最小割集,与前述方法求得的相同。

③ 素数法。

当割集的个数及割集中的基本事件个数较多时,上述直接用布尔代数运算定律化简的方法不但费时,而且效率低。所以常用素数法或分离重复事件法进行化简。

素数法也叫质数代表法,具体做法是:将割集中的每一个基本事件分别用一个素数表示(从素数 2 开始顺次排列),该割集用所属基本事件对应的素数的乘积表示,则一个事故树若有 N 个割集,就对应有 N 个数。把这 N 个数按数值从小到大排列,然后按以下准则求最小割集:

a. 素数表示的割集是最小割集,与该素数成倍数的数所表示的割集不是最小割集。

此前,应首先将代表割集的数化简为仅是不同素数的积——这样,就去掉了割集中的一切重复事件。

b. 在 N 个割集中去掉上面确定的最小割集和非最小割集后,再找素数乘积的最小数,该数表示的割集为最小割集,与该最小数成倍数的数所表示的割集不是最小割集。

c. 重复上述步骤,直至在 N 个割集中找到 N_1 个最小割集($N_1 \neq 0$,$N_1 \leqslant N$)、N_2 个非最小割集($0 \leqslant N_2 \leqslant N - N_1$),且 $N_1 + N_2 = N$ 为止。

【例 4-11】 求图 4-45 所示事故树的最小割集。

$$T = G_1 G_2$$
$$= (x_1 + x_2)(x_1 + x_4 + x_3)$$

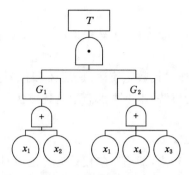

图 4-45 事故树示意图(六)

$$= x_1 x_1 + x_1 x_4 + x_1 x_3 + x_2 x_1 + x_2 x_4 + x_2 x_3$$
$$= x_1 + x_1 x_4 + x_1 x_3 + x_2 x_1 + x_2 x_4 + x_2 x_3$$

即事故树有 6 个割集:

$$CS_1 = \{x_1\}, CS_2 = \{x_1, x_4\}, CS_3 = \{x_1, x_3\},$$
$$CS_4 = \{x_1, x_2\}, CS_5 = \{x_2, x_4\}, CS_6 = \{x_2, x_3\}$$

用质数代表法求最小割集。对每一基本事件赋予一个质数:

$$x_1 - 2, x_2 - 3, x_3 - 5, x_4 - 7$$

算出各个割集所对应的数,并排列如下:

$$CS_1 = 2 \qquad\qquad CS_4 = 2 \times 3 = 6$$
$$CS_3 = 2 \times 5 = 10 \quad CS_2 = 2 \times 7 = 14$$
$$CS_6 = 3 \times 5 = 15 \quad CS_5 = 3 \times 7 = 21$$

将上述代表割集的数化简为仅是不同质数的积(实际上这一步可在布尔代数化简阶段轻易完成),则 $CS_1 = 2$,其他不变。

按上述规则判断,有:$CS_1 = 2$ 是素数表示的割集,所以是最小割集;$CS_4 = 6$,$CS_3 = 10$,是与 CS_1 成倍的数所表示的割集,不是最小割集。去掉以上三个后,素数乘积的最小数是 $CS_6 = 15$,该数表示的割集为最小割集;剩余的数中无与 CS_6 成倍的数,所以无法由此确定不是最小割集的集合。

同理,$CS_5 = 3 \times 7 = 21$ 是最小割集。

所以,最小割集为 CS_1、CS_6 和 CS_5 共三个:

$$K_1 = CS_1 = \{x_1\}, K_2 = CS_6 = \{x_2, x_3\}, K_3 = CS_5 = \{x_2, x_4\}$$

④ 分离重复事件法。

分离重复事件法是 1986 年由法国学者利姆尼斯和齐安尼提出的。其基本根据是:若事故树中无重复的基本事件,则求出的割集为最小割集。若事故树中有重复的基本事件,则不含重复基本事件的割集就是最小割集,仅对含有重复基本事件的割集化简即可。这里用 N 表示事故树的全部割集,N_1 表示含有重复基本事件的割集,N_2 表示不含重复基本事件的割集,N' 表示全部最小割集。其步骤为:

a. 求出 N,若事故树没有重复的基本事件,则 $N' = N$。

b. 检查全部割集,将 N 分成 N_1 和 N_2 两组。

c. 化简含有重复基本事件的割集 N_1 为最小割集 N'。

d. $N'=N_1' \bigcup N_2$。

读者可以尝试应用分离重复事件法,重新求取图 4-45 所示事故树的最小割集。

（3）最小径集的求算方法

求取最小径集的方法,有布尔代数化简法、成功树和行列法等多种方法。其中,最常用的是利用成功树求最小径集的方法,本书重点介绍这种方法。另外,布尔代数化简法也较常用,故也做一简单介绍。

① 布尔代数化简法。

用布尔代数化简法求最小径集,即用布尔代数运算定律对事故树的结构式进行化简,得到最简单的若干并集的交集,即化为最简单的或与范式,则该或与范式中的每一个并集就是一个最小径集,且式中的并集数就是事故树的最小径集数。具体解算方法见下面示例。

【例 4-12】 用布尔代数化简法求图 4-46 所示事故树的最小径集。

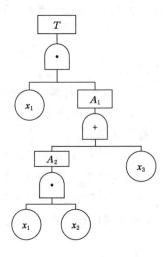

图 4-46　事故树示意图（七）

写出该事故树的结构式,并对其进行化简,有:

$$T = x_1 A_1$$
$$= x_1(A_2 + x_3)$$
$$= x_1(x_1 x_2 + x_3)$$
$$= x_1 x_1 x_2 + x_1 x_3$$
$$= x_1 x_2 + x_1 x_3$$
$$= x_1(x_2 + x_3)$$

所以,该事故树有两个最小径集。最小径集 P_1 由基本事件 x_1 组成,P_2 由 x_2、x_3 组成,即:

$$P_1 = \{x_1\}, P_2 = \{x_2, x_3\}$$

利用最小径集亦可以等效表示原事故树。其表示方法可由求最小径集用的事故树结构式（或与范式）看出,即用与门连接顶上事件和各个最小径集,最小径集中的各个基本事件用或门连接。例如,图 4-46 所示事故树可等效表示为图 4-47。

② 利用成功树求最小径集。

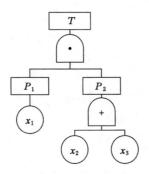

图 4-47　图 4-46 事故树的等效图

根据德·摩根律：

$$(A + B)' = A' \cdot B'$$
$$(A \cdot B)' = A' + B'$$

事件或的补等于补事件的与，事件与的补等于补事件的或。根据这一规律，把事故树的事件发生用事件不发生代替，把与门用或门代替，或门用与门代替，得到与原事故树对偶的成功树，就可以利用成功树求出原事故树的最小径集。

对于成功树，它的最小割集是使其顶上事件（原事故树顶上事件的补事件）发生的一种途径，即使原事故树顶上事件不发生的一种途径。所以，成功树的最小割集就是原事故树的最小径集。只要求出成功树的最小割集，也就求出了原事故树的最小径集。

利用成功树求最小径集，关键是熟练掌握各种逻辑门的变换情况，以便正确地作出成功树，逻辑门的变换遵从德·摩根律，其要点是将与逻辑关系和或逻辑关系互换，最基本的是与门和或门，其变换原则如前所述。另外，经常用到的还有条件与门、条件或门和限制门的变换。我们将各种逻辑门的变换情况集中列在图 4-48，以便于查阅。

下面是用成功树求最小径集的示例。

【例 4-13】　以图 4-42 所示事故树为例，用成功树求最小径集。

首先，将事故树变为与之对偶的成功树，如图 4-49 所示。

然后，用布尔代数化简法求成功树的最小割集：

$$
\begin{aligned}
T' &= T_2' T_3' \\
&= (T_4' + T_5' + T_6')(x_4' + x_5') \\
&= (x_1' x_2' + x_1' x_3' + x_2' x_3')(x_4' + x_5') \\
&= x_1' x_2' x_4' + x_1' x_2' x_5' + x_1' x_3' x_4' + x_1' x_3' x_5' + x_2' x_3' x_4' + x_2' x_3' x_5'
\end{aligned}
$$

所以，该成功树有 6 个最小割集，即原事故树有 6 个最小径集：

$$P_1 = \{x_1, x_2, x_4\}, P_2 = \{x_1, x_2, x_5\}$$
$$P_3 = \{x_1, x_3, x_4\}, P_4 = \{x_1, x_3, x_5\}$$
$$P_5 = \{x_2, x_3, x_4\}, P_6 = \{x_2, x_3, x_5\}$$

（4）最小割集和最小径集在事故树分析中的应用

由以上介绍可以看出最小割集和最小径集在事故树分析中的重要地位。要对系统的安全性和危险性进行定性或定量的分析研究，就要熟练应用最小割集和最小径集，以便有针对

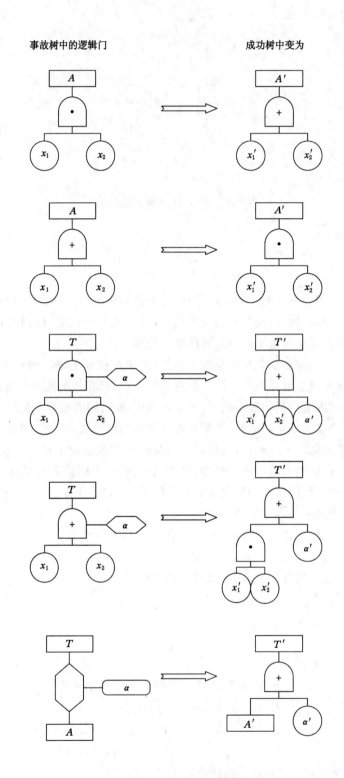

图 4-48　逻辑门的变换方式

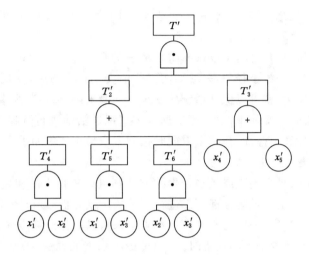

图 4-49　与图 4-42 事故树对偶的成功树

性地采取措施，有效地控制事故的发生。

① 最小割集表示系统的危险性。

由最小割集的定义可知，每个最小割集都是顶上事件发生的一种可能途径。事故树有几个最小割集，顶上事件的发生就有几种可能途径。所以，求出了最小割集，就掌握了所分析的事故(顶上事件)发生的各种可能途径；最小割集的数目越多，发生事故的可能性就越大，系统也就越危险。因此，最小割集是系统危险性的一种表示，如果某一最小割集中的基本事件同时发生，事故(顶上事件)就要发生。

求出了最小割集，知道了事故发生的各种可能途径，有利于有的放矢地进行事故的预防和处理工作。一旦发生事故，可以遵循最小割集给出的方向迅速找到事故原因，并采取强有力的措施，消除事故隐患，避免同类事故的再次发生。

最小割集还给事故预防工作指明了方向。从最小割集可以粗略地知道，事故最容易通过哪一个途径发生，则这一途径(最小割集)就是我们重点防范的对象。例如，若某事故树共有三个最小割集：$K_1 = \{x_1\}$，$K_2 = \{x_2, x_3, x_4\}$，$K_3 = \{x_5, x_6, x_7, x_8, x_9\}$，假如各基本事件的发生概率大致相等的话，则 K_1 发生的可能性大于 K_2，K_2 发生的可能性大于 K_3。即由于基本事件 x_1 发生而导致事故这一途径比另外两条途径要容易得多。所以，应将安全工作的重点放在控制 x_1 的发生，其次是最小割集 K_2 中的各个基本事件，再次是 K_3 中的各个基本事件。

一般情况下，单事件的最小割集比两个事件的最小割集容易发生，两个事件的最小割集比三个事件的最小割集容易发生……我们可以遵循这一原则，安排事故预防措施，进行事故预防工作。当然，如果各基本事件的发生概率相差悬殊，则可能会改变各个最小割集发生的难易顺序，所以，实际工作中还要考虑各基本事件发生概率的影响。

② 最小径集表示系统的安全性。

由最小径集的定义可知，每个最小径集都是防止顶上事件发生的一种可能途径，事故树有几个最小径集，就有几种控制事故(顶上事件)的途径。所以，求出了最小径集，就掌握了控制事故发生的各种可能途径；最小径集的数目越多，控制事故的途径就越多，系统也就越安全。因此,最小径集是系统安全性的一种表示,如果某一最小径集中的基本事件全部不发生,事故(顶上事件)就不会发生。

根据最小径集指出的方向,可以选择防止事故的最佳途径。通过对各个最小径集的比较分析,选择易于控制的最小径集,采取切实可行的安全技术措施,保证该最小径集内的各个基本事件全部不发生,就可以保证系统的安全。一般来讲,以控制少事件最小径集中的基本事件最省力、最有效。实际工作中,可根据具体情况灵活地进行选择。同时,为了提高事故预防工作的可靠性和把握性,往往采取同时控制多个最小径集的手段。

(5)割集和径集数目的计算方法

如上所述,采用求最小割集或最小径集的方法都可以进行事故树定性分析。下面将要说明,利用最小割集或最小径集也都可以进行事故树定量分析。所以实际工作中,应合理选择求最小割集或最小径集(一般可不必两者都求出来),以简化运算步骤。

当最小割集的数目少于最小径集时,采用求最小割集的方法;否则,则求最小径集。如果最小割集和最小径集的数目相等或相差不多,也采用求最小割集的方法。

直观地说,当事故树中与门多时,最小割集数目就少,或门多时,最小割集就多。对于较为复杂的情况,可采用如下公式求出割集的数目:

$$X_i = \begin{cases} x_{i1} \cdot x_{i2} \cdots x_{\lambda i}, & i \text{ 为与门时} \\ x_{i1} + x_{i2} + \cdots + x_{\lambda i}, & i \text{ 为或门时} \end{cases} \tag{4-1}$$

式中　X_i——门 i 的变量。

若门 i 是紧接着顶上事件的门,则:

$$X_i = X_{\text{top}}$$

式中　X_{top}——事故树割集的数目;

λ_i——门 i 输入事件的个数;

X_{ij}——门 i 的第 j 个输入变量($j=1,2,\cdots,\lambda_i$)。

当输入变量是基本事件时,$X_{ij}=1$;当输入变量是门 K 时 $X_{ij}=X_K$。

若求径集数目,则采用下式:

$$X_i = \begin{cases} x_{i1} + x_{i2} + \cdots + x_{\lambda i}, & i \text{ 为与门时} \\ x_{i1} \cdot x_{i2} \cdots x_{\lambda i}, & i \text{ 为或门时} \end{cases} \tag{4-2}$$

式中　X_{top}——事故树的径集数目;

其他符号意义同前。

【例 4-14】 求图 4-42 所示事故树的割集和径集数目。

应用式(4-1)求事故树的割集数目:

$$X_{T_4} = 1 + 1 = 2$$
$$X_{T_5} = 1 + 1 = 2$$
$$X_{T_6} = 1 + 1 = 2$$
$$X_{T_2} = X_{T_4} \cdot X_{T_5} \cdot X_{T_6} = 2 \times 2 \times 2 = 8$$
$$X_{T_3} = 1 \times 1 = 1$$
$$X_{\text{top}} = X_{T_2} + X_{T_3} = 8 + 1 = 9$$

应用式(4-2)求事故树的径集数目:

$$X_{T_4} = X_{T_5} = X_{T_6} = 1 \times 1 = 1$$

$$X_{T_2} = X_{T_4} + X_{T_5} + X_{T_6} = 1 + 1 + 1 = 3$$

$$X_{T_3} = 1 = 1 = 2$$

$$X_{\text{top}} = X_{T_2} \cdot X_{T_3} = 3 \times 2 = 6$$

即该事故树的割集数目为 9，径集数目为 6。

需要特别注意的是，用上述公式求出的割集、径集数目并不一定是最小割集和最小径集的数目，而是最小割集和最小径集的上限。但是，当事故树中无重复事件时，所求的割集、径集数目肯定就是最小割集、最小径集的数目。将例 4-14 的计算与前面求出的该事故树的最小割集、最小径集相对照（见例 4-8、例 4-10 和例 4-12）可以看出，由于该事故树中有重复事件，所以这里算出的割集数目不是最小割集的数目，而与用排列法排出的（未用布尔代数化简前的）割集数目相等。但是，这里算出的径集数目，就是该事故树最小径集的数目。

4.2.5　结构重要度分析

结构重要度分析，就是从事故树结构上分析各个基本事件的重要性程度，即在不考虑各基本事件的发生概率，或者说认为各基本事件发生概率都相等的情况下，分析各基本事件对顶上事件的影响程度。因此，结构重要度分析是一种定性的重要度分析，是事故树定性分析的一个组成部分。

结构重要度分析的方法有两种：一种是求结构重要系数，根据系数大小排出各基本事件的结构重要度顺序，是精确的计算方法；另一种是利用最小割集或最小径集，判断结构重要系数的大小，并排出结构重要度顺序。第一种方法精确，但过于烦琐，当事故树规模较大时计算工作量很大；第二种方法虽精确度稍差，但比较简单，是目前常用的方法。

（1）根据结构重要系数进行结构重要度分析

① 事故树的结构函数。

对于事故树的每一个基本事件 x_i，都有发生和不发生两种状态，可分别用数字 1 和 0 表示基本事件 x_i 发生和不发生，即定义 X_i 为基本事件的状态变量：

$$X_i = \begin{cases} 1, & \text{基本事件 } x_i \text{ 发生} \\ 0, & \text{基本事件 } x_i \text{ 不发生} \end{cases}$$

若事故树有 n 个相互独立的基本事件，则各个基本事件的相互组合具有 2^n 种状态。各基本事件状态的不同组合，又构成顶上事件的不同状态。用 φ 表示事故树顶上事件的状态变量，并定义：

$$\varphi = \begin{cases} 1, & \text{顶上事件发生} \\ 0, & \text{顶上事件不发生} \end{cases}$$

即 φ 是以基本事件状态值为自变量的函数：

$$\varphi = \varphi(X), X = (X_1, X_2, \cdots, X_n)$$

称 $\varphi = \varphi(X)$ 为事故树的结构函数。

② 根据结构重要系数进行结构重要度分析。

当基本事件 x_i 以外的其他基本事件固定为某一状态，基本事件 x_i 由不发生转变为发生时,顶上事件状态可能维持不变,也可能发生变化。记 $x_i=1$ 为 1_i,$x_i=0$ 为 0_i,在某个基本事件 x_i 的状态由 0 变到 1,即由 0_i 变到 1_i,而其他基本事件保持不变时,顶上事件的状态有三种可能:

　　a.　$\varphi(0_i,x)=0 \rightarrow \varphi(1_i,x)=1$,此时 $\varphi(1_i,x)-\varphi(0_i,x)=1$。

　　b.　$\varphi(0_i,x)=0 \rightarrow \varphi(1_i,x)=0$,此时 $\varphi(1_i,x)-\varphi(0_i,x)=0$。

　　c.　$\varphi(0_i,x)=1 \rightarrow \varphi(1_i,x)=1$,此时 $\varphi(1_i,x)-\varphi(0_i,x)=0$。

可以看出,只有第 1 种情况说明 x_i 的变化对顶上事件发生起了作用,即:随着基本事件 x_i 的状态由 0 变到 1,顶上事件的状态也从 0 变到 1。这种情况越多,说明 x_i 越重要。

用结构重要系数 $I_\varphi(i)$ 表示 x_i 的重要程度,其定义式为:

$$I_\varphi(i) = \frac{1}{2^{n-1}} \sum [\varphi(1_i,x) - \varphi(0_i,x)] \tag{4-3}$$

式中,n 个基本事件两种状态的组合共 $2n$ 种;x_i 作为变化对象(从 0 变到 1),其他基本事件的状态保持不变的对照组共 $(2n-1)$ 个,式中和式 $\sum [\varphi(1_i,x)-\varphi(0_i,x)]$ 的数值表示在 $(2n-1)$ 种状态中上述第 1 种情况发生的次数。因此,它们的比值可表示基本事件 x_i 的重要性程度。

计算出每个基本事件 x_i 的结构重要系数 $I_\varphi(i)$ 后,再按照 $I_\varphi(i)$ 的大小排列出各基本事件 x_i 的结构重要度顺序。

【例 4-15】 如图 4-50 所示事故树,试对其进行结构重要度分析。

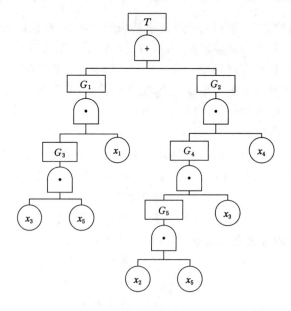

图 4-50　事故树示意图(八)

① 列出基本事件状态值与顶上事件状态值表。

本事故树共有 5 个基本事件,则需考察 $2^5=32$ 个状态。按照二进制数列表,见表 4-2。列表时,可参考最小割集或最小径集确定顶上事件的状态值。

表 4-2　基本事件状态值与顶上事件状态值表

x_1	x_2	x_3	x_4	x_5	$\varphi(0_i,x)$	x_1	x_2	x_3	x_4	x_5	$\varphi(1_i,x)$
0	0	0	0	0	0	1	0	0	0	0	0
0	0	0	0	1	0	1	0	0	0	1	1
0	0	0	1	0	0	1	0	0	1	0	0
0	0	0	1	1	0	1	0	0	1	1	1
0	0	1	0	0	0	1	0	1	0	0	1
0	0	1	0	1	0	1	0	1	0	1	1
0	0	1	1	0	1	1	0	1	1	0	1
0	0	1	1	1	1	1	0	1	1	1	1
0	1	0	0	0	0	1	1	0	0	0	0
0	1	0	0	1	0	1	1	0	0	1	1
0	1	0	1	0	0	1	1	0	1	0	0
0	1	0	1	1	1	1	1	0	1	1	1
0	1	1	0	0	0	1	1	1	0	0	1
0	1	1	0	1	0	1	1	1	0	1	1
0	1	1	1	0	1	1	1	1	1	0	1
0	1	1	1	1	1	1	1	1	1	1	1

② 计算结构重要系数。

a. x_1 的结构重要系数。

上表中,左半部 x_1 的状态值均为 0,右半部 x_1 的状态值均为 1,而其他四个基本事件的状态值都对应保持不变。用右半部的 $\varphi(1_1,x)$ 对应减去左半部 $\varphi(0_1,x)$ 的值,累积差值为 7。即 $2^{5-1}=16$ 个对照组中,共有 7 组说明 x_1 的变化引起顶上事件的变化。

代入式(4-3),得:

$$I_\varphi(1) = \frac{1}{2^{n-1}} \sum \left[\varphi(1_1,x) - \varphi(0_1,x) \right]$$
$$= \frac{7}{16}$$

b. 其他基本事件的结构重要系数。

对基本事件 x_2,将表中左、右部分分别分为两部分,左半部上面 8 种组合中,x_2 的状态值均为 0;下面 8 种组合中 x_2 的状态值均为 1,其他 4 个基本事件的状态值都对应保持不变。右半部的上、下 8 种组合情况也是如此。

以下面 8 组的 $\varphi(1_2,x)$ 对应减去上面 8 组的 $\varphi(0_2,x)$ 的值,累积差值为 1。即 $2^{5-1}=16$ 个对照组中,共有 1 组说明 x_2 的变化引起顶上事件的变化。

代入式(4-3),得:

$$I_\varphi(2) = \frac{1}{16}$$

同样,再将每 8 组一分为二,对应相减,累积其差,除以 16,可得到 x_3 的结构重要系数。

采用同样方式,可得到 x_4 和 x_5 的结构重要系数:

$$I_\varphi(3) = \frac{7}{16}$$

$$I_\varphi(4) = \frac{5}{16}$$

$$I_\varphi(5) = \frac{5}{16}$$

③ 排列结构重要度顺序。

根据各个基本事件的结构重要系数,排列出它们的结构重要度顺序为:

$$I_\varphi(1) = I_\varphi(3) > I_\varphi(4) = I_\varphi(5) > I_\varphi(2)$$

由上例可以看出,求结构重要系数的计算是相当复杂和占用时间的,且随着事故树基本事件数目的增加,其判断、计算量按指数规律增长。因此,当事故树的基本事件数目较多时,纵然用计算机进行计算,往往也是很难实现的。所以,应研究结构重要度的其他求取方法。

(2)根据最小割集或最小径集判断结构重要度顺序

根据最小割集或最小径集判断结构重要度顺序,是进行结构重要度分析的简化方法,具有足够的精度,又不至于过分复杂。

采用最小割集或最小径集进行结构重要度分析,主要是依据如下几条原则来判断基本事件结构重要系数的大小,并排列出各基本事件的结构重要度顺序,而不求结构重要系数的精确值。

① 单事件最小割(径)集中的基本事件的结构重要系数最大。

例如,若某事故树共有如下 3 个最小割集:

$$K_1 = \{x_1\}, K_2 = \{x_2, x_3, x_4\}, K_3 = \{x_5, x_6, x_7, x_8\}$$

由于最小割集 K_1 由单个基本事件 x_1 组成,所以 x_1 的结构重要系数最大,即:

$$I_\varphi(1) > I_\varphi(i) \quad (i = 2, 3, \cdots, 8)$$

这里,$I_\varphi(i)$ 是基本事件 $x_i(i=2,3,\cdots,8)$ 的结构重要系数。

② 仅在同一最小割(径)集中出现的所有基本事件的结构重要系数相等。

仍用上例进行分析。由于基本事件 x_2、x_3、x_4 仅在同一最小割集 K_2 中出现,所以:

$$I_\varphi(2) = I_\varphi(3) = I_\varphi(4)$$

同理,有:

$$I_\varphi(5) = I_\varphi(6) = I_\varphi(7) = I_\varphi(8)$$

③ 两基本事件仅出现在基本事件个数相等的若干最小割(径)集中。

在不同最小割(径)集中出现次数相等的各个基本事件,其结构重要系数相等;出现次数多的基本事件的结构重要系数大,出现次数少的结构重要系数小。

例如,若某事故树共有如下 4 个最小割集:

$$K_1 = \{x_1, x_2, x_4\}, K_2 = \{x_1, x_2, x_5\}$$
$$K_3 = \{x_1, x_3, x_6\}, K_4 = \{x_1, x_3, x_7\}$$

由于各最小割集所包含的基本事件个数相等,所以应按本原则进行判断。由于基本事件 x_4、x_5、x_6、x_7 在这 4 个事件个数相等的最小割集中出现的次数相等,都为 1 次,所以:

$$I_\varphi(4) = I_\varphi(5) = I_\varphi(6) = I_\varphi(7)$$

同理,由于 x_2、x_3 都出现了 2 次,则:

$$I_\varphi(2) = I_\varphi(3)$$

由于 x_1 在 4 个最小割集中重复出现了 4 次,所以其结构重要系数大于重复出现 2 次的 x_2、x_3,而 x_2、x_3 的结构重要系数又大于只出现 1 次的 x_4、x_5、x_6、x_7,即:

$$I_\varphi(1) > I_\varphi(2) = I_\varphi(3) > I_\varphi(4) = I_\varphi(5) = I_\varphi(6) = I_\varphi(7)$$

④ 两个事件仅出现在基本事件个数不等的若干最小割(径)集中。

这种情况下,基本事件结构重要系数大小的判定原则为:

a. 若它们重复在各最小割(径)集中出现的次数相等,则在少事件最小割(径)集中出现的基本事件的结构重要系数大。

b. 在少事件最小割(径)集中出现次数少的与多事件最小割(径)集中出现次数多的基本事件比较,一般前者的结构重要系数大于后者。此时,亦可采用如下公式近似判断各基本事件的结构重要系数大小。

近似判别式 1:

$$I(j) = \sum_{x_j \in k_r} \frac{1}{2^{n_j-1}} \tag{4-4}$$

式中　$I(j)$——基本事件 x_j 结构重要系数大小的近似判别值;

　　$x_j \in k_r$——基本事件 x_j 属于最小割集 k_r(或最小径集 p_r);

　　n_j——基本事件 x_j 所在的最小割(径)集中包含的基本事件个数。

近似判别式 2:

$$I(j) = \frac{1}{k} \sum_{i=1}^{k} \frac{1}{n_i} \quad (x_j \in k_i) \tag{4-5}$$

式中　k——最小割集(或最小径集)总数;

　　$x_j \in k_i$——基本事件 x_j 属于最小割集 k_i(或最小径集 p_i);

　　n_i——最小割集 k_i(或最小径集 p_i)中包含的基本事件个数。

近似判别式 3:

$$I(j) = 1 - \prod_{x_j \in k_r} \left(1 - \frac{1}{2^{n_j-1}}\right) \tag{4-6}$$

【例 4-16】　某事故树共有如下 4 个最小径集,试对其进行结构重要度分析:

$$p_1 = \{x_1, x_2\}, p_2 = \{x_1, x_3\}$$
$$p_3 = \{x_4, x_5, x_6\}, p_4 = \{x_4, x_5, x_7, x_8\}$$

由于基本事件 x_1 分别在两个基本事件的最小径集 p_1、p_2 中各出现 1 次(共 2 次),而 x_4 分别在 3 个基本事件的最小径集 p_3 和 4 个事件的最小径集 p_4 中各出现 1 次(共 2 次),所以判断 x_1 的结构重要系数大于 x_4 的结构重要系数,即:

$$I_\varphi(1) > I_\varphi(4)$$

基本事件 x_2 只在 2 个基本事件的最小径集 p_1 中出现了 1 次,基本事件 x_4 分别在 3 个和 4 个事件的最小径集 p_3、p_4 中各出现了 1 次(共 2 次),所以判断 x_2 的结构重要系数可能大于 x_4 的结构重要系数。为更准确地分析,我们再根据近似判别式(4-4)计算它们的近似判别值:

$$I(2) = \sum_{x_j \in p_r} \frac{1}{2^{n_j-1}} = \frac{1}{2^{2-1}} = \frac{1}{2}$$

$$I(4) = \frac{1}{2^{3-1}} + \frac{1}{2^{4-1}} = \frac{3}{8}$$

$$I(2) > I(4)$$

所以 $I_\varphi(2) > I_\varphi(4)$。

不难判断其余各基本事件的结构重要度顺序。该事故树中全部基本事件的结构重要度顺序如下：

$$I_\varphi(1) > I_\varphi(2) = I_\varphi(3) > I_\varphi(4) = I_\varphi(5) > I_\varphi(6) > I_\varphi(7) = I_\varphi(8)$$

采用最小割集或最小径集进行结构重要度分析，需要注意如下几点：

① 对于结构重要度分析来说，采用最小割集和最小径集的效果是相同的。因此，若事故树的最小割集和最小径集都求出来的话，可以用两种方法进行判断，以验证结果的正确性。

② 采用上述 4 条原则判断基本事件结构重要系数大小时，必须从第一条到第四条顺序进行判断，而不能只采用其中的某一条或近似判别式。因近似判别式尚有不完善之处，不能完全据其进行判断。

③ 近似判别式的计算结果可能出现误差。一般说来，若最小割（径）集中的基本事件个数相同时，利用 3 个近似判别式均可得到正确的排序；若最小割（径）集中的基本事件个数相差较大时，式(4-4)和式(4-6)可以保证排列顺序的正确；若最小割（径）集中的基本事件个数仅相差 1～2 个时，式(4-5)和式(4-4)可能产生较大的误差。3 个近似判别式中，式(4-6)的判断精度最高。

4.2.6　顶上事件的发生概率

求取顶上事件的发生概率是事故树定量分析的主要目标之一。用概率表示事故的危险程度，对事故危险性进行定量分析和评价，是事故树分析法的一大优点，也是其完善程度的一个标志。

（1）概率论的有关概念

概率论是研究不确定现象的数学分支。在数学上，把预先不能确知结果的现象称为随机现象，这类事件称为随机事件，简称事件。

通俗地说，概率即是指某事件发生的可能性。必然发生的事件，其概率为 1；不可能发生的事件，其概率为 0；一般事件的概率则是介于 0 与 1 之间的某一数值。

例如，若某掘进工作面瓦斯积聚，则在一定时间内，该工作面可能发生瓦斯爆炸，亦可能不爆炸。用 A 表示{瓦斯爆炸}事件，其概率记为 $P\{A\}$，则：

$$0 < P\{A\} < 1$$

为了进行概率计算，首先应明确如下几个概念。

① 和事件。

由属于事件 A 或属于事件 B 的一切基本结果组成的事件，称为事件 A 与事件 B 的和事件，记为 $A \cup B$ 或 $A + B$。

事故树中，或门的输出事件就是各个输入事件的和事件。

② 积事件。

由事件 A 与事件 B 中公共的基本结果组成的事件称为事件 A 与事件 B 的积事件，记

为 $A \cap B$ 或 AB。

③ 独立事件。

对于任意两个事件 A、B，如果满足：

$$P\{AB\} = P\{A\}P\{B\}$$

则称事件 A 与事件 B 为相互独立事件。

A、B 为相互独立事件，就是说事件 A 的发生与否和事件 B 的发生与否相互没有影响。在实际应用中，主要是根据两个事件的发生是否相互影响来判断两个事件是否独立。例如，建筑工地上脚手架防护栏腐烂事件和塔吊钢丝绳断裂事件互相没有影响，所以它们是相互独立事件。采煤工作面煤壁片帮事件和轨道上山矿车掉道事件互相没有影响，所以它们是相互独立事件。

④ 互不相容事件。

若事件 A 与事件 B 没有公共的基本结果，就称事件 A 与事件 B 互不相容。否则，就称它们是相容事件。

A、B 事件为互不相容事件，就是说它们不可能同时发生。即一个事件发生，另一个事件必然不发生。例如，事故树中，排斥或门的输入事件可称为互不相容事件。

实际应用中，要正确区分相互独立与互不相容这两个概念，它们并无必然联系。例如，甲、乙两人同时射击同一目标，由于甲、乙两人是否命中目标相互没有影响，所以"甲命中"和"乙命中"是相互独立事件。但是，"甲命中"和"乙命中"可以同时发生，所以它们又是相容事件。

⑤ 对立事件。

对于事件 A、B，如果有：$A \cap B = \varnothing$，即 A、B 不能同时出现；$A \cup B = \Omega$，即 A、B 一定有一个要出现。则称 A、B 为互逆事件或对立事件，即 $B = \overline{A}$；若把 A 看作一个集合时，$\overline{A}$ 就是 A 的补集。

在进行概率运算时，需要根据不同情况选用不同的计算公式。常用计算公式如下。

① 和事件概率。

对于两个相互独立事件：

$$P\{A + B\} = P\{A\} + P\{B\} - P\{AB\} \tag{4-7}$$

或

$$P\{A + B\} = 1 - (1 - P\{A\})(1 - P\{B\}) \tag{4-8}$$

对于 n 个相互独立事件：

$$P\{A_1 + A_2 + \cdots + A_n\} = 1 - (1 - P\{A_1\})(1 - P\{A_2\}) \cdots (1 - P\{A_n\}) \tag{4-9}$$

对于 n 个互不相容事件：

$$P\{A_1 + A_2 + \cdots + A_n\} = P(A_1) + P(A_2) + \cdots + P(A_n) \tag{4-10}$$

② 积事件概率。

对于 n 个相互独立事件：

$$P\{A_1 A_2 \cdots A_n\} = P\{A_1\}P\{A_2\} \cdots P\{A_n\} \tag{4-11}$$

n 个互不相容事件的概率积为 0。

在事故树分析中，我们遇到的大多数基本事件是相互独立的。所以，本节主要介绍相互独立的基本事件的概率。

③ 对立事件概率。

对立事件的概率按下式计算:

$$P\{A\} = 1 - P\{\bar{A}\} \tag{4-12}$$

(2) 基本事件的发生概率

为了计算顶上事件的发生概率,首先必须确定各个基本事件的发生概率。所以,合理确定基本事件的发生概率,是事故树定量分析的基础工作,也是决定定量分析成败的关键工作。

基本事件的发生概率可分为两大类:一类是机械或设备的故障概率,另一类是人的失误概率。

① 机械设备的故障概率。

机械或设备的单元(部件或元件)故障概率,可通过其故障率进行计算。故障率指单位时间(或周期)故障发生的概率,是元件平均故障间隔期的倒数,用 λ 表示。

$$\lambda = \frac{1}{\text{MTBF}} \tag{4-13}$$

式中　MTBF——单元平均故障间隔期,即从启动到发生故障的平均时间,亦称平均无故障时间。

MTBF 的数值一般由生产厂家给出,亦可通过实验室测试得出。

$$\text{MTBF} = \frac{\sum\limits_{i=1}^{n} t_i}{n} \tag{4-14}$$

式中　t_i——元件 i 从运行到故障发生时所经历的时间;

　　　n——试验元件的个数。

表 4-3 是布朗宁推荐的故障率数值。

表 4-3　故障率数值

名称	观测值/(次/h)	推荐值/(次/h)
机械零件	$10^{-6} \sim 10^{-9}$	10^{-6}
电子元件	$10^{-6} \sim 10^{-9}$	10^{-6}
安全阀		10^{-6}
传感器	$10^{-4} \sim 10^{-7}$	10^{-5}
动力设备	$10^{-3} \sim 10^{-4}$	10^{-4}(不包括变压器)
火花塞内燃机	$10^{-3} \sim 10^{-4}$	10^{-3}
人对重复性动作反应误差	$10^{-2} \sim 10^{-3}$	10^{-2}

为准确开展事故树定量分析,科学地进行定量安全评价,应积累并建立故障率数据库,用计算机进行存储和检索。许多工业发达国家都建立了故障率数据库,我国也有少数行业开始进行建库工作,但数据还相当缺乏,还应进行长期的工作。

在实际应用中,现场条件(特别是矿山井下、高速运行工具等条件)要比实验室中恶劣得多。所以,对于实验室条件下测出的故障率 λ_0,要通过一个大于 1 的严重系数 k 进行修正后,才可以作为实际使用的故障率,即:

$$\lambda = k\lambda_0 \tag{4-15}$$

对于一般可修复的系统(即故障修复后仍可正常运行的系统),单元故障概率为:

$$q = \frac{\lambda}{\lambda + \mu} \tag{4-16}$$

式中 q——单元故障概率;

μ——可维修度,是反映单元维修难易程度的数量标度,等于故障平均修复时间 τ 的倒数,即:

$$\mu = \frac{1}{\tau}$$

由于 $MTBF \gg \tau$,所以 $\lambda \ll \mu$,则:

$$q = \frac{\lambda}{\lambda + \mu} \approx \frac{\lambda}{\mu} = \lambda\tau$$

即可以应用下式求出单元的瞬时故障概率:

$$q \approx \lambda\tau \tag{4-17}$$

例如,某设备每 60 天需要维修一次,每次修复时间需要 $\frac{1}{3}$ 天,即 $\lambda = \frac{1}{60}$,$\tau = \frac{1}{3}$,则该设备的瞬时故障概率为:

$$q = \lambda\tau = \frac{1}{60} \times \frac{1}{3} = 5.6 \times 10^{-3}$$

再如,通过对某采煤工作面自开始回采以来 3 个月冒顶事故统计,该面发生过 3 次冒顶。3 次正常状态时间分别为 40 天、10 天和 30 天,3 次修复时间分别为 1 天、1/6 天和 1/3 天,则:

$$MTBF = \frac{40 + 10 + 30}{3} = \frac{80}{3}$$

$$\lambda = \frac{1}{MTBF} = 0.037\ 5$$

$$\tau = \frac{1 + \frac{1}{6} + \frac{1}{3}}{3} = 0.5$$

该工作面的瞬时冒顶概率为:

$$q = \lambda\tau = 0.037\ 5 \times 0.5 = 0.018\ 75$$

也可以直接用下式计算故障概率:

$$q = \frac{MTTR}{MTBF + MTTR} \tag{4-18}$$

式中 MTTR——故障平均修复时间,即 $MTTR = \tau$。

对于不可修复的系统(即一次使用就报废的系统),单元的故障概率为:

$$q = 1 - e^{-\lambda t} \tag{4-19}$$

式中 t——设备运行时间。

这种概率是设备运行累积时间的概率。上式亦可近似表示为：

$$q \approx \lambda t \tag{4-20}$$

例如，若矿山井下某处风门的密封装置平均 150 天就要失效，则该风门工作 20 天时，其密封装置失效的概率为：

$$q = \lambda t = \frac{1}{\mathrm{MTBF}}t = \frac{1}{150} \times 20 = 0.133\ 3$$

② 人的失误概率。

人的失误大致分为五种情况：a. 忘记做某项工作；b. 做错了某项工作；c. 采用了错误的工作步骤；d. 没有按规定完成某项工作；e. 没有在预定时间内完成某项工作。

对于人的失误概率，很多学者做过专门的研究。但是，由于人的失误因素十分复杂，人的情绪、经验、技术水平、生理状况和工作环境等都会影响到人的操作，从而造成操作失误。所以，要想恰如其分地确定人的失误概率是很困难的。目前还没有很好地确定人的失误概率的方法。

布朗宁认为，人员进行重复操作动作时，失误率为 $10^{-2} \sim 10^{-3}$，推荐取 10^{-2}。

在确定人的失误概率的研究中，斯温和罗克于 1962 年提出的"人的失误率预测技术（THERP）"就很受推崇。

③ 主观概率法。

如上所述，目前还没有能够精确确定基本事件概率值的有效方法，特别缺乏对人的失误概率进行有效评定的方法。在未有足够的统计、实验数据的情况下进行事故树分析，可以采用如下主观概率法，粗略确定基本事件的发生概率。

主观概率是人们根据自己的经验和知识，对某一事件发生的可能程度的一个主观估计数。例如，某矿安全管理人员估计，由于措施得力，明年重伤事故起数下降的概率为 95%，这个 95% 就是一个主观概率。

实际应用主观概率时，可按如下方法进行。

选择经验丰富的人员组成专家小组，评定各基本事件的发生概率。评定时，专家小组成员分别根据自己的经验，并参考表 4-4 给出的概率等级，估计各基本事件的发生概率，然后分别取各专家对某一基本事件概率估计值的平均值作为该基本事件的发生概率，即：

$$q_i = \frac{1}{m}\sum_{j=1}^{m} q_{ij} \quad (i = 1,2,\cdots,n) \tag{4-21}$$

式中 q_i——基本事件 x_i 的发生概率；

$\quad q_{ij}$——专家 j 对基本事件 x_i 发生概率的估计值；

$\quad m$——参加评定的专家人数；

$\quad n$——事故树的基本事件个数。

表 4-4 随机事件概率等级

事件发生频繁程度	频率数量级
必然发生	1
非常容易发生	1×10^{-1}

表 4-4(续)

事件发生频繁程度	频率数量级
容易发生	1×10^{-2}
较易发生	1×10^{-3}
不易发生	1×10^{-4}
难发生	1×10^{-5}
很难发生	1×10^{-6}
极难发生	1×10^{-7}
不可能发生	0

(3) 顶上事件的发生概率

事故树定量分析的主要工作是计算顶上事件的发生概率,并以顶上事件的发生概率为依据,综合考察事故的风险率,进行风险评价。

顶上事件的发生概率有多种计算方法,本书只选择几种常用的方法进行介绍。需要说明的是,这里介绍的几种计算方法,都是以各个基本事件相互独立为基础的,如果基本事件不是相互独立事件,则不能直接应用这些方法。

① 状态枚举法。

设某一事故树有 n 个基本事件,这 n 个基本事件两种状态的组合数为 2^n 个。根据前面对事故树结构函数的分析可知,事故树顶上事件的发生概率,就是指结构函数 $\varphi(x) = 1$ 的概率。因此,顶上事件的发生概率 g 可用下式定义:

$$g(q) = \sum_{p=1}^{2^n} \Phi_p(x) \prod_{i=1}^{n} q_i^{x_i} (1-q_i)^{1-x_i} \tag{4-22}$$

式中　$g(q)$——顶上事件的发生概率;

　　　p——基本事件状态组合符号;

　　　$\Phi_p(x)$——组合为 p 时的结构函数值,即:

$$\Phi_p(x) = \begin{cases} 1, & 顶上事件发生 \\ 0, & 顶上事件不发生 \end{cases} \quad (x = x_1, x_2, \cdots, x_n)$$

式中　q_i——第 i 个基本事件的发生概率;

　　　$\prod_{i=1}^{n}$—— 连乘符号,这里为求 n 个基本事件状态组合的概率积;

　　　x_i——基本事件 i 的状态,即:

$$x_i = \begin{cases} 1, & 第 i 个基本事件发生 \\ 0, & 第 i 个基本事件不发生 \end{cases}$$

顶上事件发生概率也可用 $P(T)$ 表示,即 $P(T) = g(q)$。

【例 4-17】　如图 4-51 所示事故树,已知各基本事件的发生概率为 $q_1 = q_2 = q_3 = 0.1$,用状态枚举法计算顶上事件的发生概率。

首先列出基本事件的状态组合及顶上事件的状态值,见表 4-5。

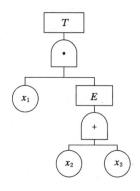

图 4-51　事故树示意图(九)

表 4-5　图 4-51 事故树 $g(q)$ 计算表

x_1	x_2	x_3	$\varphi(x)$	$g_p(q)$	g_p
0	0	0	0	0	
0	0	1	0	0	0
0	1	0	0	0	0
0	1	1	0	0	0
1	0	0	0	0	0
1	0	1	1	$q_1(1-q_2)$	0.009
1	1	0	1	$q_1q_2(1-q_3)$	0.009
1	1	1	1	$q_1q_2q_3$	0.001
				$g(q)$	0.019

注:1. $g_p(q)$——基本事件状态组合的概率计算式。

　2. g_p——基本事件状态组合的概率值。

由表 4-5 可知,使 $\varphi(x)=1$ 的基本事件的状态组合有 3 个。将表中数据代入式(4-22)可得:

$$
\begin{aligned}
g(q) &= \sum_6^8 \varphi(x) \prod_{i=1}^3 q_i^{x_i}(1-q_i)^{1-x_i} \\
&= 1 \times q_1^1(^1-q_1)^{1-1} \times q_2^0(^1-q_2)^{1-0} \times q_3^1(^1-q_3)^{1-1} + \\
&\quad 1 \times q_1^1(^1-q_1)^{1-1} \times q_2^1(^1-q_2)^{1-1} \times q_3^0(^1-q_3)^{1-0} + \\
&\quad 1 \times q_1^1(^1-q_1)^{1-1} \times q_2^1(^1-q_2)^{1-1} \times q_3^1(^1-q_3)^{1-1} \\
&= q_1(1-q_2)q_3 + q_1q_2(1-q_3) + q_1q_2q_3 \\
&= 0.1 \times 0.9 \times 0.1 + 0.1 \times 0.1 \times 0.9 + 0.1 \times 0.1 \times 0.1 \\
&= 0.009 + 0.009 + 0.001 \\
&= 0.019
\end{aligned}
$$

另外,还可根据表 4-5 中每一状态组合所对应的概率值 g_p 直接求得顶上事件的发生概率:

$$
g(q) = \sum_{p=6}^8 g_p = 0.019
$$

② 直接分步算法。

直接分步算法适用于事故树的规模不大，又没有重复的基本事件，无须用布尔代数化简时使用。其计算方法是：从底部的逻辑门连接的事件算起，逐次向上推移，直至计算出顶上事件 T 的发生概率。顶上事件的发生概率用符号 g 表示，即 $g=P\{T\}$。

直接分步算法的规则如下，这些规则也是下面将要介绍的其他计算方法的基础。

a. 与门连接的事件，计算其概率积，即：

$$q_A = \prod_{i=1}^{n} q_i \tag{4-23}$$

式中　q_i——第 i 个基本事件的发生概率；

　　　q_A——与门事件的概率；

　　　n——输入事件数；

　　　$\prod$——数学运算符号，求概率积，即：

$$\prod_{i=1}^{n} q_i = q_1 q_2 \cdots q_n$$

b. 或门连接的事件，计算其概率和，即：

$$q_0 = \coprod_{i=1}^{n} q_i = 1 - \prod_{i=1}^{n}(1-q_i) \tag{4-24}$$

式中　q_0——或门事件的概率；

　　　$\coprod$——数学运算符号，求概率和，即：

$$\coprod_{i=1}^{n} q_i = 1 - \prod_{i=1}^{n}(1-q_i)$$

【例 4-18】　用直接分步算法计算图 4-52 所示事故树顶上事件的发生概率。各基本事件下的数字即为其发生概率。

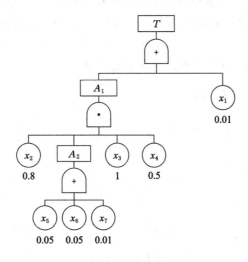

图 4-52　事故树示意图（十）

解　第 1 步，求 A_2 概率。由于其为或门连接，根据式（4-24）有：

$$q_{A_2} = 1-(1-q_5)(1-q_6)(1-q_7)$$

$$= 1 - (1 - 0.05)(1 - 0.05)(1 - 0.01)$$
$$= 0.106\ 525$$

第 2 步，求 A_1 概率。根据式(4-23)有：

$$q_{A_1} = q_2 q_{A_2} q_3 q_4$$
$$= 0.8 \times 0.106\ 525 \times 1.0 \times 0.5$$
$$= 0.042\ 61$$

第 3 步，求顶上事件的发生概率：

$$g = q_T = 1 - (1 - q_{A_1})(1 - q_1)$$
$$= 1 - (1 - 0.042\ 61)(1 - 0.01)$$
$$= 0.05218$$

③ 用最小割集计算顶上事件发生概率。

利用最小割集可以做出原事故树的等效事故树，其结构形式是：顶上事件与各最小割集用或门连接，每个最小割集与其包含的基本事件用与门连接。根据用最小割集等效表示原事故树的方式可知，如果各个最小割集间没有重复的基本事件，则可按照直接分步算法的原则，先计算各个最小割集内各基本事件的概率积，再计算各个最小割集的概率和，从而求出顶上事件的发生概率，即：如果事故树的各个最小割集中彼此无重复事件，就可以按照下式计算顶上事件的发生概率：

$$g = \coprod_{r=1}^{k} \prod_{x_i \in k_r} q_i \tag{4-25}$$

式中　x_i——第 i 个基本事件；

$\quad$ k_r——第 r 个最小割集，即 r 是最小割集的序号；

$\quad$ k——最小割集的个数；

$\quad$ $x_i \in k_r$——第 i 个基本事件属于第 r 个最小割集。

【例 4-19】　若某事故树有如下 3 个最小割集，求其顶上事件的发生概率。

$$K_1 = \{x_1, x_3\}, K_2 = \{x_2, x_4\}, K_3 = \{x_5, x_6\}$$

解　由式(4-25)可知，其顶上事件的发生概率为：

$$g = \coprod_{r=1}^{3} \prod_{x_i \in k_r} q_i$$
$$= 1 - (1 - \prod_{x_i \in k_1} q_i)(1 - \prod_{x_i \in k_2} q_i)(1 - \prod_{x_i \in k_3} q_i)$$

其中：

$$\prod_{x_i \in k_1} q_i = q_1 q_3$$
$$\prod_{x_i \in k_2} q_i = q_2 q_4$$
$$\prod_{x_i \in k_3} q_i = q_5 q_6$$

所以：

$$g = 1 - (1 - q_1 q_3)(1 - q_2 q_4)(1 - q_5 q_6)$$

如果各个最小割集中彼此有重复事件，则式(4-25)不成立。看下例：

某事故树有 3 个最小割集：
$$K_1 = \{x_1, x_3\}, K_2 = \{x_2, x_3\}, K_3 = \{x_2, x_4, x_5\}$$
则其顶上事件的发生概率为各个最小割集的概率和：

$$
\begin{aligned}
g &= \coprod_{r=1}^{3} q_{k_r} \\
&= 1 - (1 - q_{k_1})(1 - q_{k_2})(1 - q_{k_3}) \\
&= (q_{k_1} + q_{k_2} + q_{k_3}) - (q_{k_1} q_{k_2} + q_{k_1} q_{k_3} + \\
&\quad q_{k_2} q_{k_3}) + q_{k_1} q_{k_2} q_{k_3}
\end{aligned}
$$

式中，q_{k_1}、q_{k_2} 是最小割集 k_1、k_2 的交集概率。

由于 $k_1 \bigcap k_2 = x_1 x_3 \cdot x_2 x_3$，而 $x_1 x_3 \cdot x_2 x_3 = x_1 x_2 x_3$，所以 $q_{k_1} q_{k_2} = q_1 q_2 q_3$。

同理：

$$
\begin{aligned}
q_{k_1} q_{k_3} &= q_1 q_2 q_3 q_4 q_5 \\
q_{k_2} q_{k_3} &= q_2 q_3 q_4 q_5 \\
q_{k_1} q_{k_2} q_{k_3} &= q_1 q_2 q_3 q_4 q_5
\end{aligned}
$$

所以，顶上事件的发生概率为：

$$g = (q_1 q_3 + q_2 q_3 + q_2 q_4 q_5) - (q_1 q_2 q_3 + q_1 q_2 q_3 q_4 q_5 + q_2 q_3 q_4 q_5) + q_1 q_2 q_3 q_4 q_5$$

由此例可以看出，若事故树的各个最小割集中彼此有重复事件时，其顶上事件的发生概率可以用如下公式计算。这一公式可以通过理论推证求得：

$$g = \sum_{r=1}^{k} \prod_{x_i \in k_r} q_i - \sum_{1 \leqslant r < s \leqslant k} \prod_{x_i \in k_r \bigcup k_s} q_i + \cdots + (-1)^{k-1} \prod_{k} q_i \tag{4-26}$$

式中　r、s——最小割集的序号；

$x_i \in k_r \bigcup k_s$——第 i 个基本事件属于最小割集 k_r 和 k_s 的并集，即：或属于第 r 个最小割集，或属于第 s 个最小割集。

这一公式是式（4-25）的一般形式，即：当最小割集中彼此有重复事件时，就必须将式（4-25）展开，消去各个概率积中出现的重复因子。

【例 4-20】 某事故树有 3 个最小割集：$K_1 = \{x_1, x_3\}, K_2 = \{x_2, x_3\}, K_3 = \{x_3, x_4\}$，各基本事件的发生概率分别为：$q_1 = 0.01, q_2 = 0.02, q_3 = 0.03, q_4 = 0.04$，求其顶上事件的发生概率。

由于各个最小割集中彼此有重复事件，根据式（4-26）计算顶上事件的发生概率为：

$$
\begin{aligned}
g &= (q_1 q_3 + q_2 q_3 + q_3 q_4) - (q_1 q_2 q_3 + q_1 q_3 q_4 + q_2 q_3 q_4) + q_1 q_2 q_3 q_4 \\
&= (0.01 \times 0.03 + 0.02 \times 0.03 + 0.03 \times 0.04) - \\
&\quad (0.01 \times 0.02 \times 0.03 + 0.01 \times 0.03 \times 0.04 + 0.02 \times 0.03 \times 0.04) + \\
&\quad 0.01 \times 0.02 \times 0.03 \times 0.04 \\
&= 0.002\,1 - 0.000\,042 + 0.000\,000\,24 \\
&= 0.002\,058\,24
\end{aligned}
$$

（4）用最小径集计算顶上事件发生概率

用最小径集作事故树的等效图时，其结构为：顶上事件与各个最小径集用与门连接，每个最小径集与其包含的各个基本事件用或门连接。因此，若各最小径集中彼此间没有重复的基本事件，则可根据前述原则，先求最小径集内各基本事件的概率和，再求各最小径集的

概率积,从而求出顶上事件的发生概率。即:

$$g = \prod_{r=1}^{p} \prod_{x_i \in p_r} q_i \tag{4-27}$$

式中 p_r——第 r 个最小径集,即 r 是最小径集的序号;

　　　　p——最小径集的个数。

【例 4-21】　某事故树共有如下 3 个最小径集,求其顶上事件的发生概率。

$$p_1 = \{x_1, x_2\}, p_2 = \{x_3, x_4, x_7\}, p_3 = \{x_5, x_6\}$$

根据式(4-27),其顶上事件的发生概率为:

$$g = \prod_{r=1}^{3} \prod_{x_i \in p_r} q_i = \prod_{x_i \in p_1} q_i \cdot \prod_{x_i \in p_2} q_i \cdot \prod_{x_i \in p_3} q_i$$

$$= [1-(1-q_1)(1-q_2)] \cdot [1-(1-q_3)(1-q_4)(1-q_7)] \cdot [1-(1-q_5)(1-q_6)]$$

如果事故树的各最小径集中彼此有重复事件,则式(4-27)不成立。这与最小割集中有重复事件时的情况相仿,读者可试着自己分析。

各最小径集彼此有重复事件时,须将式(4-27)展开,消去可能出现的重复因子。通过理论推证,可以用下式计算顶上事件的发生概率:

$$g = 1 - \sum_{r=1}^{p} \prod_{x_i \in p_r} (1-q_i) + \sum_{1 \leqslant r < s \leqslant p} \prod_{x_i \in p_r \cup p_s} (1-q_i) - \cdots + (-1)^p \prod_{\substack{r=1 \\ x_i \in p_r}}^{p} (1-q_i) \tag{4-28}$$

式中 r、s——最小径集的序号;

　　　$x_i \in p_r \cup p_s$——第 i 个基本事件属于最小径集 p_r 和 p_s 的并集。

【例 4-22】　某事故树共有如下 3 个最小径集,求其顶上事件的发生概率。$p_1 = \{x_1, x_4\}, p_2 = \{x_2, x_4\}, p_3 = \{x_3, x_5\}$,由于各最小径集中有重复事件,则根据式(4-28)计算:

$$g = 1 - [(1-q_1)(1-q_4) + (1-q_2)(1-q_4) + (1-q_3)(1-q_5)] +$$
$$[(1-q_1)(1-q_2)(1-q_4) + (1-q_1)(1-q_3)(1-q_4)(1-q_5) +$$
$$(1-q_2)(1-q_3)(1-q_4)(1-q_5)] -$$
$$[(1-q_1)(1-q_2)(1-q_3)(1-q_4)(1-q_5)]$$

上述各个计算顶上事件发生概率的公式中,以式(4-26)和式(4-28)最为实用,式(4-25)和式(4-27)分别是它们的特例。一般来讲,事故树的最小割集数目较少时,应用式(4-25)和式(4-26);最小径集数目较少时,应用式(4-27)和式(4-28)。

另外还应注意,根据最小割集计算顶上事件发生概率的两个公式,其计算精度分别高于由最小径集计算顶上事件发生概率的两个公式。因此,实际应用中,应尽量采用最小割集计算顶上事件的发生概率。

(5)顶上事件发生概率的近似算法

对于复杂的大型事故树,要精确计算出其顶上事件发生概率往往是十分困难的。采用式(4-26)和式(4-28)计算顶上事件发生概率,其计算工作量很大,且随着事故树最小割(径)集数目的增加,其判断、计算量按指数规律增长。另外,由于难以求得各基本事件发生概率的准确数值,即使运算过程再精确,所得到的顶上事件发生概率也很难是十分准确的。所以,过分追求计算公式的精确度实用价值不大。对于大型事故树,可采用简便的近似算法来计算其顶上事件的发生概率,以便在获得满意计算精度的情况下节省计算时间。

顶上事件发生概率的近似算法有许多种,本书介绍几种常用的、有代表性的方法。

① 以代数积代替概率积、代数和代替概率和的近似算法。

这种近似算法,就是将事故树中逻辑门代表的逻辑运算看作代数运算,即用代数的加、乘运算近似计算其顶上事件的发生概率。

【例 4-23】 用近似计算法求图 4-53 所示事故树顶上事件发生概率,并与精确计算值比较。各基本事件发生概率分别为 $q_1=0.01, q_2=0.02, q_3=0.03, q_4=0.04$。

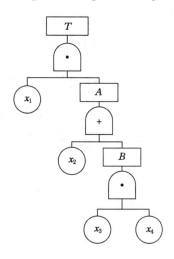

图 4-53 事故树示意图(十一)

a. 顶上事件发生概率的近似计算。

列出事故树结构式为:

$$T = x_1(x_2 + x_3 x_4)$$

则可以代数积代替概率积、代数和代替概率和的原则,直接列出顶上事件发生概率的近似计算式并求得结果:

$$\begin{aligned} g &\approx q_1(q_2 + q_3 q_4) \\ &= 0.01 \times (0.02 + 0.03 \times 0.04) \\ &= 0.000\ 212 \end{aligned}$$

b. 顶上事件发生概率的精确计算。

由事故树的结构式化简求得其 2 个最小割集为:

$$K_1 = \{x_1, x_2\}, K_2 = \{x_1, x_3, x_4\}$$

由式(4-26)可知,顶上事件发生概率的精确计算结果为:

$$\begin{aligned} g &= (q_1 q_2 + q_1 q_3 q_4) - q_1 q_2 q_3 q_4 \\ &= 0.01 \times 0.02 + 0.01 \times 0.03 \times 0.04 - 0.01 \times 0.02 \times 0.03 \times 0.04 \\ &= 0.000\ 211\ 76 \end{aligned}$$

c. 顶上事件发生概率近似计算的误差。

顶上事件发生概率近似计算结果与其精确值的相对误差为:

$$\varepsilon = \frac{0.000\ 212 - 0.000\ 211\ 76}{0.000\ 212}$$

$$= 0.001\,132$$
$$= 0.113\,2\%$$

可以看出,按照上述方法进行顶上事件发生概率的近似计算,其相对误差是相当小的。

② 独立近似法。

这种近似算法是将各个最小割(径)集作为相互独立的事件对待,即:尽管各最小割(径)集中彼此有重复的基本事件,但仍将它们看作无重复事件。这样,就可按无重复事件的情况,由以下两式近似计算顶上事件的发生概率。

$$g \approx \prod_{r=1}^{k}\prod_{x_i \in k_r} q_i \tag{4-29}$$

$$g \approx \prod_{r=1}^{p}\prod_{x_i \in p_r} q_i \tag{4-30}$$

以上两式中,各符号的意义同前。这两个公式中,利用最小割集做近似计算的式(4-29)较简单,精度也较高;而利用最小径集做近似计算的式(4-30)误差较大,一般不宜采用。

③ 最小割集逼近法。

在式(4-26)中,设:

$$\sum_{r=1}^{k}\prod_{x_i \in k_r} q_i = F_1 \quad \sum_{1 \leqslant r<s \leqslant k} \prod_{x_i \in k_r \cup ks} q_i = F_2 \cdots \prod_{r=1}^{k}\prod_{x_i \in k_r} q_i = F_k$$

根据

$$g = F_1 - F_2 + F_3 - \cdots + (-1)^{k-1}F_k$$

得到用最小割集求顶事件发生概率的逼近公式,即:

$$g \leqslant F_1, g \geqslant F_1 - F_2, g \leqslant F_1 - F_2 + F_3 \cdots \tag{4-31}$$

式(4-31)中的 F_1、F_1-F_2、$F_1-F_2+F_3$ 等依次给出了顶上事件发生概率 g 的上限和下限,可根据需要求出任意精确度的概率上、下限。

【例 4-24】 按照例 4-20 的条件,用最小割集逼近法计算顶上事件的发生概率。

解 根据例 4-20 的计算可知:
$$F_1 = 0.0021$$
$$F_2 = 0.000\,042$$
$$F_3 = 0.000\,000\,24$$

则有:

$g \leqslant F_1 = 0.002\,1, g \geqslant F_1 - F_2 = 0.002\,058, g \leqslant F_1 - F_2 + F_3 = 0.002\,058\,24$

可从中选取顶上事件发生概率的任意近似区间。

实际应用中,以 F_1 或 F_1-F_2 作为顶上事件发生概率的近似值,就可达到基本精度要求。例如,上例中若以 F_1 作为顶上事件发生概率的近似值时,其相对误差为 1.19%,以 F_1-F_2 作为近似值时,相对误差则为 0.01%。

以 F_1 作为顶上事件发生概率的近似值称作首项近似法,是一种常用近似计算方法。

④ 最小径集逼近法。

与最小割集法相似,利用最小径集也可以求得顶上事件发生概率的上、下限。设:

$$\sum_{r=1}^{p}\prod_{x_i \in p_r}(1-q_i) = S_1 \quad \sum_{1 \leqslant r<s \leqslant p} \prod_{x_i \in p_r \cup p_s}(1-q_i) = S_2 \cdots \prod_{\substack{r=1 \\ x_i \in p_r}}^{p}(1-q_i) = S_k$$

则根据式(4-28),可得到用最小径集求顶事件发生概率的逼近公式,即:

$$g \geqslant 1 - S_1 \quad g \leqslant 1 - S_1 + S_2 \quad g \geqslant 1 - S_1 + S_2 - S_3 \cdots \tag{4-32}$$

这样,就可以用式(4-32)中给出的顶上事件发生概率上、下限对其进行逼近。

从理论上讲,用最小割集法或最小径集法近似计算,上、下限数列都是单调无限收敛于顶上事件发生概率 g 的,但是在实际应用中,因基本事件的发生概率较小,而应当采用最小割集逼近法,以得到较精确的计算结果。

⑤ 平均近似法。

为了使近似算法接近精确值,计算时保留式(4-26)中第一、二项,并取第二项的 1/2 值,即:

$$g = \sum_{r=1}^{k} \prod_{x_i \in k_r} q_i - \frac{1}{2} \sum_{1 \leqslant r < s \leqslant k} \prod_{x_i \in k_r \cup k_s} q_i \tag{4-33}$$

这种算法称为平均近似法。

4.2.7 概率重要度分析和临界重要度分析

(1) 概率重要度分析

为了考察基本事件概率的增减对顶上事件发生概率的影响程度,需要应用概率重要度分析。其方法是将顶上事件发生概率函数 g 对自变量 $q_i (i=1,2,\cdots,n)$ 求一次偏导,所得数值为该基本事件的概率重要系数:

$$I_g(i) = \frac{\partial g}{\partial q_i} \tag{4-34}$$

式中 $I_g(i)$——基本事件 x_i 的概率重要系数。

概率重要系数 $I_g(i)$ 也就是顶上事件发生概率对基本事件 x_i 发生概率的变化率,据此即可评定各基本事件的概率重要度。通过各基个事件概率重要系数的大小,就可以知道降低哪个基本事件的发生概率能够迅速、有效地降低顶上事件的发生概率。

【例 4-25】 某事故树有 4 个最小割集,各基本事件发生概率分别为:$q_1=0.01$,$q_2=0.02$,$q_3=0.03$,$q_4=0.04$,$q_5=0.05$,试进行概率重要度分析。

$$K_1 = \{x_1, x_3\}, K_2 = \{x_1, x_5\}, K_3 = \{x_3, x_4\}, K_4 = \{x_2, x_4, x_5\}$$

解 由式(4-26)可知,顶上事件发生概率函数 g 为:

$g = (q_1 q_3 + q_1 q_5 + q_3 q_4 + q_2 q_4 q_5) - (q_1 q_3 q_5 + q_1 q_3 q_4 + q_1 q_2 q_3 q_4 q_5 + q_1 q_3 q_4 q_5 + q_1 q_2 q_4 q_5 + q_2 q_3 q_4 q_5) + (q_1 q_3 q_4 q_5 + q_1 q_2 q_3 q_4 q_5 + q_1 q_2 q_3 q_4 q_5 + q_1 q_2 q_3 q_4 q_5) - q_1 q_2 q_3 q_4 q_5$

即:

$g = q_1 q_3 + q_1 q_5 + q_3 q_4 + q_2 q_4 q_5 - q_1 q_3 q_5 - q_1 q_3 q_4 - q_1 q_2 q_4 q_5 - q_2 q_3 q_4 q_5 + q_1 q_2 q_3 q_4 q_5$

根据上式,即可由式(4-34)求出各基本事件的概率重要系数:

$$I_g(1) = \frac{\partial g}{\partial q_1} = q_3 + q_5 - q_3 q_5 - q_3 q_4 - q_2 q_4 q_5 + q_2 q_3 q_4 q_5 = 0.077\,3$$

$$I_g(2) = \frac{\partial g}{\partial q_2} = q_4 q_5 - q_1 q_4 q_5 - q_3 q_4 q_5 + q_1 q_3 q_4 q_5 = 0.001\,9$$

$$I_g(3) = \frac{\partial g}{\partial q_3} = q_1 + q_4 - q_1 q_5 - q_1 q_4 - q_2 q_4 q_5 + q_1 q_2 q_4 q_5 = 0.049$$

$$I_g(4) = \frac{\partial g}{\partial q_4} = q_3 + q_2 q_5 - q_1 q_3 - q_1 q_2 q_5 - q_2 q_3 q_5 + q_1 q_2 q_3 q_5 = 0.031$$

$$I_g(5) = \frac{\partial g}{\partial q_5} = q_1 + q_2 q_4 - q_1 q_3 - q_1 q_2 q_4 - q_2 q_3 q_4 + q_1 q_2 q_3 q_4 = 0.010$$

然后,根据概率重要系数的大小,排列出各基本事件的概率重要度顺序如下:

$$I_g(1) > I_g(3) > I_g(4) > I_g(5) > I_g(2)$$

由上述顺序可知,缩小基本事件 x_1 的发生概率能使顶上事件的发生概率下降速度较快,比以同样数值减少其他任何基本事件的发生概率效果都好。其次依次是 x_3、x_4、x_5,最不敏感的是 x_2。

分析上例还可以看到:一个基本事件的概率重要系数大小,并不取决于它本身概率值的大小,而取决于它所在最小割集中其他基本事件的概率大小。

(2) 临界重要度分析

当各个基本事件的发生概率不相等时,一般情况下,减少概率大的基本事件的概率比减少概率小的基本事件的概率容易,但概率重要度系数并未反映这一事实,因而它不能全面反映各基本事件在事故树中的重要程度。因此,讨论基本事件与顶上事件发生概率的相对变化率具有实际意义。

综合基本事件发生概率对顶上事件发生的影响程度和该基本事件发生概率的大小,以评价各基本事件的重要程度,即为临界重要度分析。其方法是求临界重要系数 $CI_g(i)$。$CI_g(i)$ 表示基本事件发生概率的变化率与顶上事件发生概率的变化率之比,即:

$$CI_g(i) = \frac{\Delta g/g}{\Delta q_i/q_i} \tag{4-35}$$

或

$$CI_g(i) = \frac{\partial \ln g}{\partial \ln q_i} \tag{4-36}$$

通过公式变换,亦可由下式计算临界重要系数:

$$CI_g(i) = \frac{q_i}{g} I_g(i) \tag{4-37}$$

【例 4-26】 按照例 4-25 的条件,进行临界重要度分析。

解 由例 4-25 求出:

$$g = q_1 q_3 + q_1 q_5 + q_3 q_4 + q_2 q_4 q_5 - q_1 q_3 q_5 - q_1 q_3 q_4 -$$
$$q_1 q_2 q_4 q_5 - q_2 q_3 q_4 q_5 + q_1 q_2 q_3 q_4 q_5$$

代入各基本事件的发生概率值,得:

$$G = 0.002\ 001\ 412$$

由式(4-37),有:

$$CI_g(1) = \frac{q_1}{g} I_g(1) = \frac{0.01}{0.002\ 011\ 412} \times 0.077\ 3 \approx 0.384\ 3$$

同样,可求得其他各基本事件的临界重要系数为:

$$CI_g(2) \approx 0.018\ 9, CI_g(3) \approx 0.730\ 8, CI_g(4) \approx 0.616\ 5, CI_g(5) \approx 0.248\ 6$$

各基本事件的临界重要度顺序如下:

$$CI_g(3) > CI_g(4) > CI_g(1) > CI_g(5) > CI_g(2)$$

对照例 4-25,与概率重要度相比,基本事件 x_1 的重要性下降了,这是因为它的概率值最小;基本事件 x_3 的重要性提高了,这不仅是因为它对顶上事件发生概率影响较大,而且它本身的发生概率值也较 x_1 大。

(3) 利用概率重要度求结构重要度

在求结构重要度时,基本事件的状态设为 0、1 两种状态,即发生概率为 1/2。因此,当假定所有基本事件发生概率均为 1/2 时,概率重要系数就等于结构重要度系数,即:

$$I_\varphi(i) = I_g(i)\bigg|_{q_i = \frac{1}{2}} \quad (i = 1, 2, \cdots, n) \tag{4-38}$$

利用这一性质可以准确求出结构重要系数。

最后,对事故树分析的三种重要系数总结如下:三种重要度系数中,结构重要系数是从事故树结构上反映基本事件的重要程度,可为改进系统的结构提供依据;概率重要度系数是反映基本事件发生概率的变化对顶上事件发生概率的影响,为降低基本事件发生概率对顶上事件发生概率的影响提供依据;临界重要度系数从敏感度和基本事件发生概率大小双重角度反映其对顶上事件发生概率的影响,为找出最重要事故影响因素和确定最佳防范措施提供依据。所以,临界重要系数反映的信息最为全面,而其他两种重要系数都是从单一因素进行考察的。

事故预防工作中,可以按照基本事件重要系数的大小安排采取措施的顺序,也可以按照重要顺序编制安全检查表,以保证既有重点,又能达到全面安全检查的目的。

4.2.8　事故树的不交化和模块分割概述

由前面几节的介绍可以看出,对于一个大型复杂的事故树,无论是定性分析(如求结构重要系数),还是定量分析(如求顶上事件的发生概率),其工作量都非常大,即产生所谓"组合爆炸"问题。因此,为了减少事故树分析的计算工作,可以对规模较大的事故树做进一步的化简和处理。此处,涉及化相交集合为不交集合理论以及不交事故树分析法。

(1) 化相交集合为不交集合理论

① 化相交集为不交集的依据。

化相交集为不交集的依据,是布尔代数的如下运算定律。

a. 重叠律:
$$A + B = A + A'B$$
$$A' + B' = A' + AB'$$

b. 互补律:
$$A + A' = 1$$
$$A \cdot A' = 0$$

c. 对合律:
$$(A')' = A$$

d. 德·摩根律:
$$(A + B)' = A' \cdot B'$$
$$(A \cdot B)' = A' + B'$$

对于独立事件和相容事件，$A+B$ 和 $A'+B'$ 都可能是相交集合，而 $A+A'B$ 和 $A'+AB'$ 则变为不相交集合，如图 4-54 所示。

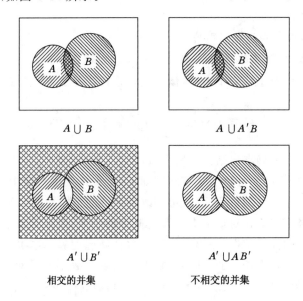

$$A\cup B \qquad\qquad A\cup A'B$$

$$A'\cup B' \qquad\qquad A'\cup AB'$$

相交的并集　　　　　　不相交的并集

图 4-54　相交并集和不交并集

根据上述性质，就可以做并集的不交化处理：
$$A+B+\cdots+M+N = A+A'B+\cdots+A'B'+\cdots+M'N \tag{4-39}$$
② 化相交集为不交集求顶上事件发生概率。

上述化相交集为不交集的方法，可用于求顶上事件发生概率。例如，对于如下事故树结构式，可将其化为不交形式，并进而求出顶上事件发生概率：
$$\begin{aligned}
T &= (x_1+x_2)(x_1+x_3)(x_2+x_3)\\
&= (x_1+x_1'x_2)(x_1+x_1'x_3)(x_2+x_2'x_3)\\
&= (x_1+x_1'x_2x_3)(x_2+x_2'x_3)\\
&= x_1x_2+x_1'x_2x_3+x_1x_2'x_3
\end{aligned}$$

顶上事件发生概率为：
$$g = q_1q_2+(1-q_1)q_2q_3+q_1(1-q_2)q_3$$

下面对其做进一步讨论。若某事故树有 k 个最小割集：$K_1,K_2,K_3,\cdots,K_k$，可按照式(4-39)，将各最小割集化为不交集合：
$$K_1+K_2+K_3+\cdots+K_k = K_1+K_1'K_2+K_1'K_2'K_3+\cdots+K_1'K_2'K_3'+\cdots+K_{k-1}'K_k$$

$$\tag{4-40}$$

采用不交集求顶上事件发生概率的一般方法是：由事故树的最小割集，运用式(4-40)和布尔代数运算定律将相交和化为不交和，然后计算这些不交和的概率(各项概率之和)，即求得顶上事件发生概率。

【例 4-27】 按照例 4-20 的条件，事故树有 3 个最小割集：$K_1=\{x_1,x_3\}$，$K_2=\{x_2,x_3\}$，$K_3=\{x_3,x_4\}$，各基本事件的发生概率分别为：$q_1=0.01,q_2=0.02,q_3=0.03,q_4=0.04$，求其顶上事件的发生概率。

解　由式(4-40),有：

$$K_1 + K_2 + K_3 = K_1 + K_1' K_2 + K_1' K_2' K_3$$
$$= x_1 x_3 + (x_1 x_3)' x_2 x_3 + (x_1 x_3)'(x_2 x_3)' x_3 x_4$$
$$= x_1 x_3 + (x_1' + x_1 x_3') x_2 x_3 + (x_1' + x_1 x_3')(x_2' + x_2 x_3') x_3 x_4$$
$$= x_1 x_3 + x_1' x_2 x_3 + (x_1' x_2' + x_1' x_2 x_3' + x_1 x_2' x_3' + x_1 x_2 x_3') x_3 x_4$$
$$= x_1 x_3 + x_1' x_2 x_3 + x_1' x_2' x_3 x_4$$

所以,顶上事件的发生概率为：

$$g = q_1 q_3 + (1 - q_1) q_2 q_3 + (1 - q_1)(1 - q_2) q_3 q_4$$
$$= 0.01 \times 0.03 + (1 - 0.01) \times 0.02 \times 0.03 + (1 - 0.01) \times (1 - 0.01) \times 0.03 \times 0.04$$
$$= 0.002\ 058\ 24$$

比较例 4-20 可知,顶上事件的发生概率的计算结果相同,而其计算工作量明显减少。但是,当事故树的结构比较复杂时,利用这种直接不交化算法还是相当烦琐。解决的办法是用不交积之和定理简化计算,可参考其他文献。

(2) 事故树的模块分割

对于规模较大的事故树常采用事故树的模块分割和早期不交化方法进行化简。

所谓模块,是至少包含两个基本事件的集合。这些事件向上可以到达同一逻辑门(称为模块的输出或模块的顶点),且必须通过此门才能达到顶上事件。模块没有来自其余部分的输入,也没有与其余部分重复的事件。图 4-55 所示为事故树的模块分割示例。

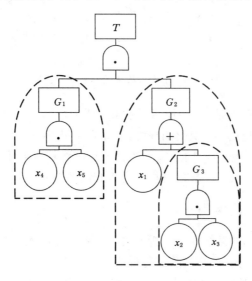

图 4-55　事故树的模块分割

具体地说,模块分割就是将一复杂完整的事故树分割成数个模块和基本事件的组合,这些模块中所含的基本事件不会在其他模块中重复出现,也不会在分割后剩余的基本事件中出现。若分离出的模块仍然较复杂的话,则可对模块重复上述模块分割过程。

事故树的模块可以从整个事故树中分割出来,单独地计算最小割集和事故概率。这样,经过模块分割后,其规模比原事故树小,从而减少了计算量,提高了分析效率。

一般地说,没有重复事件的事故树可以任意分解模块以缩小规模,简化计算。当存在重复事件时可采用分割顶点的方法,最有效的方法是进行事故树的早期不交化。

（3）事故树的早期不交化

由上述分析可知,重复事件对于事故树分析有很大的破坏性,往往使模块分割难以进行。而早期不交化恰恰有利于消除重复事件的影响。所以,将布尔代数化简、模块分割、早期不交化相结合,在大多数情况下可以显著简化事故树分析。

事故树的早期不交化,就是对给定的任一事故树在求解之前先进行不交化,得到与原事故树对应的不交事故树。而常规途径的事故树分析法,则是一种晚期不交化。两种事故树分析方法的比较如图 4-56 所示。

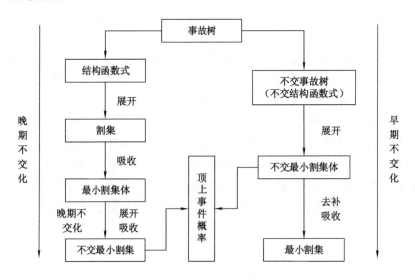

图 4-56　求解事故树的两种途径比较

不交事故树的编制规则是:遇到原事故树中的"与门",其输入、输出均不变;遇到"或门",则对其输入进行不交化。不交化的规则,则是前述化相交集合为不交集合的规则。经过不交化变换后得到的就是不交事故树,或称为不交型结构函数式。需要注意的是,采用不交事故树分析,并非真地画出不交事故树,只是将其中的布尔和变成不交布尔积之和即可。

4.2.9　事故树分析应用实例

事故树分析是最重要的系统安全分析方法,应系统、熟练地掌握应用。本节以木工平刨伤手事故为例,对事故树分析的全过程进行说明。

【例 4-28】　木工平刨伤手事故是发生较为频繁的事故,对其进行事故树分析具有典型意义。通过对木工平刨伤手事故的原因进行深入分析,编制出事故树,如图 4-57 所示。

（1）事故树定性分析

从图 4-57 事故树结构可以看出,此事故树或门多、与门少,所以其最小割集比较多,事故发生的可能性比较大。

① 最小割集与最小径集的数目。

由式(4-1)计算可知,割集数目为 9 个;按式(4-2)计算可知,径集为 3 个。由于事故树中不含重复的基本事件,割集数目也就是最小割集的数目,径集数目也就是最小径集的

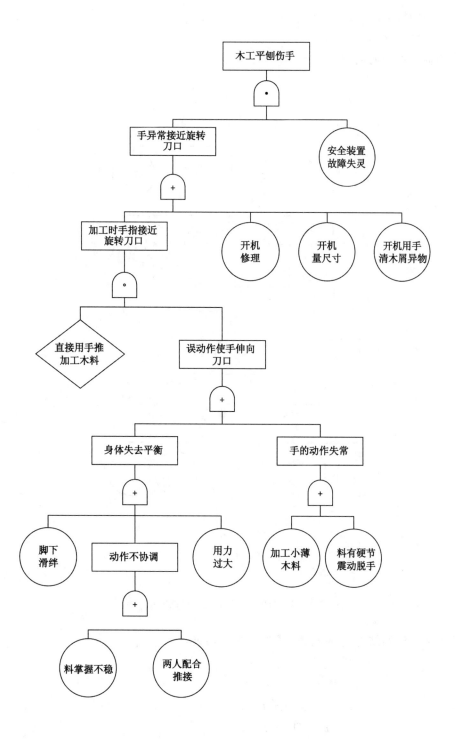

图 4-57　木工平刨伤手事故树分析图

数目。

所以,从最小径集分析较为方便。

② 求取最小径集。

作出原事故树的成功树,如图 4-58 所示。

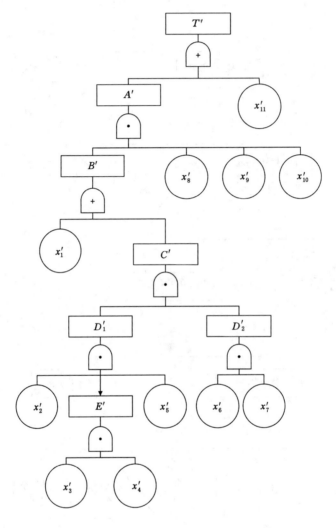

图 4-58 与图 4-57 事故树对偶的成功树

写出成功树的结构式,并化简,求取其最小割集:

$$T' = A' + x_{11}'$$
$$= B' x_8' x_9' x_{10}' + x_{11}'$$
$$= (x_1' + C') x_8' x_9' x_{10}' + x_{11}'$$
$$= (x_1' + D_1' D_2') x_8' x_9' x_{10}' + x_{11}'$$
$$= (x_1' + x_2' E' x_5' x_6' x_7') x_8' x_9' x_{10}' + x_{11}'$$
$$= (x_1' + x_2' x_3' x_4' x_5' x_6' x_7') x_8' x_9' x_{10}' + x_{11}'$$
$$= x_1' x_8' x_9' x_{10}' + x_2' x_3' x_4' x_5' x_6' x_7' x_8' x_9' x_{10}' + x_{11}'$$

由上式得到事故树的最小径集为：

$$P_1 = \{x_1, x_8, x_9, x_{10}\}$$
$$P_2 = \{x_2, x_3, x_4, x_5, x_6, x_7, x_8, x_9, x_{10}\}$$
$$P_3 = \{x_{11}\}$$

③ 结构重要度分析。

根据事故树的最小径集判定，由于 x_{11} 是单事件最小径集中的事件，所以 x_{11} 的结构重要系数最大。

由于 x_8、x_9、x_{10} 同时出现在最小径集 P_1、P_2 内，所以：

$$I_\varphi(8) = I_\varphi(9) = I_\varphi(10)$$

因为 x_1 仅出现在最小径集 P_1 中，x_8、x_9、x_{10} 则出现在两个最小径集 P_1、P_2 内，所以：

$$I_\varphi(8) = I_\varphi(9) = I_\varphi(10) > I_\varphi(1)$$

因为 x_2、x_3、x_4、x_5、x_6、x_7 仅在 9 个事件的最小径集 P_2 中出现 1 次，x_1 则在 4 个事件的最小径集 P_1 中出现 1 次，所以：

$$I_\varphi(1) > I_\varphi(2) = I_\varphi(3) = I_\varphi(4) = I_\varphi(5) = I_\varphi(6) = I_\varphi(7)$$

所以，各基本事件的结构重要度顺序为：

$$I_\varphi(11) > I_\varphi(8) = I_\varphi(9) = I_\varphi(10) > I_\varphi(1) > I_\varphi(2)$$
$$= I_\varphi(3) = I_\varphi(4) = I_\varphi(5) = I_\varphi(6) = I_\varphi(7)$$

结构重要度顺序说明：x_{11} 是最重要的基本事件，x_8、x_9、x_{10} 是第二位的，x_1 是第三位的，x_2、x_3、x_4、x_5、x_6、x_7 则是第四位的。也就是说，提高木工平刨安全性的根本出路在于安全装置。只要提高安全装置的可靠性，就能有效地提高平刨的安全性。其次，在开机时测量加工件、修理刨机和清理碎屑、杂物，是极其危险的。再次，直接用手推加工木料相当危险，一旦失手就可能接近旋转刀口。第四位的事件较多，又都是人的操作失误，往往是难以避免的，只有加强技术培训和安全教育才能有所减少。如果把人作为系统的一个元件来处理，则这个元件的可靠性最低。

（2）事故树定量分析

① 基本事件发生概率估计值。

通过主观概率法确定各基本事件的发生概率。从理论上讲，事故发生概率应为任一瞬间发生的可能性，是一无量纲值。但从工程实践出发，许多文献皆采用计算频率的办法代替概率的计算，即计算单位时间事故发生的次数。按照这一考虑，给出每小时各基本事件发生可能性的估计值，作为各基本事件的发生概率，见表 4-6。

表 4-6　基本事件的发生概率

代号	基本事件	发生概率 q_i(1 h)
x_1	直接用手推加工木料	0.1
x_2	脚下滑绊	5×10^{-3}
x_3	料掌握不稳	5×10^{-2}
x_4	两人配合推接不好	10^{-4}
x_5	用力过大	10^{-3}

表 4-6(续)

代号	基本事件	发生概率 $q_i(1\ h)$
x_6	料有硬结震动脱手	10^{-5}
x_7	加工小薄木料	10^{-2}
x_8	开机修理	2.5×10^{-6}
x_9	开机量尺寸	10^{-5}
x_{10}	开机用手清木屑或异物	10^{-3}
x_{11}	安全装置故障失灵	4×10^{-4}

② 顶上事件发生概率。

将事故树中逻辑门代表的逻辑运算看作代数运算,即用代数的加、乘运算近似计算顶上事件的发生概率为:

$$g \approx q_{11}[q_8 + q_9 + q_{10} + q_1(q_2 + q_3 + q_4 + q_5 + q_6 + q_7)] = 0.000\ 003\ 012/h$$

顶上事件的发生概率值说明,对于木工平刨加工系统,每工作小时发生刨手事故的可能性为 0.000 003 012。即:若工作 106 h,则可能发生 3 次刨手事故。若每年工作时间以 2 000 h 计,相当于每年 500 人中有 3 人刨手。这样的事故风险应该引起足够重视。

③ 概率重要度分析与临界重要度分析。

按照顶上事件的发生概率近似计算式:

$$g \approx q_{11}[q_8 + q_9 + q_{10} + q_1(q_2 + q_3 + q_4 + q_5 + q_6 + q_7)]$$

由式(4-34)计算各基本事件的概率重要系数:

$$I_g(1) = \frac{\partial g}{\partial q_1} = q_{11}(q_2 + q_3 + q_4 + q_5 + q_6 + q_7) = 0.000\ 026\ 444$$

$$I_g(2) = \frac{\partial g}{\partial q_2} = q_1 q_{11} = 0.000\ 04$$

$$I_g(3) = I_g(4) = I_g(5) = I_g(6) = I_g(7) = I_g(2) = 0.000\ 04$$

$$I_g(8) = \frac{\partial g}{\partial q_8} = q_{11} = 0.000\ 4$$

$$I_g(9) = I_g(10) = I_g(8) = 0.000\ 4$$

$$I_g(11) = \frac{\partial g}{\partial q_{11}} = q_8 + q_9 + q_{10} + q_1(q_2 + q_3 + q_4 + q_5 + q_6 + q_7) = 0.007\ 53$$

由式(4-37)计算临界重要系数:

$$CI_g(1) = \frac{q_1}{g}I_g(1) = \frac{0.1}{3.01 \times 10^{-6}} \times 2.64 \times 10^{-5} = 0.88$$

$$CI_g(2) = \frac{q_2}{g}I_g(2) = \frac{5 \times 10^{-3}}{3.01 \times 10^{-6}} \times 4 \times 10^{-5} = 6.64 \times 10^{-2}$$

$$CI_g(3) = 6.64 \times 10^{-1}$$

$$CI_g(4) = 1.33 \times 10^{-3}$$

$$CI_g(5) = 1.33 \times 10^{-2}$$

$$CI_g(6) = 1.33 \times 10^{-4}$$

$$CI_g(7) = 1.33 \times 10^{-1}$$

$$CI_g(8) = 3.32 \times 10^{-4}$$

$$CI_g(9) = 1.33 \times 10^{-3}$$

$$CI_g(10) = 1.33 \times 10^{-1}$$

$$CI_g(11) = 1$$

同理,可计出其他基本事件的临界重要系数。

所以,各基本事件的临界重要度顺序为:

$$CI_g(11) > CI_g(1) > CI_g(3) > CI_g(7) = CI_g(10) > CI_g(2) > CI_g(5) > CI_g(4)$$
$$= CI_g(9) > CI_g(8) > CI_g(6)$$

从这个排列顺序可以看出,基本事件 x_{11} 仍处于首要位置,但 x_8、x_9 变为次要位置,x_{10} 变为次重要位置;而 x_1 和 x_3 的位置显著提前了。这说明,要提高整个系统的安全性,减少 x_1 和 x_3 的发生概率是最容易做到的。如果不直接用于推加工木料,就不会发生操作上的失误(如基本事件 $x_2 \sim x_7$),就可大幅度降低事故发生概率。当然,在尚无实用的自动送料装置的情况下,加强技术培训和安全教育也可适当减少操作失误的发生,进而降低事故发生概率。

(3) 事故树分析结论

通过定性分析得出,木工平刨伤手事故树的最小割集为 9 个,最小径集为 3 个。即导致木工平刨伤手事故的可能途径有 9 个,说明该事故比较容易发生。为了防止事故的发生,应该控制所有 9 个最小割集。控制事故、使之不发生的途径有 3 个,只要能采取 3 个最小径集中的任何一种途径,均可避免事故的发生。因此,可以根据上述分析结论制订事故预防方案。

由最小径集和临界重要度、结构重要度分析结果可知,采取最小径集 P_3 的事故预防方案是最佳方案。只要加强日常维护和维修,保证安全装置的可靠性和有效性,避免其故障、失灵(x_{11}),即可避免木工平刨伤手事故。采取最小径集 P_1 或 P_2 的事故预防方案,也都是可行方案。为了保险起见,往往同时采取几套事故预防方案。

4.3　管理失误和风险树分析

4.3.1　管理失误与风险树概述分析

管理失误和风险树分析法(Management Oversight and Risk Tree,MORT),也称为管理疏忽和危险树分析。

MORT 是 20 世纪 70 年代在 FTA 方法的基础上发展起来的,美国原子能署(IEC)的威廉·约翰逊研究并提出了这一方法。他以生产系统为对象,提出了以管理因素为主要矛盾的分析方法。

MORT 与 FTA 相比,它们的分析手段基本上相同,都是利用逻辑关系分析事故,利用树状图表示原因和结果,用布尔代数进行计算。但是,MORT 把重点放在管理缺陷上,而有大量事故原因集中在管理因素方面(据不同行业事故统计,有 60%～90% 的事故原因集中在管理与人的因素方面),所以 MORT 发展十分迅速,已成为重要的风险分析方法之一。

4.3.2 管理失误与风险树分析的方法与程序

(1) MORT 法的实质及处理方式

在现有的数十种系统风险分析方法中,只有 MORT 把分析的重点放在管理缺陷方面。该方法认为,事故的形成是由于缺乏屏障(防护)以及人、物位于能量通道。因而在事故分析中,需要进行屏障(防护)分析和能量转移分析。

MORT 法按一定顺序和逻辑方法分析安全管理系统的逻辑树(LT)。在 MORT 中分析的各种基本问题有 98 个。如果树中的某一部分被转移到不同位置继续分析时,MORT 分析中潜在因素总数可达 1 500 个。这些潜在因素是伤亡事故最基本的原因和管理措施上的一些基本问题。因此,MORT 的分析结果常被用作安全管理中特殊的安全检查表。

MORT 是一种标准安全程序分析模式,它可用于:分析某类特殊的事故;评价安全管理措施,检索事故数据或安全报告。MORT 以上用途有助于企事业单位管理水平的提高。安全检查中查出的新事故隐患被记入 MORT 逻辑图中相应的位置;同时,通过安全整改措施可以消去 MORT 中一些基本因素。在安全管理中,运用 MORT 可以降低事故风险,防止管理失误和差错;分析和评价事故风险对管理水平的影响;对安全措施和风险控制方法实现最优化。

MORT 把事故定义为"一种可造成人员伤害和财产损害,或减缓进行中不希望发生的能量转移"。在 MORT 分析中,一般认为事故的发生是由于缺少防护屏障和控制措施,这里的屏障不仅指物质的屏障,更重要的是它包括了计划、操作和环境等方面的内容。

除系统风险分析中的一般概念外,MORT 还采用了一些新的概念,如屏障分析和能量转移等。MORT 分析把管理因素的水平划分为五个等级:优秀(Excellent)、优良(More than adequate)、良好(Adequate)、欠佳(Less Than Adequate,LTA)、劣(Poor)。分析中把欠佳(LTA)作为判定管理漏洞的标准。

(2) MORT 的分析过程

MORT 的分析过程,是从一般问题的分析入手,找出可能引起这些问题的基础原因,然后用各种标准对这些基础原因进行判断、评价。

一个系统要完成某项特定任务,系统的一些相应功能就必须发挥作用,而一种功能的完成要分若干步骤来进行。MORT 最后就是用判别标准对完成功能的每一个细小步骤进行判断,观察它们是否符合要求。MORT 的具体分析过程如图 4-59 所示。

MORT 为事故分析或系统风险评价提供了相对简单、关键的决策点,使分析人员和评价人员能抓住主要的差错、失误和缺陷。

(3) MORT 的结构

MORT 是事先设计构造出来的一种系统化逻辑树。要表达整个树的结构,需要用一些特定的符号,下面首先介绍 MORT 中的符号。

MORT 使用的符号与事故树中使用的符号类似,但又有所不同。在 FTA 中没有,但在 MORT 中需用到的几个符号见表 4-7。

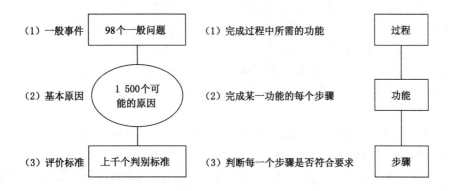

图 4-59　MORT 的具体分析过程

表 4-7　MORT 符号含义表

符号	含义	符号	含义
	表示符合要求,不再分析的事件		正常事件
	被认识或设想的危险		加剧问题的偶然事件
	在调查中发现的应记录和改正的问题,但不是实际发生的事故的因素		

前面讲过,MORT 是事先设计构造出来的一种系统化的逻辑树,这个逻辑树概括了系统中设备、工艺、操作和管理等各方面可能存在的全部危险。其基本结构如图 4-60 所示。

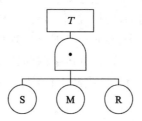

图 4-60　MORT 的基本组成

MORT 的顶端(T):可以是严重的人身伤亡、财物损失、企业经营业绩下降或其他损失(如舆论、公众形象等),对不希望事件前景的估计可用虚线与顶上事件 T 并列。顶端的下部有三个主要分支。

MORT 的左端(S):称为特殊管理因素分支,简称 S 分支。

MORT 的右端(R):称为估计风险分支,简称 R 分支。

MORT 的中间端(M),称为管理系统因素分支,简称 M 分支。

导致顶上事件发生有两个基本原因:管理疏忽和漏洞(S/M)及估计的风险(R)。主干图如图 4-61 所示。包括失误和疏忽的主分支由与门连接着特殊管理因素(S 分支)和管理系统因素(M 分支)。它表示特殊管理因素发生异常情况(欠佳),再加上管理系统因素欠佳,就会导致失误和疏忽,从而演变成事故,并可能造成严重后果。

① S 分支。

在 S 分支里,研究可能导致事故的各种管理疏忽遗漏。在特殊管理因素下面,是事故灾害和事后处理欠佳两个事件。事后处理欠佳是指出现初始的事故后,防止事故扩大的一系列措施中存在的疏忽,如防火、急救、医疗等设施的不完善。事故的发生,是由于下面三个事件都发生而引起的:不希望的能量流动引起的偶然事件;屏蔽设施欠佳;人或物在能量通道上。

发生能量流动可能是由以下六个方面问题引起的:

a. 信息系统。设计人员得不到系统的规程标准或事故资料;监督人员得不到监测报告或得到内容是错误的报告。

b. 设计计划。设计上有错误,计划不合理,或非正常操作产生不必要的困难。

c. 准备程序。设备资料、生产过程没进行试运行;工人或监督人员未进行培训。

d. 维护。无维修计划或不按计划执行。

e. 现场监督。监督人员缺少训练;作业安全分析、作业结构和安全监测等计划不周密。

f. 管理部门的支持。对监督人员的支持和帮助欠佳。

在 S 分支中,各因素的排列具有一定的规律性:在水平方向上由左至右表示时间上的从先到后;在纵向上,自上而下表示从近因到远因,可以概略地把这两个方向看作时间和过程的图。显然,为了较早地中断事故发展过程,在 S 分支的左下侧设置屏障是最佳的方案。此外,从树的结构上,可以从时间和因果两方面概略地观察事态的发展过程。

② R 分支。

R 分支是估计的风险,是在一定的管理水平下经过分析后被接受了的风险,没有经过分析或未知的风险不能看作估计的风险。它主要包括三种类型的风险:发生的频率和后果是可以被接受的;后果严重但无法消除的;因控制风险的代价太大而被接受的。

在 MORT 中,这一分支是可能导致危险的具体表现形式,如图 4-61 中的 $R_1,R_2,\cdots,R_5$ 等。所谓的可能导致的危险,是指一些已知其存在,但还无有效措施足以控制其发生的危险。把这些危险因素列在树图里,有助于提醒人们注意,以便采取有效措施,减少其危险的发生。

③ M 分支

M 分支罗列一般的管理因素,它们可能是明显的故障,也可能是管理系统缺陷。在 M 分支中,有三个主要原因事件:

a. 政策方针欠佳。其是可以用某个标准判断的基本原因。

b. 政策方针实行应用欠佳。即责任不落实,管理机构不完善,实地效果不好。用虚线将实施同监督和中层管理连接起来,它相当于用实线连接起来的组织机构图。

c. 风险评价系统欠佳。

这个原因事件一般由以下四个方面的原因引起的:

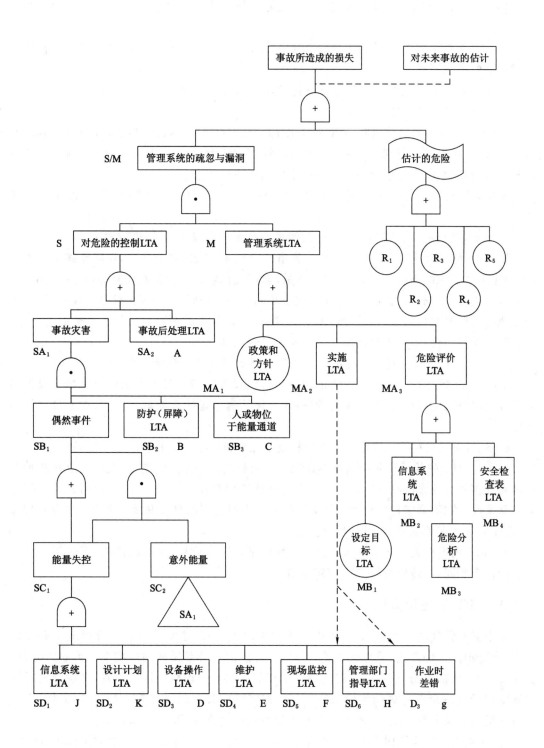

图 4-61　MORT 的主干图

（a）目标不连续，故无法知道实施效果是好还是欠佳，或不能估计风险下降过程的满意程度。

（b）信息系统欠佳，不能为上层管理提供信息，不能为设计人员、计划人员和监督人员提供可靠的技术资料。

（c）危险分析过程欠佳，首先是没进行危险辨识，其次是没进行定量分析。

（d）安全程序审查欠佳。

MORT 再往下继续分析时，将各种原因的产生分成细小的若干步骤，直到最基础的原因，最后用各种标准进行判断。由于 MORT 包含大量的因素，结构非常复杂，画出其全貌需相当大的篇幅，故在这里仅对其中一些主要问题进行阐述。

S 分支是整个 MORT 分析中最重要的分析。按这个分支向下分析，涉及的主要问题如下：

a. SA_1，事故灾害。当不希望发生的能量转移到达人或物时，则事故发生。

b. SA_2 事故后处理欠佳原因事件。该事件出现在初始的事故之后，在能够缩小有害影响、防止事故扩大的措施中，如防止二次事故，防火、急救、医疗设施及恢复等，每一项都可能欠佳。防止二次事故，可提出如"防止二次事故的计划欠佳吗？""执行该计划欠佳吗？""对该计划执行的监督欠佳吗？""如果合适的话，对防火和急救行动是否可重复？"等类似的问题。应急医疗设施欠佳，也可提出问题："急救安排是否欠佳？"

c. SB_1，偶然事件。这是一种不一定导致伤害或损害的不希望发生的能量转移。

d. SB_2，屏障（防护）欠佳。为防止能量转移而设置屏障。对于大能量应该尽早设置多重屏障，并保证其有效。针对每种能量转移，应该认真考虑隔离能量，设置保护人员和物的屏障。

e. SB_3，人或物在能量通道上。该项检查重点分析回避行为和职能方面的问题。

f. SC_1，能量失控。这是在偶然事件发生方面起决定性作用的能量，能量的形式和种类可能有许多种。许多事故发生是由于不同的能量依次相互作用的结果，它说明设置中间屏障的重要性。在不同能量间设置中间屏障使人们有机会阻断事故发展的进程。在分析过程中，要充分注意多种能量相互作用的情况。

g. SC_2，周围有关的异常。如果存在多种异常情况，都要一一加以说明，下面的分析和左侧的内容相同，用转移符号 SA_1 表示重复。

4.3.3　MORT 应用实例

空中交通管理系统 MORT 从管理系统因素出发，找出了空管所有与管理疏忽有关的因素。用 MORT 的理论、思想建立了一个动态理想的空管系统通用模型图。为简化分析，去掉 MORT 中的 S 分支和 R 分支，空管 MORT 主要从一般管理因素出发，考虑管理系统的缺陷以及管理疏忽与失误为什么发生。根据空管的管理现状将 MORT 中的事件、事件之间的逻辑关系进行更改，使之与空管的作业系统相对应，如图 4-62 所示。

① M 层为空管系统因素 LTA：为保证整个空管任务的完成，空管系统的工作正常吗？

② MA_1 为政策方针 LTA：是否制定了正确的安全管理方针？制定的安全管理方针是否适应空管的安全管理水平？是否为全体职工所了解？是否有书面的、范围足够广的方针、政策来说明可能遇到的问题？

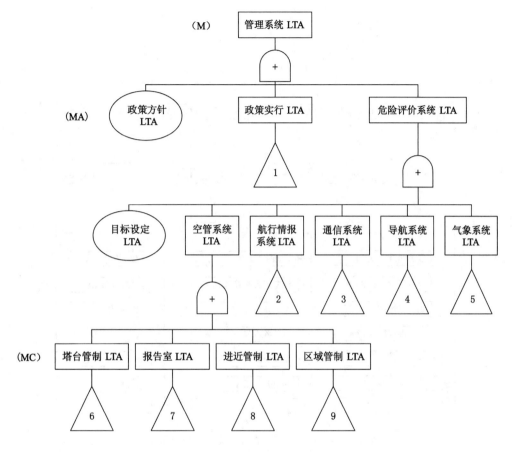

图 4-62　空管 MORT(M 因素)的主干结构图

③ MA$_2$ 为政策实行 LTA:是否制定了具体可行的安全管理方针、政策？在执行安全管理方针政策时如果遇到问题,这些问题是否反馈到了政策制定者的手里？执行过程是一个连续的、权衡的、用来纠正失效的过程吗？政策实施后,是否对其进行过研究和讨论……对该事件做进一步分解的相关内容省略。

④ MA$_3$ 为危险评价系统 LTA:在空管各个环节是否对系统存在的危险进行了定性、定量分析,并做出了综合评价？是否根据当前的技术水平和经济条件对存在的问题提出了有效的安全措施？

⑤ MB$_j$ 为空中交通管理系统各个环节 LTA:为保证空中交通管理任务的完成,各个环节系统的工作正常吗？本例选取 MB$_4$ 通信系统 LTAMORT 进行进一步分解,如图 4-63 所示。对 2、4、5 做进一步分解的相关内容省略。

⑥ MC$_j$ 为空中交通管制系统各个环节 LTA:为保证空中交通管制任务的完成,各个管制环节的工作正常吗？对 6、7、8、9 做进一步分解的相关内容也省略。

⑦ MD$_1$ 为目标设定 LTA:是否制定了各环节系统的安全生产目标？是否围绕安全生产总目标层层分解制定出各级分目标？分解后的各级分目标是否与总目标保持一致？是否定期检查目标的执行情况,及时解决了问题？

⑧ MD$_2$ 为技术信息系统 MORTLTA,MD$_4$ 为安全计划评价 MORTLTA。进一步分

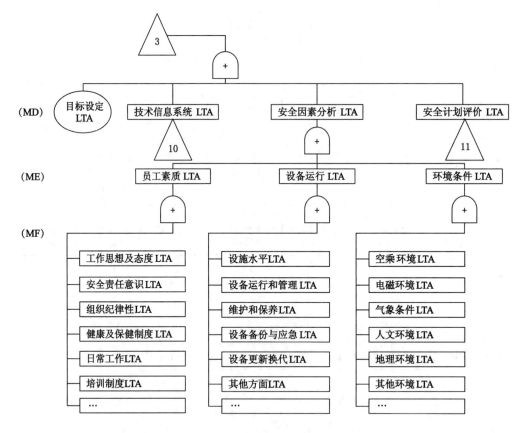

图 4-63　空中交通管制通信系统进一步分解子图

解 10、11 的相关内容省略。

⑨ MD_3 为安全影响因素分析 MORTLTA：从人（ME_1）、机（ME_2）、环（ME_3）三个基础点分析影响安全的因素是否全面，是否合理充分。

⑩ MF_j 为影响人、机、环的各个基本因素 LTA。例如，工作人员是否具有责任心和安全意识？岗位职责是否明确？班组组合是否合理？技术检查制度是否健全？能否严格把关？

从 MORT 图中可以看出，每一层次欠佳的因素都是由其下一层次的一个或几个缺陷因素作用引起的，当使用空管 MORT 时，就可以从顶上事件（管理系统因素欠佳）开始，逐个因素地审查 MORT 图，找出影响上层事件欠佳的一个或几个缺陷因素，并将其记录下来，对照空管 MORT 的详细说明，查找缺陷原因，为其后的评价、控制缺陷因素提供依据和指导方法。

4.3.4　MORT 的特点及适用条件

（1）MORT 的特点

管理失误与风险树分析不仅分析物和人的因素，还要分析意识等无形的因素，是一种管理手段和决策手段。

管理失误与风险树分析 MORT 在逻辑方面不如事故树分析 FTA 严谨，应用不大普遍，比 FTA 影响小。但是，与 FTA 相比，由于内容和目标不同，管理失误与风险树分析要显得复杂的多。更为重要的是,管理失误与风险树分析把分析的重点放在管理缺陷上,而任何事故的本质原因都和管理缺陷有关,所以 MORT 是很有意义的。

(2) MORT 适用的条件

MORT 可主要应用于下列几个方面:

a. 在研究安全管理体制和安全管理系统时使用。

b. 分析大规模的事故因素,包括事故规模大或者相关因素多、涉及面广、分析程度深等。

c. 可以作为工矿企业综合安全评价的一览表使用。

4.4　道化学公司火灾爆炸指数危险评价法

4.4.1　评价方法与程序

美国道化学公司火灾爆炸指数危险评价法,用于对化工工艺过程及其生产装置的火灾爆炸危险性做出评价,并提出相应的安全措施。它以物质系数为基础,再考虑工艺过程中其他因素如操作方式、工艺条件、设备状况、物料处理、安全装置情况等的影响,来计算每个单元的危险度数值,然后按数值大小划分危险度级别,评价过程中对管理因素考虑较少。因此,它主要是对化工生产过程中固有危险的度量。

道化学公司的火灾爆炸指数评价方法开创了化工生产危险度定量评价的历史。1964年公布第一版,至今已作了六次修改,于 1993 年提出了第七版。道化学公司火灾爆炸指数危险评价法推出以后,各国竞相研究,推动了这项技术的发展,在它的基础上提出了一些不同的评价方法,其中尤以英国 ICI 公司蒙德法最具特色。第六版的道化学公司火灾爆炸指数危险评价法的评价结果是以火灾爆炸指数来表示的;英国 ICI 公司蒙德法则根据化学工业的特点,扩充了毒性指标,并对所采取的安全措施引进了补偿系数的概念,把这种方法向前推进了一大步。道化学公司又在吸收蒙德方法优点的基础上,进一步把单元的危险度转化为最大可能财产损失,使自身方法日臻完善。

道化学公司火灾爆炸指数危险评价法的评价程序,如图 4-64 所示,具体程序为:

① 确定单元。

② 求取单元内的物质系数 MF。

③ 按单元的工艺条件,将采用适当的危险系数,分别记入"一般工艺危险系数"和"特殊工艺危险系数"栏目内。

④ 用一般工艺危险系数和特殊工艺危险系数相乘求出工艺单元危险系数。

⑤ 将工艺单元危险系数与物质系数相乘,求出火灾爆炸危险指数(F&EI)。

⑥ 用火灾爆炸危险指数查出单元的暴露区域半径,并计算暴露面积。

⑦ 查出单元暴露区域内的所有设备的更换价值,确定危害系数,求出基本最大可能财产损失 MPPD。

⑧ 计算安全措施补偿系数。

⑨ 应用安全措施补偿系数乘以基本最大可能财产损失 MPPD,确定实际最大可能财产损失 MPPD。

⑩ 根据实际最大可能财产损失,确定最大损失工作日 MPDO,用停产损失工作日 MPDO确定停产损失 BI。

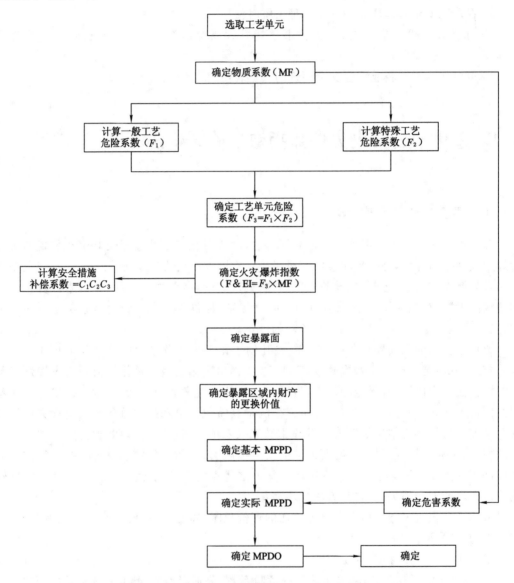

图 4-64　道化学公司火灾爆炸指数危险评价法评价程序图

4.4.2　道化学公司火灾爆炸指数评价法的资料准备

道化学公司火灾爆炸指数评价法的资料包括以下几方面:

① 完整的工厂设计方案、工艺流程图。

② 火灾爆炸指数计算表(表 4-8)。

③ 安全措施补偿系数表(表 4-9)。

④ 工艺单元危险性分析汇总表(表 4-10)。

⑤ 生产单元风险分析汇总表(表 4-11)。

表 4-8　火灾爆炸指数(F&EI)表

地区/国家：	部门：		场所：		日期：
位置：	生产单元：		工艺单元：		
评价人：	审定人：(负责人)			建筑物：	
检查人： (管理部)	检查人：(技术中心)			检查人： (安全和损失预防)	

工艺设备中的物料

操作状态：＿＿＿设计＿＿＿开车＿＿＿操作＿＿＿停车		确定 MF 的物料
操作温度：	物质系数(当单元温度超过 60 ℃时注明)：	

1. 一般工艺危险	危险系数范围	采用危险系数[①]
基本系数	1.00	
(1) 放热化学反应	0.3～1.25	
(2) 吸热反应	0.20～0.40	
(3) 物料处理运送	0.25～1.05	
(4) 密闭式或室内工艺单元	0.25～0.90	
(5) 通风	0.20～0.35	
(6) 排放和泄漏控制	0.25～0.50	
一般工艺危险系数(F_1)		
2. 特殊工艺危险		
基本系数	1.00	
(1) 毒性物质	0.20～0.80	
(2) 负压(<500 mmHg,66.66 kPa)	0.50	
(3) 易燃范围及接近易燃范围的操作,惰性化、未惰性化		
① 罐装易燃液体	0.50	
② 过程失常吹扫故障	0.30	
③ 一直在燃烧范围内	0.80	
(4) 粉尘爆炸	0.25～2.00	
(5) 压力:操作压力(绝对压力)/kPa 释放压力(绝对压力)/kPa		
(6) 低温	0.20～0.30	
(7) 易燃及不稳定物质的质量 物质质量/kg 物质燃烧热 H_c/(J/kg)		
① 工艺中的液体及气体		
② 储存中的液体及气体		

表 4-8(续)

③ 储存中的可燃固体及工艺中的粉尘		
(8) 腐蚀及磨蚀	0.10～0.75	
(9) 泄漏——接头和填料	0.10～1.50	
(10) 使用明火设备		
(11) 热油热交换系统	0.15～1.15	
(12) 转动设备	0.50	
特殊工艺危险系数(F_2)		
工艺单元危险系数($F_3 = F_1 F_2$)		
火灾爆炸指数(F&EI$= F_3 \times$MF)		

无危险时系数用 0.00。

表 4-9　安全措施补偿系数表

项目	补偿系数范围	采用补偿系数
工艺控制安全补偿系数(C_1)		
(1) 应急电源	0.98	
(2) 冷却装置	0.97～0.99	
(3) 抑爆装置	0.84～0.98	
(4) 紧急切断装置	0.96～0.99	
(5) 计算机控制	0.93～0.99	
(6) 惰性气体保护	0.94～0.96	
(7) 操作规程/程序	0.91～0.99	
(8) 化学活泼性物质检查	0.91～0.98	
(9) 其他工艺危险分析	0.91～0.98	

备注:C_1 值为

物质隔离安全补偿系数(C_2)		
项目	补偿系数范围	采用补偿系数
(1) 遥控阀	0.96～0.98	
(2) 卸料/排空装置	0.96～0.98	
(3) 排放系统	0.91～0.97	
(4) 联锁装置	0.98	

备注:C_2 值为

防火设施安全补偿系数(C_3)		
项目	补偿系数范围	采用补偿系数
(1) 泄漏检测装置	0.94～0.98	
(2) 结构钢	0.95～0.98	
(3) 消防水供应系统	0.94～0.97	

表 4-9(续)

项目	补偿系数范围	采用补偿系数
防火设施安全补偿系数(C_3)		
(4) 特殊灭火系统	0.91	
(5) 洒水灭火系统	0.74～0.97	
(6) 水幕	0.97～0.98	
(7) 泡沫灭火器	0.92～0.97	
(8) 手提式灭火器材/喷水枪	0.93～0.98	
备注：C_3 值为		

安全措施补偿系数＝$C_1 C_2 C_3$。

表 4-10　工艺单元危险分析汇总表

项目	工艺单元
(1) 火灾爆炸指数(F&EI)	
(2) 暴露区域半径	m
(3) 暴露区域面积	m^2
(4) 暴露区内财产价值	百万美元
(5) 危害系数	
(6) 基本最大可能财产损失——基本 MPPD	
(7) 安全措施补偿系数＝$C_1 C_2 C_3$	
(8) 实际最大可能财产损失——实际 MPPD	
(9) 最大可能停工天数——MPDO	d
(10) 停产损失——BI	

表 4-11　生产装置危险分析汇总

地区/国家：			部门：		场所：	
位置：			生产单元：		操作类型：	
评价人：			生产单元总替换价值：		日期：	
工艺单元主要物质	物质系数	火灾爆炸指数	影响区内财产价值/百万美元	基本 MPPD	实际 MPPD	停工天数 MPDO	停产损失 BI

4.4.3　确定工艺单元

进行危险指数评价的第一步是确定评价单元,单元是装置的一个独立部分,与其他部分保持一定的距离,或用防火墙、防火堤等与其他部分隔开。

工艺单元:工艺装置的任一主要单元。

生产单元:包括化学工艺、机械加工、仓库、包装线等在内的整个生产设施。

恰当工艺单元:在计算火灾爆炸危险指数时,只评价从预防损失角度考虑对工艺有影响的工艺单元,简称工艺单元。

选择恰当工艺单元的重要参数有六个:物质的潜在化学能;危险物质的数量;资金密度;操作压力与操作温度;导致火灾、爆炸事故的历史资料;对装置起关键作用的单元。

一般参数值越大,则该工艺单元就越需要评价。

选择恰当工艺单元时,还应注意以下几个要点:

① 由于火灾爆炸指数体系是假定工艺单元中所处理的易燃、可燃或化学活性物质的最低量为 2 268 kg 或 2.27 m³,因此,若单元内物料量较少,则评价结果就有可能被夸大。一般所处理的易燃、可燃或化学活性物质的量至少为 454 kg 或 0.454 m³,评价结果才有意义。

② 当设备串联布置且相互间未有效隔离,要仔细考虑如何划分单元。

③ 要仔细考虑操作状态(如开车、正常生产、停车、装料、卸料、添加触媒等)及操作时间、对 F&EI 有影响的异常状况,判别选择一个操作阶段还是几个阶段来确定重大危险。

4.4.4 确定物质系数(MF)

在火灾爆炸指数计算和危险性评价过程中,物质系数(MF)是最基础的数值。

物质系数是表达物质在燃烧或其他化学反应中引起火灾爆炸时释放能量大小的内在特性,可由美国消防协会(NFPA)确定的物质可燃性 N_F 和化学活泼性(不稳定性)N_R 求得。物质的 MF 值可在有关手册中查到(表 4-12 是其中的部分内容),如查不到可按表 4-13 求取。

表 4-12 物质系数和特性表(部分)

化合物	物质系数 MF	燃烧热 H_c /(BTU/lb×10³)	NFPA 分级			闪点 /°F	沸点 /°F
			N(H)	N(F)	N(R)		
乙醛	24	10.5	3	4	2	−36	69
醋酸	14	5.6	3	2	1	103	244
醋酐	14	7.1	3	2	1	126	282
丙酮	16	12.3	1	3	0	−4	133
丙酮合氰化氢	24	11.2	4	2	2	165	203
乙腈	16	12.6	3	3	0	42	179
乙酰氯	24	2.5	3	3	2	40	124
乙炔	29	20.7	0	4	3	气	−118
乙酰基乙醇氨	14	9.4	1	1	0	355	304~308
过氧化乙酰	40	6.4	1	2	4	—	[4]
乙酰水杨酸[6]	16	8.9	1	1	0	—	—
乙酰基柠檬酸三丁酯	4	10.9	0	1	0	400	343[1]
丙烯醛	19	11.8	4	3	3	−15	127
丙烯酰胺	24	9.5	3	2	2	—	257[1]
丙烯酸	24	7.6	3	2	2	124	286

表 4-12（续）

化合物	物质系数 MF	燃烧热 H_c /(BTU/lb×10^3)	NFPA 分级			闪点 /℉	沸点 /℉
			N(H)	N(F)	N(R)		
丙烯腈	24	13.7	4	3	2	32	171
烯丙醇	16	13.7	4	3	1	72	207
烯丙胺	16	15.4	4	3	1	−4	128
烯丙基溴	16	5.9	3	3	1	28	160
烯丙基氯	16	9.7	3	3	1	−20	113
烯丙醚	24	16.0	3	3	2	20	203
氯化铝	24	[2]	3	0	2	—	[3]
氨	4	8.0	3	1	0	气	−28
硝酸铵	29	12.4[5]	0	0	3	—	410
醋酸戊酯	16	14.6	1	3	0	60	300

注：[1] 真空蒸馏；[2] 具有强氧化性的氧化剂；[3] 升华；[4] 加热爆炸；[5] H_c 相当于 6 倍分解热（H_d）的值；[6] 化为粉尘进行评价。

表 4-13　物质系数求取表

物质		NFPA325M/ NFPA49	反应性或不稳定性				
			$N_R=0$	$N_R=1$	$N_R=2$	$N_R=3$	$N_R=4$
液体、气体 的易燃性或 可燃性	不燃物	$N_F=0$	1	14	24	29	40
	FP＞93.3 ℃	$N_F=1$	4	14	24	29	40
	37.8＜FP＜93.3	$N_F=2$	10	14	24	29	40
	22.8≤FP＜37.8 或 FP＜22.8 且 BP≥37.8	$N_F=3$	10	14	24	29	40
	FP＜22.8 且 BP＜37.8	$N_F=4$	21	21	24	29	40
可燃性粉尘 或烟雾	$S_t-1(K_{st}≤200$ m/s)		16	16	24	29	40
	S_t-1 ($K_{st}=201\sim300$ m/s)		21	21	24	29	40
	$S_t-1(K_{st}＞300$ m/s)		24	24	24	29	40
可燃性 固体	厚度大于 40 mm 紧密的	$N_F=1$	4	14	24	29	40
	厚度小于 40 mm 疏松的	$N_F=2$	10	14	24	29	40
	泡沫材料、纤维、粉状物等	$N_F=3$	16	16	24	29	40

注：1. FP 为闭杯闪点，BP 为标准温度和压力下的沸点。

2. N_R 值按下述原则选定：$N_R=0$，燃烧条件下仍保持稳定；$N_R=1$，加温加压条件下稳定性较差；$N_R=2$，非加温加压条件下不稳定；$N_R=3$，封闭状态下能发生爆炸；$N_R=4$，敞开环境能发生爆炸。

3. 混合物的 MF 值求取：① 空气和易燃蒸汽、氢气和氯等混合物遇火源会发生剧烈反应，其 MF 应使用初始状态物质（未反应前）的 MF 值。② 液体混合物及溶液的 MF 可由试验得，也可使用混合物中 MF 最高的物质。

4. 当单元中温度超过 60 ℃时，应考虑温度对物质危险性的影响。

4.4.5 确定工艺单元危险系数(F_3)

确定工艺单元危险系数的数值,需要分别确定一般工艺危险系数和特殊工艺危险系数。

一般工艺危险系数是确定事故危险程度的主要因素,其中包括六项内容:放热反应、吸热反应、物料储运和输送、封闭结构单元、通道、排放和泄漏。各因素的取值可查有关手册。分别分析每一因素,选取所采用的危险系数,并将数值填入"火灾爆炸指数(F&EI)表"中"一般工艺危险系数 F_1"的栏目中。将这些危险系数相加,就可以得到单元的一般工艺危险系数。

特殊工艺危险性是导致事故发生的主要因素,包括毒性物质、负压操作、在爆炸极限范围内或其附近操作、粉尘爆炸、压力释放、低温、易燃物质和不稳定物质的数量、腐蚀、明火设备、热油交换系统、转动设备、轴封和接头处的泄漏等 12 项内容。各项取值可查有关手册,所选取的数值填入"火灾爆炸指数(F&EI)表"中"特殊工艺危险系数 F_2"的栏目中。将这些取值相加,就可以得到单元的特殊工艺危险系数。

之后,计算工艺单元危险系数,工艺单元危险系数(F_3)等于一般工艺危险系数(F_1)和特殊工艺危险系数(F_2)的乘积,即:

$$F_3 = F_1 \cdot F_2 \tag{4-41}$$

4.4.6 计算火灾爆炸指数(F&EI)

火灾爆炸指数(F&EI)用来估计生产过程中的事故危险及可能造成的破坏,是工艺单元危险系数(F_3)与物质系数(MF)的乘积,即:

$$F\&EI = MF \cdot F_3 \tag{4-42}$$

根据火灾爆炸指数(F&EI)的大小,将危险程度划分为五级,见表 4-14。

表 4-14　F&EI 值及危险等级

F&EI 值	1~60	61~96	97~127	128~158	>158
危险等级	最轻	较轻	中等	很大	非常大

4.4.7 安全措施补偿及危险分析汇总

建造一个化工厂或化工装置时,应使其设计符合有关法规、规范和标准。同时,还应根据实际情况和经验,采取合理、有效的安全措施,预防事故的发生,减轻其可能造成的危害程度。

采取了必要的安全措施后,则相应提高了其安全程度,因此用小于 1 的安全措施补偿系数对火灾爆炸危险评价结果进行修正。安全措施分为三类:C_1,工艺控制;C_2,物质隔离;C_3,防火设施。

安全措施补偿系数的取值及计算方法见表 4-9。

所选择的安全措施应能切实减少或控制评价单元的危险,其最终结果是确定减少的损失数值,或使最大可能财产损失降至一个更为实际的数值。

在上述评价、计算的基础上,计算单元的暴露区域半径和暴露面积,求出基本最大可能财产损失 MPPD,确定实际最大可能财产损失 MPPD,确定最大可能损失工作日 MPDO,计算停产损失 BI。这些计算的思路见前文介绍,具体计算方法可参阅有关手册。

在全部做出上述评价、计算的基础上,分别列出工艺单元危险分析汇总表(表 4-10)和生产装置危险分析汇总表(表 4-11),对火灾爆炸危险性进行分析汇总。

4.5　作业条件危险性评价法

作业条件危险性评价法用于评价具有潜在危险性环境中作业时的危险性大小,其基础方法是 LEC 评价法。

4.5.1　LEC 评价法

在某种环境条件下进行作业时,总是具有一定程度的潜在危险。美国学者格雷厄姆认为,影响危险性的主要因素有三个:发生事故或危险事件的可能性;暴露于危险环境中的时间;发生事故后可能产生的后果。因此,某种作业条件的危险性(D)可用下式计算:

$$D = LEC \tag{4-43}$$

式中　D——作业条件的危险性分数值;

　　　L——事故或危险事件发生的可能性分数值;

　　　E——暴露于危险环境中时间长短的分数值;

　　　C——事故或危险事件后果的分数值。

事故或危险事件发生的可能性大小差别是很大的。在这种评价方法中,将实际不可能发生的情况作为评分的参考点,规定其可能性分数值为 0.1;将完全出乎预料而不可预测,但有极小可能性的情况定为 1;将完全可以预料到的情况定为 10,并规定了其他各种情况的可能性分数值,见表 4-15。

表 4-15　事故或危险事件发生的可能性分数值

事故或危险事件发生的可能性	分数值
完全会被预料到	10
相当可能	6
不经常	3
完全意外、极少可能	1
可以设想,但绝少可能	0.5
极不可能	0.2
实际上不可能	0.1

暴露于危险环境中的时间越长,受到伤害的可能性越大,即危险性越大。这种评价法规定,连续暴露于危险环境中的分数值为 10,每年仅出现几次时的分数值为 1,并以这两种情

况作为参考点,规定了其他各种情况的暴露分数值,见表 4-16。

表 4-16　暴露于危险环境中的分数值

暴露于危险环境的情况	分数值
连续暴露于潜在危险环境	10
逐日在工作时间内暴露	6
每周一次或偶然地暴露	3
每月暴露一次	2
每年几次出现在潜在环境	1
非常罕见地暴露	0.5

事故或危险性事件后果的分数值规定为 1~100。将需要救护的轻微伤害事故的分数值定为 1,造成多人死亡的事故的分数值定为 100,并以它们作为参考点,规定了其他各种情况的分数值,见表 4-17。

表 4-17　事故后果分数值

可能结果	分数值
大灾难,许多人死亡	100
灾难,数人死亡	40
非常严重,1 人死亡	15
严重,严重伤害	7
重大,致残	3
引人注目,需要救护	1

根据式(4-43)计算危险分数后,按表 4-18 确定危险等级。这里,危险等级的划分标准是根据经验确定的。

表 4-18　危险等级

危险分数	危险等级	危险对策
>320	极其危险	停产整改
160~320	高度危险	立即整改
70~159	显著危险	及时整改
20~69	可能危险	需要整改
<20	稍有危险	一般可接受,但亦应该注意防止

4.5.2　MES 评价法

MES 评价法是对 LEC 评价法的改进。此方法中,作业条件的危险性用符号 R 表示。

MES 评价法的思路为：人们常常用特定危害事件发生的可能性 L 和后果 S 的乘积反映风险程度 R 的大小，即 $R=LS$。人身伤害事故发生的可能性主要取决于人体暴露于危险环境的频繁程度，即时间 E 和控制措施的状态 M。所以，作业条件的危险性可用下式计算：

$$R = MES \tag{4-44}$$

式中　R——作业条件的危险性分数值；

　　　M——控制措施的分数值；

　　　E——暴露于危险环境中时间长短的分数值；

　　　S——事故或危险事件后果的分数值。

评价事故发生的可能性 L 时，要评价控制措施的状态 M 和人体暴露的时间 E。控制措施的状态 M 评分见表 4-19。

表 4-19　控制措施的状态表

分数值	控制措施的状态
5	无控制措施
3	有减轻后果的应急措施，包括警报系统
1	有预防措施（如机器防护装置等），必须保证有效

人体暴露的时间 E 的评分标准与 LEC 法相同，见表 4-16。

事故可能后果 S 的评分见表 4-20。

表 4-20　事故的可能后果表

分数值	事故的可能后果			
	伤害	职业相关病症	设备、财产损失	环境影响
10	有多人死亡		>1 亿元	有重大环境影响的不可控排放
8	有 1 人死亡	职业病（多人）	1 000 万～1 亿元	有中等环境影响的不可控排放
4	永久失能	职业病（1 人）	100 万～1 000 万元	有较轻环境影响的不可控排放
2	需医院治疗，缺工	职业性多发病	10 万～100 万元	有局部环境影响的可控排放
1	轻微，仅需急救	职业因素引起的身体不适	<10 万元	无环境影响

我国职业病防治机构将职业性多发病定义如下：凡是职业性有害因素直接或间接地构成该病病因之一的非特异性疾病均属于职业性多发病（也称工作有关疾病、职业性相关疾病）。如疲劳、矿工中的消化性溃疡、建筑工人中的肌肉骨骼疾病（如腰背痛）等，其病症与多种非职业性因素有关，职业性有害因素不是唯一的病因，但能促使潜在的疾病显露或加重已有疾病的病症。通过改善工作条件，所患疾病得以控制或缓解。与职业性多发病不同，职业病的病因是单一的因素——不良工作条件。

MES 评价法中作业条件的危险性 R 的确定如下：

对于人身伤害事故，$R=LS=MES$，风险程度划分见表 4-21。

表 4-21   人身伤害事故风险程度表

$R=LS=MES$	风险程度（等级）
＞180	一级
90～150	二级
50～80	三级
20～48	四级
＜18	五级

对于单纯财产损失事故，由于所指的财产是与特定的风险联系在一起的，因此不必考虑暴露问题，只考虑控制措施的状态 M。所以，$R=MS$，风险程度可查表 4-22。

表 4-22   单纯财产损失事故风险程度表

$R=MS$	风险程度（等级）
30～50	一级
20～24	二级
8～12	三级
4～6	四级
≤3	五级

4.5.3   方法特点与适用条件

LEC 法只能对一般作业条件的危险进行评价，它强调的是操作人员在具有潜在危险性的环境下作业的危险性；MES 法作为 LEC 的改进方法，考虑了安全补偿系数——控制措施对事故发生的抑制作用。因此，MES 法能够更为客观地评价生产作业的危险性。

作业条件危险性评价法评价人们在某种具有潜在危险的作业环境中进行作业的危险程度，方法简单易行，危险程度的级别划分比较清楚、醒目。但是，由于它主要是根据经验来确定三个因素的分数值及划定危险程度等级，因此具有一定的局限性，而且它是一种作业条件的局部评价，故不能普遍应用于整体、系统的完整评价。

4.6   因果分析

4.6.1   因果分析的概念与步骤

（1）因果分析的概念

前面分别介绍了事故树分析和事件树分析，两者是截然不同的两种分析方法。

事故树分析在逻辑上称为演绎分析法，是一种静态的微观分析；事件树分析在逻辑上称为归纳分析法,是动态的宏观分析法。两者各有优点,也各有不足。因此,提出了充分发挥两者之长、尽量弥补各自之短的方法——因果分析。因果分析是将事故树分析和事件树分析两者结合应用的方法。

这一方法也称为原因-后果分析(Cause-Consequence Analysis,CCA)。它用事故树做原因分析,用事件树做后果分析,从而结合两者的优点。

因果分析的基本思路是:结合事件树和事故树,绘制出供系统分析、计算用的图形,并进行定性分析和定量计算,做出风险评价。

(2) 因果分析的步骤

① 从某一初因事件开始,作出事件树图。

② 将事件树的初因事件和失败的环节事件作为事故树的顶上事件,分别作出事故树图。

以上两步所完成的图形称为因果图。

③ 根据需要和取得的数据,进行定性和定量分析,得出各种后果的发生概率,进而得到对整个系统的风险评价(安全性评价)。

4.6.2　因果分析实例

下面以某工厂中电机过热为例,详细说明因果分析的方法和步骤。

【例 4-29】　电机过热的因果图。

经过分析,以电机过热为初因事件,作出其事件树;再以初因事件"电机过热"和"操作人员未能灭火"等失败的环节事件作为顶上事件,分别作出事故树,形成完整的因果图,如图 4-65 所示。电机过热可能引起 5 种后果($G_1 \sim G_5$),这 5 种后果及其损失见表 4-23。

表 4-23　电机过热各种后果及其损失　　　　　　　　　　　　单位:美元

后果	直接损失	停工损失	总损失 S_i
G_1:停产 2 h	10^3	2×10^3	3×10^3
G_2:停产 24 h	1.5×10^4	2.4×10^4	3.9×10^4
G_3:停产 1 个月	10^6	7.44×10^5	1.744×10^6
G_4:无限期停产	10^7	10^7	2×10^7
G_5:无限期停产,伤亡 10 人	4×10^7	10^7	5×10^7

表 4-23 中,直接损失是指直接烧坏及损坏造成的财产损失,而对于 G_5 则包括人员伤亡的抚恤费。停工损失是指每停工 1 h 估计损失 1 000 美元,无限期停产约损失约为 10^7 美元。

为计算初因事件和各环节事件的发生概率,需要调查、掌握有关参数。电机大修周期为 6 个月,假设电机过热事件 A 发生概率 $P(A) = 0.088/6$ 个月,过热条件下起火概率 $P(B_2) = 0.02$,其他各有关参数见表 4-24,可利用这些参数通过 FTA 计算各失败的环节事件的发生概率。

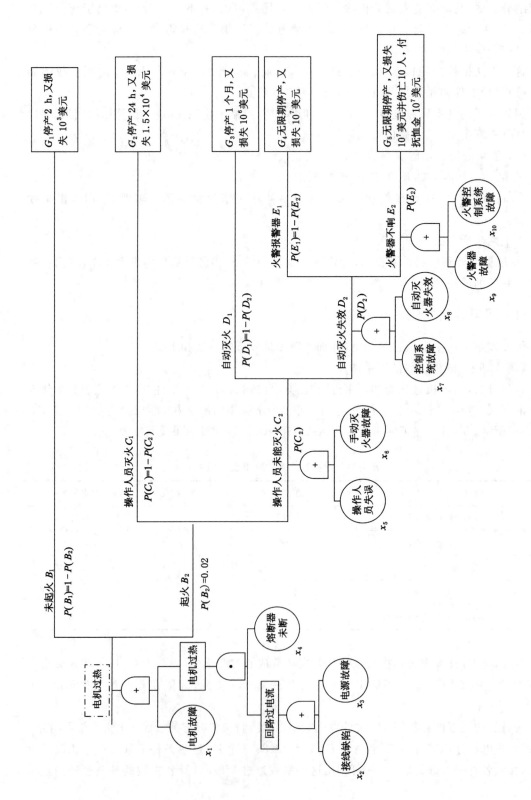

图 4-65　电机过热因果图

表 4-24 事件的有关参数

事件	有关参数
A	A 发生概率 $P(A) = 0.088/6$ 个月（电机大修周期 $= 6$ 个月）
B_2	起火概率 $P(B_2) = 0.02$（过热条件下）
C_2	操作人员失误概率 $P(x_5) = 0.1$
	手动灭火器故障 x_6：
	$\lambda_6 = 10^{-4}/\text{h}$
	$T_6 = 730\ \text{h}$（T_6 为手动灭火器的试验周期）
D_2	自动灭火控制系统故障 x_7：
	$\lambda_7 = 10^{-5}/\text{h},\ T_7 = 4\ 380\ \text{h}$
	自动灭火控制器故障 x_8：
	$\lambda_8 = 10^{-5}/\text{h},\ T_8 = 4\ 380\ \text{h}$
E_2	火警器控制系统故障 x_9：
	$\lambda_9 = 5 \times 10^{-5}/\text{h},\ T_9 = 2\ 190\ \text{h}$
	火警器故障 x_{10}：
	$\lambda_{10} = 10^{-5}/\text{h},\ T_{10} = 2\ 190\ \text{h}$

根据表 4-24 的数据，可以计算各后果事件的发生概率。

后果事件 G_1 的发生概率：

$$P\{G_1\} = P\{A\}P\{B_1\}$$
$$= P\{A\}[1 - P\{B_2\}]$$
$$= 0.088 \times (1 - 0.02)$$
$$= 0.086$$

即 6 个月内电机过热但未起火的可能性为 0.086。

后果事件 G_2 的发生概率：

$$P\{G_2\} = P\{A\}P\{B_2\}P\{C_1\}$$
$$= P\{A\}P\{B_2\}[1 - P\{C_2\}]$$

C_2 事件发生概率的计算：

根据顶上事件发生概率的计算方法，有：

$$P\{C_2\} = 1 - [1 - P\{x_5\}][1 - P\{x_6\}]$$

由表 4-24 已知，$P\{x_5\} = 0.1$；$P\{x_6\}$ 是手动灭火器故障概率。表 4-24 给出了手动灭火器故障率 λ_6 和试验周期 T_6，设故障发生在试验周期的中点，即：

$$t_6 = \frac{T_6}{2} = \frac{730}{2} = 365\ \text{h}$$

x_6 的故障概率 $= 1 - \text{e}^{-\lambda t}$，按级数展开并略去高阶无穷小，得：

$$P\{X_6\} \approx \lambda_6 t_6 = 10^{-4} \times 365 = 3.65 \times 10^{-2}$$

据此，可以计算出后果事件 G_2 的发生概率为：

$$P\{G_2\} = 0.001\ 526\ 184$$

按同样步骤,可以计算出其他后果事件的发生概率。

各种后果事件的发生概率和损失大小均已知道,便可求出各种后果事件的风险率(或称损失率):

$$R_i = P_i S_i \tag{4-45}$$

风险率是表示危险程度大小的指标,后果事件 G_1 的风险率为:

$$R_1 = P_1 S_1 = 3 \times 10^3 \times 0.086 = 258$$

按照同样方法计算,可得到各种后果事件的风险率。将各种后果事件的发生概率、损失大小(严重度)和风险率列表,见表 4-25。

根据表中数据,可以对电机过热的各种后果事件进行风险评价。例如,设安全指标(即允许的风险率)为 300 美元/6 个月,若后果事件的风险率不超过安全指标,认为达到了安全要求,不需进行调整;否则,未达到安全要求,需要进行调整,并重新进行计算和评价,直至达到安全要求为止。

可以看出,后果事件 G_1、G_2 的风险均不大于安全指标,则它们的风险是可以接受的。从整体考虑,如果以各种后果事件的风险率总和不超过 1 000 美元/6 个月作为总的安全指标的话,也认为该系统的总体风险是可以接受的(表 4-25),即认为该系统是安全的。

表 4-25　各种后果事件的发生概率、损失大小和风险率

后果事件 G_i	损失大小 S_i/美元	发生概率 P_i/6 个月	风险率 R_i/(美元/6 个月)
G_1	3×10^3	0.086	258
G_2	3.9×10^4	0.001 526 184	59.52
G_3			
G_4			
G_5			
累计		0.777 777 777	929.96

4.7　层次分析法

层次分析法(Analytical Hierarchy Process,AHP)是一种多准则决策方法,始于 20 世纪 70 年代,最先由美国运筹学家萨蒂教授提出。层次分析法的基本步骤是先确定研究的目标层,再确定研究的准则层,在此基础上来确定方案层(即找出影响研究的各因素),最后进行定性和定量分析。该方法的特点在于使复杂问题简单化,即利用少量的定量信息把决策者的决策思维过程数学化,从而为多目标、多准则或无结构特性的复杂决策问题提供简便的决策手段。

(1)建立递阶层次评价模型

层次模型的建立思路大致如下:无论进行何种决策,都要先有一个目标,在这个目标下面都会有一系列的选择方案。方案的遴选是为了更好地实现目标,但怎么来甄别方案是要根据一定的准则来进行的。准则根据目标设定,方案根据准则遴选,于是就构成了一个层次分析模型。归结起来,模型至少包括三个层次:一是要解决的问题——目标层;二是选择的标准——准则层;三是可能选择的方案——方案层,或称措施层。

(2) 比较判断矩阵

从如下角度认识和理解层次分析法判别矩阵的建立:当模型的目标层、准则层和方案层都确立后,上、下层次间元素的相对关系就被确定了。假如事物有 n 个准则,准则下 n 有个方案。两两比较这些方案,其比值就可以构成 n 阶的比较判断矩阵(表 4-26)。

表 4-26　比较判断矩阵

$A-C_i$	C_1	C_2	...	C_n
C_1	C_{11}	C_{12}	...	C_{1n}
C_2	C_{21}	C_{22}	...	C_{2n}
C_3	C_{31}	C_{32}	...	C_{3n}
...	...	...	⋱	...
C_n	C_{n1}	C_{n2}	...	C_{nn}

$A-C_i = (C_{ij})_{n \times n}$ 的性质如下:

$$C_{ij} > 0, C_{ij} = 1/C_{ij}, C_{ii} = 1$$

式中,C_{ij} 代表相对于与其相关的上一层元素 A,判断矩阵中两两要素的比较,存在一个相对尺度的问题。根据科学家的研究,人类对信息处理极限是 $6 \sim 7$ 级,因此 AHP 法引入了 1-9 级尺度,其描述见表 4-27。

表 4-27　尺度表

标度 C_{ij}	意义
1	C_i 跟 C_j 重要性相同
3	C_i 稍微比 C_j 强
5	C_i 明显比 C_j 强
7	C_i 比 C_j 强烈强
9	C_i 比 C_j 极端强
2、4、6、8	C_i 和 C_j 判断的中值
倒数	C_i 比 C_j 强 a,则 C_j 比 C_i 强 $1/a$

(3) 影响因素权重向量计算

采用萨蒂教授提出的 1-9 标度方法,通过构造判断矩阵,计算判断矩阵的特征值和特征向量问题。如计算判断矩阵 A:

$$AW = \lambda_{\max} W$$

常用的特征根法被用来计算影响因素权重向量 ω_i,设判断矩阵的最大特征根为 $\lambda_{\max}$,相

应的特征向量为 ω_i，则第 i 个影响因素的权重 ω_i 与判断矩阵 A_i 的 λ_{max} 计算公式为：

$$\lambda_{max} = \sum_{i=1}^{n} (A\omega)_i / n\omega_i$$

$$\omega_i = \left[\pi_{j=1}^{n} c_{ij} \right]^{\frac{1}{n}}$$

$$\omega_i^0 = \omega_i / \sum_{i=1}^{n} \omega_i \text{（归一化向量）}$$

（4）判断矩阵一致性检验

如果给出的判别矩阵 A 满足条件 $\lambda_{max} = n$，则该矩阵具有完全的一致性，即不同的事物的相对权重完全与实际符合。但是，实际上人们对于复杂事物的认识总是不可能完全符合实际，因此给出的判断矩阵彼此存在偏差，必须对其进行一致性检验。引入判断矩阵的一致性指标 R_c。定义如下：

$$R_c = I_C / I_R$$

式中，R_c 为一致性比率，显然当 $R_c = 0$ 时，判断完全一致，R_c 值越大，表明一致性越差。经验上认为 $R_c < 0.1$ 时，判断矩阵具有良好的一致性。其中：

$$I_C = \frac{\lambda_{max} - n}{n - 1}$$

式中，n 为判别矩阵中的阶次（相应的特征值）；I_R 为随机一致性指标，其值由表 4-28 确定。

表 4-28　不同阶次的随机矩阵及其一致性指标值

n	1	2	3	4	5	6	7	8	9	10
I_R	0	0	0.58	0.89	1.12	1.24	1.32	1.41	1.45	1.49

思考与练习

1. 何为事件树和事件树分析？如何进行事件树定量分析？

2. 试说明事件树分析的作用和步骤。

3. 事件树分析中，若某一环节事件含有 2 种或 2 种以上状态，应该如何处理？

4. 某反应器系统如图 4-66 所示。该反应是放热的，为此在反应器的夹套内通入冷冻盐水以移走反应热。如果冷冻盐水流量减少，会使反应器温度升高，反应速度加快，以致反应失控。在反应器上安装有温度测量控制系统，并与冷冻盐水入口阀门连接，根据温度控制冷冻盐水流量。为安全起见，安装了温度报警仪，当温度超过规定值时自动报警，以便操作者及时采取措施。

如果这个系统出现冷冻盐水流量减少，会用如下步骤进行控制：高温报警仪报警，操作者发现反应器超温，操作者恢复冷冻盐水流量，操作者紧急关闭反应器。每一步骤的故障率见表 4-29，试对其进行事件树定性、定量分析（求该反应器系统"反应失控"的概率）。

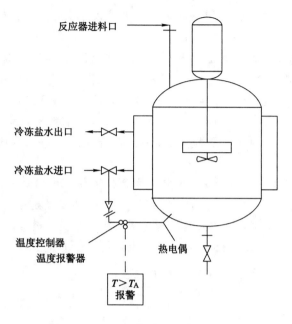

图 4-66　反应器的温度控制

表 4-29　各步骤的故障率

A	B	C	D	E
安全功能	高温报警仪报警	操作者发现短路	操作者恢复冷却剂流量	操作者紧急关闭反应器
故障率	0.01	0.25	0.25	0.1

5．一仓库设有由火灾监测系统和喷淋系统组成的自动灭火系统。设火灾监测系统的可靠度和喷淋系统的可靠度皆为 0.99,应用事件树分析法计算一旦失火时自动灭火失败的概率。

6．一斜井提升系统,为防止跑车事故,在矿车下端安装了阻车叉,在斜井里安装了人工启动的捞车器。当提升钢丝绳或连接装置断裂时,阻车叉插入轨道枕木下阻止矿车下滑。当阻车叉失效时,人员启动捞车器拦住矿车。设钢丝绳断裂概率为 10^{-4},连接装置断裂概率为 10^{-6},阻车叉失效概率为 10^{-3},捞车器失效概率为 10^{-3},人员操作捞车器失误概率为 10^{-2}。画出因钢丝绳(或连接装置)断裂引起跑车事故的事件树,计算跑车事故发生概率。

7．车床的车削加工中,可能发生的绞碾、刺割、物体打击、灼烫、扭伤、触电等伤害事故。在对车削加工及事故发生原因调查分析的基础上,试编制绞碾、刺割、物体打击三种事故的事故树。

8．某年 6 月 28 日,某厂一台发电机在检修过程中发生氢气爆炸事故,造成检修工人 2 死 1 伤。试编制该事故的事故树图。此次事故的基本情况是:

发电机检修过程中,因有 2 处要动火作业,必须排氢。6 月 25 日 17 时 20 分,机内取样检验合格,排氢工作结束;6 月 27 日,电气检修班工作人员打开 5 号发电机下部汽轮机侧和励磁机侧两个人孔门并进入发电机风道内进行了部分工作。因感觉在发电机风道内发闷,准备第二天用风机通风,并取得领导同意。28 日继续工作。8 时 45 分,当其中一人钻到人孔内放置一台日用台式电风扇,并多次用其按键开停以寻找合适的放置位置时,忽然一声巨响,氢气爆炸。

《电业安全工作规程(热力和机械部分)》规定:储气设备(包括管道系统)和发电机包冷系统进行检修前,必须将检修部分与相连部分隔断,加装严密的堵板,并将氢气置换为空气;如必须在氢气管道附近进行焊接或点火工作,应事先经过氢气测定,证实工作区域空气中含氢量小于3%并经厂主管生产的领导批准方可进行工作。制氢室内和其他装有氢气的设备附近,均必须严禁烟火,严禁放置易燃易爆物品。但是,此次检修采取的安全措施中,未包括上述必须采取的措施。

经事故后检查,该发电机氢冷系统的管道中两道关闭的阀门均泄漏。日用电风扇的按键在启停和换挡时均产生火花,可能为引爆火源。另外,还发现死者之一随身带有火柴和卷烟。事故现场有烟头和火柴棍。在爆炸当时是否有人抽烟无法证实。

9. (1) 判断图 4-67 和图 4-68 所示事故树的割集和径集数目。

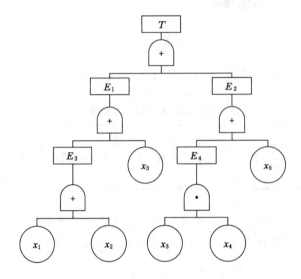

图 4-67　事故树示意图(十二)

(2) 求图 4-67 和图 4-68 所示事故树的最小割集和最小径集。

(3) 求图 4-67 所示事故树中各基本事件的结构重要系数。

(4) 对图 4-68 所示事故树进行结构重要度分析。

10. 用排列法和素数法(或分离重复法)求图 4-69 所示事故树的最小割集,画出其等效事故树,并进行结构重要度分析。

11. 图 4-70 所示事故树中,各基本事件的发生概率分别为:
$$q_1=0.05, q_2=0.04, q_3=0.03, q_4=0.02$$

(1) 利用状态枚举法和直接分步算法计算顶上事件的发生概率。

(2) 求各基本事件的结构重要系数,进行结构重要度分析。

12. 图 4-71 所示事故树中,各基本事件的发生概率分别为:
$$q_1=0.04, q_2=0.05, q_3=0.03, q_4=0.01, q_5=0.02$$

(1) 用最小割集法、最小径集法分别计算顶上事件的发生概率。

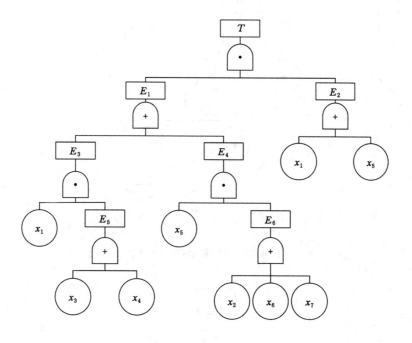

图 4-68　事故树示意图(十三)

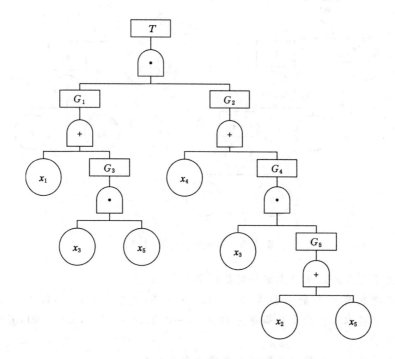

图 4-69　事故树示意图(十四)

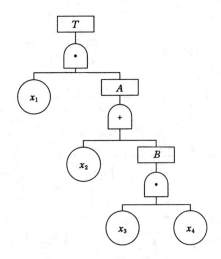

图 4-70　事故树示意图(十五)

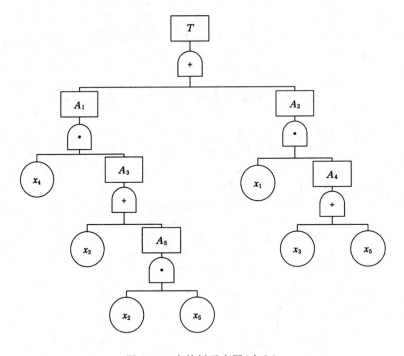

图 4-71　事故树示意图(十六)

(2) 采用不交集方法求顶上事件发生概率。

13. 某事故树有 4 个最小割集：$K_1 = \{x_1, x_3\}$，$K_2 = \{x_2, x_3, x_4\}$，$K_3 = \{x_4, x_5\}$，$K_4 = \{x_3, x_5, x_6\}$。各基本事件的发生概率分别为：$q_1 = 0.05$，$q_2 = 0.03$，$q_3 = 0.01$，$q_4 = 0.06$，$q_5 = 0.04$，$q_6 = 0.02$。

(1) 用两种以上近似算法计算顶上事件的发生概率。

(2) 采用最小割集逼近法计算顶上事件发生概率，精确到 10^{-6}。

14. 试分析、论证：

（1）事故树最小割集和最小径集的作用。

（2）ETA 和 FTA 有哪些共同点和不同点？可否结合应用？

（3）如何结合应用事故树分析和事件树分析？

（4）如何结合应用事故树分析和安全检查表？

第5章 风险评价原理

风险评价是风险管理流程的重要环节,也是风险管理的重要内容之一,是连接风险评估与风险措施决策的关键环节。将风险评估的结果与可接受的风险标准比较,可确定是否采取风险措施。

(1) 评价的概念

评价的本质有两种阐释:第一,评价的过程是一个对评价对象的判断过程;第二,评价的过程是一个综合计算、观察和咨询等方法的一个复合分析过程。布鲁姆认为,评价是人类思考和认知过程的等级结构模型中最基本的因素,评价就是对一定的想法、方法和材料等做出的价值判断的过程,是运用标准对事物的准确性、实效性、经济性以及满意度等方面进行评估的过程。因此,所谓评价是评价者对评价对象的各个方面,根据评价标准进行量化和非量化的对比测量过程,最终得出一个可靠且符合逻辑的结论。一般的评价程序包括:决定评价准则;确立评价标准;确定评价方法;给出评价结果。

(2) 风险评价

一般的风险评价是以风险分析为基础,考虑社会、经济、政治、法律和环境等方面的因素,根据预先设定的评价标准,对风险的容忍度和可接受度进行判断的过程。国际风险管理标准化组织给出的风险评价是广义风险评估的最后一个环节,根据一定的标准或管理措施原则规范,对风险大小或级别做出判断,并做出接受还是处理某一个风险的决策,为下一步制定具体的风险管理措施提供基本信息。

国际风险管理理事会提出判断风险的可容忍性和可接受性,可以分为风险描述和风险评价两个部分内容。风险描述以证据为基础确定风险的可容忍性和可接受性,对风险的严重程度做出判断,提出处置风险的措施。风险评价则以价值为基础做出判断,其基本方法包括权衡利弊、验证风险对生活质量的潜在影响、讨论经济、社会发展的不同措施、权衡相互矛盾的观点和证据。从本质上来说,风险描述与风险评价紧密相连、相互依赖,实际中将二者结合在一起应用。风险评价的目的:为不可容忍或不可接受的风险提供降低风险的决策依据,决定需要处置的风险和实施风险处置的优先顺序。

5.1　风险评价方法和原理

判断风险的可容忍性和可接受性分为两个部分:风险分析和风险评价。风险分析以证据为基础,确定风险的可容忍性和可接受性;而风险评价则以价值为基础,做出判断。

风险分析是利用可获得的信息,评价由致灾事件导致的对于个人或集体、财物或环境的风险。风险分析通常包括以下几个步骤:选择区域、危险(威胁)界定、所评估的致灾事件发生概率估算、风险要素脆弱性估算、后果辨析、风险估算。

人类行为主要受感知的影响。风险感知与个人、社区或者政府怎样感知、判断、评价风险以及对风险进行分级相关,具体主要受到以下因素的影响。

① 个人情况:如一个少年对悬挂式滑翔运动的风险感知远远低于一个中年人。

② 文化和宗教背景:文化背景扮演着非常重要的角色,它可以确定当人们遇到灾害事件时是否会认为是"上帝的行为"。

③ 社会背景:住在棚户区的人对同一水平物体的风险感知可能远低于那些住在更发达地区的人们。

④ 经济水平:一般情况下,经济水平越低,感知风险的水平就越低。

⑤ 政治环境:人们的政治背景起着非常重要的作用。通常认为在应对风险时,中央集权政治体制背景下的国家比其他更注重个人行为和决策的国家更容易处理一些。

⑥ 意识水平:为了感知风险,人们能意识到风险是很必要的,因此意识水平是非常重要的。

⑦ 媒体曝光:如果一个特定的威胁有足够的媒体曝光度,那么风险的感知也将高一些。

⑧ 其他风险:人们在感知风险时往往会将风险之间相关联。风险与更常发生的事件相关,如洪水的风险被视为比低频事件(如地震)有更大的问题。

风险评价是通过对风险重要性以及相应的社会、环境和经济后果的评估,将价值评估和判断融入决策过程的阶段,由此制订一系列风险管理可选方案。本质上评价的是关于风险的可容忍性和可接受性。

这可以针对一个社会整体或者一个确定的团体或者个体。风险评价基本方法有权衡利弊,验证风险对生活质量的潜在影响,讨论经济、社会发展的不同措施,权衡相互矛盾的观点和证据。表 5-1 给出了风险描述和风险评价的定义与指标。

表 5-1　可容忍性或可接受性判断

评估组成部分	定义	指标
风险描述	收集和总结所有的必要相关证据,对风险的可容忍性和可接受性做出明智的选择,以科学的角度提出处置风险的可能性方案	
	扩散、暴露和风险目标影响建模	暴露路径 目标的规范化特征

表 5-1(续)

评估组成部分	定义	指标
风险描述	风险概述	风险估计 置信期间 不确定性测量 致灾事件描述 合法范围的理解 风险感知 社会和经济影响
	判断风险的严重程度	与法律要求的一致性 风险-风险均衡 对公平的影响 公众的可接受程度
	结论和风险降低备选方案	建议 可忍受风险水平 结论和风险降低备选方案 可接受风险水平 处置风险的备选方案
风险评价	应用社会价值和规范判断可容忍性和可接受性,确定风险降低措施的需求	技术选择 替代潜力 风险收益比较 政治优先权 补偿能力 冲突管理 社会动员能力

5.2 风险评价的基本原理与程序

5.2.1 风险评价的基本原理

风险评价的主要任务是寻求系统安全的变化规律,并赋予一定的量的概念,然后根据系统的安全状况、危险程度采取必要的措施,以达到预期的安全目标。如何掌握这种规律和结果,如何建立风险评价的数学模型才能得到有关系统安全程度的准确的量的概念,以及采取什么样的措施,从何处着手解决问题才能达到系统安全的目标,这些都需要在正确的理论指导下进行。这就要研究和探讨安全性评价的基本原理。

风险评价的基本原理主要有相关性原理、类推性原理和惯性原理。

(1)相关性原理

风险评价的对象是系统,而系统有大有小,千差万别,但其基本特征是一致的。系统的整体功能和任务是组成系统的各个子系统、单元综合发挥作用的结果。因此,不仅系统与子系统、子系统与单元有着密切的关系,而且各子系统之间、各单元之间也存在着密切的相关关系。所以,在评价过程中只有找出这种相关关系,并建立相关模型,才能正确地对系统的安全性做出评价。

每个系统都有本身的目标或目标体系,而构成系统的所有子系统、单元都是为这一目标或目标体系而共同发挥作用。如何使这些目标达到最佳,是系统工程要解决的问题。因此,系统应该包括:

① 系统要素 X,即组成系统的所有元素。

② 相关关系集 R,即系统各元素之间的所有相关关系。

③ 系统要素和相关关系的分布形式 C。

要使系统目标达到最佳程度,只有使上述三者达到最优结合,才能产生最大的输出效果 E。即:

$$E = \max f(X, R, C) \tag{5-1}$$

对于系统风险评价来说,就是要寻求 X、R 和 C 的最合理的结合形式。所谓最合理的结合形式,即具有最优结合效果 E 的系统结构形式及在 E 条件下保证安全的最佳系统。风险评价的目的,就是寻求最佳生产(运行)状态下的最佳安全系统。因此,在评价之前要研究与系统安全有关的系统组成要素、要素之间的相关关系,以及它们在系统各层次的分布情况。例如,工厂的安全决定于构成工厂的所有要素,即人、机、环境等,而它们之间又都存在着相互影响、相互制约的相关关系,这些关系在系统的不同层次中表现又各不相同。

要对系统做出准确的风险评价,必须对要素之间及要素与系统之间的相关形式和相关程度给出量的概念。哪个要素对系统有影响,是直接影响还是间接影响;哪个要素对系统影响大,大到什么程度,彼此是线性相关还是指数相关等,都需要明确。这就要求在大量历史资料、事故情报的统计分析基础上,得出相关的数学模型,以便建立合理的风险评价的数学模型。

(2) 类推性原理

类推性原理,即按照一定规则进行推算。对于具有相同特征的类似系统的风险评价,可采用类推原理,主要有以下几种推算方法。

① 平衡推算:是根据相互依存的平衡关系来推算所缺乏有关指标的方法。例如,利用事故法则(1∶29∶300),在已知重伤死亡数据的情况下,推算轻伤和无伤害事故数据;利用事故的直接经济损失与间接经济损失的比例为1∶4的关系,从直接损失推算间接损失和事故总经济损失;等等。

② 代替推算:是利用具有密切联系(或相似)的有关资料,来代替所缺少资料项目的办法。例如,对新建装置的风险评价,可利用与其类似的已有装置资料、数据对其进行评价。

③ 因素推算:是根据指标之间的联系,从已知因素数据推算有关未知指标数据的方法。例如,已知系统事故发生概率 P 和事故损失严重度 S,就可利用风险率 R 与 P、S 的关系 $R = PS$ 来求得风险率数值 R。

④ 抽样推算:是根据抽样或典型调查资料推算系统总体特征的方法。这种方法是数理统计分析中的常用方法,是以部分样本代表整个样本空间来对总体进行统计分析。

⑤ 比例推算:是根据社会经济现象的内在联系,用某一时期、地区、部门或单位的实际比例,推算另一类似时期、地区、部门或单位有关指标的方法。例如,控制图法的控制中心线

的确定,是根据上一个统计期间的平均事故率来确定的。国外各行业风险指标的确定,通常也是由前几年的年事故平均数值确定的。

⑥ 概率推算:任何随机事件,在一定条件下发生与否是有规律的,其发生概率是一客观存在的定值。因此,可以用概率值来预测现在和未来系统发生事故的可能性大小,以此来衡量系统危险性的大小、安全程度的高低。美国原子能委员会的"商用核电站风险评价报告"基本上是采用了概率推算的方法。

(3) 惯性原理

任何事物的发展都带有一定的延续性,这一特性称为惯性。惯性表现为趋势外推,如从一个单位过去的事故统计资料寻找出事故变化趋势,推测其未来状态。这就是马尔可夫过程中从过去事故发生规律预测未来事故发生的基本原理。概率推算也基于这种思想。

事故发展的惯性运动也受"外力"的影响,使其加速或减速。例如,安全投资、安全措施、安全管理等,均可认为作用于"事故"的"外力",使事故发展产生负加速度,使其发展速度减慢,惯性变小。而今天的安全投资,也是以昨天的事故损失大小为依据的。安全投资过少,则不能阻止事故发展的惯性运动。这就需要建立安全投资与减少事故损失的相关模型,并对其进行分析和优化,以期取得最佳的安全投资效益。

5.2.2 风险评价的程序

风险评价的主要工作,是对系统内的危险因素进行辨识和分析判断,采取相应的安全对策,并对系统的安全性做出结论。

风险评价工作一般采取由灾害防治部门、组织或者企业自己进行评价,或有关单位合作评价,或邀请外单位专家评价,或委托专业风险评价机构评价等几种方式。各种方式的风险评价程序不尽相同。但不管哪一种方式,基本都是按照如下程序进行:

(1) 评价准备

准备工作包括明确评价的对象和范围,了解技术概况,选择分析方法,收集有关资料及事故案例,制订评价工作计划以及准备必要的替代方案等。

(2) 危险的确定与分析

通过一定的手段,对危险性进行测定、分析和判断,包括对固有的和潜在的危险、可能出现的新危险以及在一定条件下转化生成的危险进行确定。危险分析过程中,要对危险的性质、种类、范围和条件、危险发生的实际可能性和危险的严重程度进行分析,并推断危险影响的频率,分析发生危险的时间和空间条件。

(3) 危险的定量化

对已查明的危险进行定量化处理,确定其危险等级或发生概率,为风险评价提供明确的数量依据。

(4) 确定安全对策

针对已查明的危险,确定应采取的技术措施和管理措施,包括进行局部改进和修正、采取补救措施、制定相应的规章制度和操作规程等。当无法有效地控制总体的安全性时,可以采取中断开发或停止使用等措施。

(5) 评价结论

通过综合评价,对各种方案进行综合判断,并同既定的安全指标或标准相比较,判明所达到的实际安全水平,找出改善系统安全状况的最佳方案。

5.3 风险评价的指标体系

  风险评价的对象,可以是某一类灾害或者在某地可能发生的某一类灾害,也可以是一部机器、一台装置、一条工艺线、一种物质或材料等。但是,无论是哪一类评价对象,都是对一个复杂系统的评价,包括对危险设备和危险装置、工艺过程、危险物质、生产环境和人的安全素质的评价等,是一个综合评价。在风险评价技术中,这种评价具有一定的代表性。

  系统风险评价的核心问题,是确定评价指标体系。确定一个指标体系是否合理和科学,既关系到能否得到实际安全水平的准确、真实的评价结论,又关系到能否发挥风险评价的作用,达到通过评价而促进整个企业安全水平不断提高的总目的。因此,建立一套风险评价指标体系,对于指导防灾减灾工作与企业安全生产的健康发展有着方向性、实质性的影响。但是,要建立一套既科学又合理的评价指标体系,却是一个难度非常大的课题。因为评价对象是一个极为复杂的大系统,存在着影响其安全状况的各种因素,而究竟其中哪些因素是最重要的,是需要认真研究探讨的问题。要建立一套完善、合理、科学的风险评价指标体系,必须首先确定建立评价指标体系的指导原则。

5.3.1 建立风险评价指标体系的原则

  在建立风险评价指标体系时,应该遵循什么样的指导原则众说不一。在众多的说法中,可以归纳为以下几个指导原则。

  (1) 科学性原则

  科学的任务是揭示事物发展的客观规律,探求客观真理,作为人们改造世界的指南。建立风险评价指标价系,也必须能反映客观实际、反映事物的本质、反映出影响企业安全状况的主要因素。只有坚持科学性原则,获得的信息才具有可靠性和客观性,评价的结果才具有可信性。

  (2) 可行性原则

  所建立的风险评价指标体系,应该能方便数据资料的收集,能反映事物的可比性,使评价程序与工作尽量简化,避免面面俱到,烦琐复杂。只有坚持可行性,风险评价的实施方案才能比较容易地为企业界、科学界和各级安全监督、监察部门所接受。

  (3) 方向性原则

  所建立的风险评价指标体系,应能体现我国灾害防治与安全生产的方针政策,体现我国的国情。只有坚持方向性原则,才能通过风险评价引导各级政府、各类企业在贯彻"安全第一,预防为主,综合治理"的方针下,在防灾减灾和安全生产方面符合安全法规和政府职业安全监察部门、管理部门的要求。

  (4) 可比性原则

  为了便于比较,风险评价指标还应当量化。安全管理和安全技术工作,具有社会性、迟效性、综合性等特点,评价的对象比较复杂。但是,事物的质量是事物的存在形式,而质与量总是紧密相连的,事物的质是要通过一定的量表现出来的。因此,评价的指标应当尽可能量化,以精确地揭示事物的本来面目。

5.3.2 风险评价指标体系的结构设计

以生产企业为例,为了评价一个企业控制事故灾害的水平,可从系统分析的角度,设想一个评价模型框图,如图 5-1 所示。

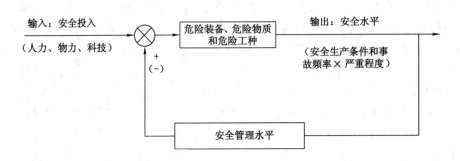

图 5-1　企业风险评价模型框图

在框图中,把一个企业看作一个大系统,即人-机-环境系统。系统的输入看作是国家和企业本身对安全在人力、物力和科学技术方面的投入;系统的输出为企业的安全生产条件和风险率(伤亡事故频率和严重度)。在系统的内部,影响系统输出项的因素很多,其中起主要作用的是企业的安全管理水平、职工的安全意识和处理事故的应变能力,以及企业所拥有的危险装备和物质。而更为主要的是,一个企业的安全管理水平、职工的安全意识,还会反过来强烈地影响着企业投入的效益。从控制论的角度说,有着很强的反馈作用,不可避免地要加强或削弱输出项。因此,作为整个系统诸因素的综合信息,应该是企业的安全水平。换言之,企业的整体安全水平,与企业的安全管理水平、职工的安全意识和处理事故的应变能力,以及危险装置与物质等三个方面,都有着紧密的联系。

以上三个方面,可以看作三个子系统,每个子系统由若干指标所组成,合在一起则构成风险评价指标体系。在确定各个子系统指标时,应当解决目标评价和过程评价的关系。

对于这个问题,存在着两种观点:

第一种观点认为,企业风险评价应当是目标评价。其主要论点是:

① 企业的风险评价是对企业加强宏观指导和管理的手段之一,应当是目标控制,不应强调过程控制。

② 许多过程是不太容易衡量其好坏的,过程管理的好坏主要通过效果来反映。目标评价正是主要看企业安全工作的结果,而不是看过程本身。

③ 从风险评价的任务来看,评价本身不是经验的总结。

第二种观点认为,企业的风险评价不能只进行目标评价,应当考虑过程评价。其主要论点是:

① 企业的风险评价是一个很复杂的问题,其中的一些因素,特别是人的安全意识和企业的安全管理水平,对企业的整体安全水平的影响要通过一段时间才能反映出来,是一种滞后效应。因此,需要经过一些过程指标来衡量人的安全意识和企业安全管理水平对企业整

体安全水平的影响。

② 一个企业的安全水平,同企业的安全管理关系密切,科学的、现代化的管理显得愈来愈重要,而管理方面的评价基本上是属于过程评价。

③ 考虑过程评价,将有助于企业的安全工作健康地发展,因为有些过程指标是带有引导性的。

以上两种观点均不无道理,但都只强调了事物的某个方面,具有一定的片面性。对此,应综合考虑两方面的情况,才能比较全面地得出结论。

基于上面的分析和讨论,可以提出这样一个风险评价指标体系,即:以企业的危险物质和危险装置为基础;以降低伤亡事故率和减少损失为目标;以企业的安全管理水平与职工的安全意识为控制手段的评价指标体系。

例如,矿井提升系统风险评价指标体系,由设备设施、员工素质等 6 个一级指标和 20 多个二级指标组成,如图 5-2 所示。

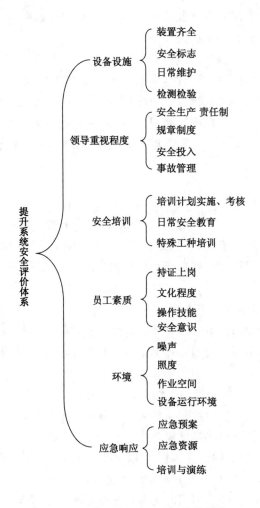

图 5-2 矿井提升系统风险评价指标体系

再如,煤矿瓦斯爆炸事故危险性评价指标体系,由矿井瓦斯等级、矿井瓦斯管理、瓦斯检查员素质、机电工人素质、爆破员素质、机电设备失爆率、矿井通风管理、安全生产方针执行情况、安全保护装置、瓦斯监测监控、瓦斯抽放等 11 个指标组成。

5.4 风险评价的参数与标准

定量风险评价过程中,需要用风险率与安全指标两个数量化的参数,以判定系统的实际安全状况。

5.4.1 风险率

风险率也叫危险度,是用来表示危险性大小的指标。危险性是客观存在的,并且在一定条件下会发展成为事故,造成一定损失。

危险性的大小受两方面因素的影响,一是事故的发生概率,二是事故后果的严重程度。事故的发生概率表示事故发生的可能性,可以用事故的频率来代替。事故的频率表示在一定时间或生产周期内事故发生的次数。事故后果的严重程度表示发生一起事故造成的损失数值,称为严重度。如果事故仅造成财物损失,则包括直接损失和间接损失,可以折算成损失的金额进行计算;由于安全方面主要考虑事故造成的伤亡损失,事故的严重度则由人员死亡或负伤的损失工作日来表示。

风险率的定义如下:

$$风险率 = 频率 \times 严重程度 = \frac{事故次数}{单位时间} \times \frac{损失数值}{事故次数} = \frac{损失数值}{单位时间} \qquad (5-2)$$

由上式可见,风险率是以单位时间的损失数值来表示的。在安全方面,主要考虑事故造成的伤亡情况,即损失数值用人员死亡或负伤的损失工作日数来表示。因此,风险率可以用如下单位表示:

① 死亡/(人·年),指每人每年的死亡概率。

② FAFR(Fatal Accident Frequency Rate,死亡事故频率),指接触工作 1 亿(10^8)h 所发生的死亡人数。1 FAFR 相当于 1 000 人在 40 年工作时间内(每年工作 2 500 h)有 1 人死亡。

③ 损失工日/接触小时,指每接触工作 1 h 所损失的工作日数。

有了风险率的概念,就可以用数字明确表示系统的危险性大小,也即表示了其安全性如何。风险评价的任务,就是要设法降低风险率,提高系统的安全性。

下面通过实例说明风险率的计算。据 1971 年统计资料,美国一年发生汽车交通事故为 1 500万次,其中每 300 次事故中造成 1 人死亡。这样,一年中汽车交通事故的死亡人数为 5 万人。若按美国人口为 2 亿计算,则当时美国汽车交通事故的风险率为:

$$R = \frac{5 \times 10^4}{2 \times 10^8} = 2.5 \times 10^{-4} \text{死亡}/(\text{人·年})$$

若每人每天用车时间为 4 h,则每年 365 天中总共接触小汽车 1 460 h。根据这些数据,可以求得以 FAFR 表示的风险率为：

$$R = \frac{2.5 \times 10^{-4}}{1\,460} \times 10^8 = 17.1$$

事故除了可能产生死亡这一最严重的后果以外，大多数是负伤。对负伤风险进行评价，则采用损失工作日/接触小时为计算单位。

负伤有轻重之分，如果经过治疗、休养后能够完全恢复劳动能力，则损失工作日数按实际休工天数计算。但有的重伤后造成残废，或身体失去某种功能，不能完全恢复劳动能力，甚至发生死亡事故。为了便于计算，应该把致残、死亡伤害折合成相应的损失工作日数。

《企业职工伤亡事故分类》(GB 6441—1986)中，对每类伤亡事故的损失工作日均规定了换算标准，表 5-2 是其中的一例。同时规定，死亡或永久性全失能伤害的损失工作日为 6 000 日。

表 5-2　骨折损失工作日换算表

骨折部位	损失工作日	骨折部位	损失工作日
掌、指骨	60	胸骨	105
桡骨下端	80	跖、趾	70
尺、桡骨干	90	胫、腓	90
肱骨髁上	60	股骨干	105
肱骨干	80	股骨粗隆间	100
锁骨	70	股骨颈	160

实际计算中，可按 GB 6441—1986 的规定计算各类伤亡事故的损失工作日，未规定数值的暂时性失能伤害按歇工天数计算。对于永久性失能伤害，不管其歇工天数多少，损失工作日均按 GB 6441—1986 的规定数值计算。各伤害部位累计损失工作日数超过 6 000 日者，仍按 6 000 日计算。

5.4.2　安全指标

（1）安全指标的概念

如上所述，任何系统都有一定的风险，绝对的安全是没有的。从这一观念出发，可以认为安全就是一种可以容许的危险。例如，谁都不否认，与煤炭工业等工业企业相比，商业是最安全的，但据美国统计，商业的风险率也达到 3.2 FAFR。因此需要确定，系统中的风险率小到什么程度才算是安全的。进行定量风险评价时，将计算出的系统实际风险率与已确定的、公认为安全的风险率数值进行比较，以判别系统是否安全。这个安全风险率数值就叫作安全指标（也有人称之为安全标准或安全目标），它是根据多年的经验积累并为公众所承认的指标。

以美国的汽车交通事故为例进行说明。经计算（如前所述），美国汽车交通事故的风险率为 2.5×10^{-4} 死亡/(人·年)，这个数值意味着，对于每个人来说，每年有 0.000 25 因车祸而死亡的可能性。但是，为了享受汽车带来的物质文明，就必须承担这样的风险率。实际生活中，没有人由于害怕承担这样的风险而放弃使用汽车。所以，这个风险率数值就可以作为使用小汽车的一个社会公认的安全指标。

（2）安全指标的确定原则

对工业生产的安全指标，至今还没有通用的或国际公认的标准。安全指标的确定本身也是个科学问题，其确定方法可采用统计法或风险与收益比较法。确定安全指标时，一般应该考虑以下几个基本原则。

① 参照自然灾害（地震、台风、洪水、陨石等）的死亡概率，从中权衡选择适当的安全指标数值。

人们对各种危险的接受程度，与它们的风险率大小以及是否受人们的意志支配等许多因素有关。根据国外的统计，自然灾害及其他非自愿承担的风险和部分自愿承担的风险率数值见表 5-3。

表 5-3　自然灾害及自愿和非自愿承担的风险率

类型	死亡/(人·年)	FAFR	备注
自然灾害及非自愿承担的风险			
陨石	$6×10^{-11}$		
雷击(英)	$1×10^{-7}$		
堤坝决口(荷)	$1×10^{-7}$		
溺水(美)	$4×10^{-5}$		
飓风(美)	$4×10^{-6}$		
触电(美)	$6×10^{-6}$		
火灾(美)	$4×10^{-5}$		
飞机失事(英)	$2×10^{-8}$		
中毒(美)	$2×10^{-5}$		
疾病	$9.8×10^{-3}$	133	
自愿承担的风险			
足球	$4×10^{-5}$		
爬山	$4×10^{-5}$		
吸烟(20 支/日)	$500×10^{-5}$		
避孕药	$2×10^{-5}$		
家中		3	
乘下列交通工具旅行			
公共汽车		3	
火车		5	
小汽车		57	
自行车		96	
飞机		240	
摩托车		660	
橡皮艇		1000	

英国、美国各类工业所承担的风险率见表 5-4。

表 5-4　美英各类工业的风险率

国别	工业类型	FAFR	死亡/（人·年）	备注
美国	工业	7.1	1.4×10^{-4}	每年以接触 2 000 h
	商业	3.2	0.6×10^{-4}	
	机关	5.7	1.14×10^{-4}	
	运输及公用事业	16	3.6×1^{-4}	
	农业	27	5.4×10^{-4}	
	建筑业	28	5.6×10^{-4}	
	采矿、采石业	31	6.2×10^{-4}	
英国	全英工业	4		
	制衣和制鞋业	0.15		
	钢铁	8		
	农业	10		
	铁路	45		
	建筑	67		
	煤矿	40		
	化工	3.5		
	飞机乘务员	250		

从以上两表的数据可以看出各种工业所承担的风险率情况。风险率的大小是采取安全措施的重要依据。

如果风险率以死亡/（人·年）表示,在风险率的数值为不同的数量等级时,其危险程度和应采取的对策见表 5-5。

表 5-5　风险率的等级

风险率[死亡/（人·年）]	危险程度	对策
10^{-3} 数量级	危险程度特别高,相当于由生病造成的自然死亡率的 1/10	必须立即采取措施予以改进
10^{-4} 数量级	危险程度中等	应采取预防措施
10^{-5} 数量级	和游泳淹死的事故风险率为同一数量级	人们对此危险是关注的,也愿意采取措施加以预防
10^{-6} 数量级	相当于地震和或天灾的风险率	人们并不担心这种事故的发生
$10^{-7} \sim 10^{-8}$ 数量级	相当于陨石坠落伤人的风险率	没有人愿意为这种事故投资加以预防

② 以产业实际的平均死亡率作为确定安全指标的基础。

保护人的生命是安全的根本目的,"死亡"是安全工作中所应处理的最为明确也最为敏感的事件,其统计数据的可靠程度也最高。况且,根据事故法则,还可以由死亡人数推断出重伤和轻伤事故情况。所以,死亡率是评价防灾减灾与安全工作的一个重要指标,并且应以死亡率作为确定安全指标的基础。

安全指标必须低于已经发生的实际死亡率数值,并应考虑由于自然灾害可能引起的次生灾害的影响。

③ 对职业性灾害的评价要比对其他灾害的评价严格。

人们自愿做的事情,如踢足球、骑摩托和吸烟等,对其风险基本上是接受的;对于职业性灾害就不是这样,没有人心甘情愿地承担这种风险。因此,对于职业性灾害的评价和防范,要采取更为严格的措施。

④ 要考虑合理的投资。

要采取措施降低事故的风险率,就需要有一定的投入。因此,确定安全指标时,要对可能达到的安全水平和需要支出的费用进行综合比较和判断,从而确定具有投资可行性、有效性的最佳费用指标。

(3)安全指标的制订

以上介绍的是确定安全指标的几个基本原则。安全指标的确定本身也是个科学问题,其确定方法可采用统计法或风险与收益比较法。但是正如前所述,对于具体的安全指标,至今还没有通用的或国际公认的标准。下面介绍关于制订安全指标的三种提案,可作为实际工作的参考。

① 工业生产的安全指标定为:安全指标<10^{-5}死亡/(年·工厂)。

这是英国原子能委员会的提案。这个提案的依据是:现阶段工厂的实际风险率为10^{-4},降低一个数量级则为10^{-5}。因此,对整个社会而言,以10^{-5}作为安全指标是适宜的。否则,如果将安全指标订得更为严格,将风险率降低到10^{-6},则需要对现阶段的生产过程和生产设备等做大幅度改变并重新做出评价,而且需要大量的费用,目前还很难做到。

② 取 FAFR 值的 1/10 作为安全指标。

这是英国帝国化学公司(ICI)的提案。根据化学工业的风险率为 3.5 FAFR,取其 1/10 即 0.35 FAFR 作为安全指标。这意味着特定的人在 3×10^8 工作小时内死亡一次。假若一个人平均每年工作 2 000 h,则其 150 000 年死亡一次。这种方案的实质,就是在安全设计时,要按照所有的人所承担的风险率都小于 0.35 FAFR 来考虑。

③ 以损害程度和发生频率表示安全与危险等级。

以损害程度和发生频率表示安全与危险等级,可参考美国提出的安全与危险等级的划分,见表 5-6,其划分依据即是事故的损害程度和发生频率。

表 5-6　危险等级划分

危险等级	损害程度	发生频率
安全	不发生人体伤害和系统功能的损害	不足 10^4 工作小时一次
允许范围	虽然影响系统功能,但不致引起主要系统的损害和人身伤亡,可以防止和控制	$10^4\sim10^5$ 工作小时一次
危险范围	产生人身伤害和主要系统的损害,要立即采取措施	$10^5\sim10^7$ 工作小时一次
破坏状态	造成系统报废和多人伤亡的重大灾害	

　　我国各行业及有关安全生产监督管理部门在进行安全管理工作中,都要给所属单位下达死亡指标。为防止盲目性,应该研究提出适于我国应用的安全指标。

　　(4) 负伤安全指标

　　事故导致的损失,除了死亡以外,大多数是负伤的情况。如上所述,对负伤风险进行评价,采用损失工作日/接触小时为计算单位,也据此制订负伤安全指标。

　　表 5-7 为美国不同工作地点的负伤安全指标。对于一些职业性或非职业性的活动,如汽车司机、游泳和体育运动等,也可根据统计数据来制订负伤安全指标,见表 5-8。这两个表中的数据可作为制订负伤安全指标的参考。

表 5-7　美国不同工作地点的负伤安全指标

工业类型	风险率(损失工日/接触小时)
全美工业	6.7×10^{-4}
汽车工业	1.6×10^{-4}
化学工业	3.5×10^{-4}
橡胶与塑料工业	3.6×10^{-4}
商业(批发与零售)	4.7×10^{-4}
钢铁工业	6.3×10^{-4}
石油工业	6.9×10^{-4}
造船工业	8.0×10^{-4}
建筑业	1.5×10^{-3}
采矿采煤工业	5.2×10^{-3}

表 5-8　职业活动与非职业活动负伤安全指标

活动项目	负伤风险率(损失日数/接触小时)	备注
汽车运输	6.6×10^{-3}	
民航	4.1×10^{-3}	
摩托车	3.1×10^{-2}	
划船	6.0×10^{-2}	
游泳	7.8×10^{-2}	
爬山	2.4×10^{-1}	
拳击	4.2×10^{-1}	
赛车	3.0	
摔跤	6.0×10^{-2}	
足球	3.7×10^{-2}	
体操	3.1×10^{-2}	
篮球	3.0×10^{-2}	
潜水	8.4×10^{-3}	

思考与练习

1. 何为评价？何为风险评价？风险评估的影响因素有哪些？风险评估的基本原理是什么？

2. 风险评价的程序是什么？

3. 风险评价指标体系的建立原则有哪些？

4. 何为风险率？风险率有哪些不同的表示方法？

5. 何为安全指标？安全指标的确定原则有哪些？

第 6 章　灾害风险评价

灾害风险评价是对生命、财产、生计以及人类依赖的环境等可能带来潜在威胁或伤害的致灾因子和承灾体的脆弱性进行分析和评价,进而判定出风险性质、范围和损失的一系列过程。其主要包括孕灾环境稳定性评价、致灾因子危险性评价、承灾体脆弱性评价、综合风险损失度评价等几方面。致灾因子危险性评价和承灾体脆弱性评价是灾害综合风险评价的基础,而风险损失评估则是灾害风险评价的核心。

6.1　脆弱性评价

人类并非尽力地维持自然界的可持续,而是尽力维持自身的可持续——Amartya Sen(阿马蒂亚·森)(诺贝尔经济学奖获得者)。灾害的本质是人类社会与自然世界相互作用的复杂结果,表现为社会、经济和环境的损失。国内外的灾害管理的实践表明:对于同样危险性等级的致灾因子,承灾体的脆弱性决定了灾害的风险等级,决定了是否成灾。例如,日本七级地震一般是零死亡,因此,从某种意义上来说,七级及七级以下地震就不存在灾害风险。因此,根据致灾因子危险性的结果,评价承灾体的脆弱性是灾害风险评价的重要任务。只有科学准确的脆弱性评价才能得到客观准确的灾害风险评价结果,从而为风险评价提供技术支持,为制定科学的风险管理措施,如防灾减灾规划、应急预案编制、应急救援、恢复重建规划等提供科学决策依据。

6.1.1　脆弱性评价概述

20 世纪 20 年代,灾害学界强调致灾因子的强度,通常根据致灾因子强度阈值标定灾害等级。但是,根据致灾因子强度确定灾害等级存在缺陷,因为不同经济发展水平的地区、不同的人口密度和防灾减灾设防能力下,同一级别的致灾因子导致的灾害损失和影响结果大为不同。20 世纪 40 年代,美国地理学家吉尔伯特·怀特出版的《灾害环境》(*Environment as Hazards*),首次提出通过调整人类行为而减少灾害损失和影响的防灾减灾思想。1976 年,英国学者奥基夫等把"脆弱性"引进自然灾害研究领域,自然灾害不仅仅是"天灾",人类社会脆弱性才是造成灾害的内在原因。随着人类社会进步,减轻灾害风险的理论与实践不断深入发展,到了 20 世纪 80 年代,灾害学研究开始重视脆弱性在灾害形成过程中的作用。肯尼思·海威特将脆弱性研究和调整的思想扩展到自然、技术、人为灾害的各个领域以及减轻灾害的各个环节。1999 年,国际全球环境变化的人文因素计划(IHDP)设立了全球环境变化与人类安全综合研究(GECHS)办公室,强调重视自然灾害与城市脆弱性研究。2003 年 6 月,国际风险分析协会(SRA)主办第一届世界风险大会,高度重视人类经济、社会和文化系统对各种灾害的脆弱性响应水平。2005 年 1 月,联合国在日本兵库县举行的全球减灾会议,并以国家与社区灾害防御能力建设为主要议题,《兵库宣言》中关于"兵库 2005—2015 年全球减灾十年行动纲领"为降低灾害脆弱性和风险提供了系统战略方法。《兵库宣言》关于脆弱性的内容为:必须通过减低社会的脆弱度,或通过加强国家和社会的减灾能力,提高综合减灾措施的效益,降低灾害风险水平,特别强调降低脆弱性。

6.1.2 脆弱性评价内容

(1) 确定致灾因子

脆弱性与致灾因子是互为条件的关系,没有致灾因子,也就谈不上脆弱性。因此,脆弱性是针对某种特定的致灾因子而言的,致灾因子不同,即使同一研究对象的脆弱性也是不同的,如达不到建筑规范要求的房屋对于地震致灾因子来说具有较高水平的脆弱性,但干旱往往不会对这样的房屋造成威胁。一个地区的脆弱性也是一样,如果该地区地势比较低洼,排水不畅,可能对洪水抵御能力较弱,但对大风却具有较好的抵御能力,对大风灾的脆弱性较低。

(2) 脆弱性评价内容

脆弱性的概念包含内部和外部两个方面的评价内容:内部方面是指系统对外部扰动或冲击的应对能力;外部方面是指系统对外部扰动或冲击的暴露,完整的脆弱性评价应该包括承灾体的暴露性评价。根据脆弱性定义,脆弱性评价包括物理脆弱性评价、社会脆弱性评价、经济脆弱性评价、应对能力评价和恢复能力的评价等内容。

① 暴露性评价。

承灾体的暴露性是指暴露在致灾因子影响区域内的承灾体,主要有人口、房屋、公共基础设施、财产等,其大小是由致灾因子的危险性和影响区域的承灾体数量决定。承灾体的暴露性既是脆弱性的表现形式,也是脆弱性的影响因子,因此,承灾体的暴露性本身也是脆弱性评价的具体指标。承灾体暴露性的评价指标主要有数量型和价值量型。数量型指标有个数、面积、长度等;价值性指标有经济价值、使用价值和社会价值。这些指标的选择视评价目标和获取资料的具体情况而定,人口以外的财产包括生态环境,理论上均可以采用经济价值来评价。

② 社会脆弱性评价。

社会脆弱性评价主要是评价人口数量和分布、人口的年龄、健康、文化教育、贫困等指标和状况,通常包括以下几个常用指标:

a. 暴露人口数:暴露区域内的人口总量(单位:人)。可以通过人口普查数据,以行政单元作为统计单位,综合统计得到。

b. 人口密度:研究区域内单位面积土地上平均居住的人口数(单位:人/km²)。人口密度值是根据行政单位的人口统计资料。

c. 人口文化素质空间分布特征:研究区域内,某文化水准(如初中、高中、大学)以上的人口密度(单位:人/km²)。

d. 城市人口比例:研究区域内,城镇人口与农业人口之比(%)。

e. 人类的贫困与不公平问题:主要有贫困标准、贫困线、多维贫困和人类发展指数等指标。

贫困标准是用于测量和识别贫困人口的重要工具。收入贫困一直是全球使用最为广泛的贫困标准,以收入标准定义的贫困线,一般取决于满足家庭基本需要的食物和非食物货币支出。世界银行用世界上最不发达国家的收入贫困线定义了世界贫困标准。然而收入是实现脱贫的重要工具,是衡量贫困的重要代理变量,但并不能全面反映真实的贫困状况。人类发展指数旨在弥补收入标准的不足,对收入标准做了重要补充,但仍不足以反映人的基本权利被剥夺的情况。多维贫困指数包括反映环境贫困和资产贫困的重要指标,以从多维度更加全面地反映贫困人口的权利被剥夺情况。多维贫困是指穷人遭受的剥夺是多方面的,例如健康较差、缺乏教育、未达标的生活标准、缺乏收入、缺乏赋权、恶劣的工作条件以及来自暴力的威胁等。贫困是对人的基本能力的剥夺,能力方法理论认为可行能力包括公平地获得教育、健康、饮用水、住房、卫生设施、市场准入等多个方面。因此,贫困、不公平以及获取自然资源能力的差异,对人类社会的脆弱性有直接或间接的影响,特别是对灾害应对能力的影响很大。发展中国家,尤其是欠发达国家的脆弱性很高,容易受到灾害的威胁,这种状况在最贫穷的人群和弱势群体(如妇女和儿童)中表现得非常明显。人们普遍认为贫困是导致人类受到灾害威胁的重要原因,因为贫穷人口应对灾害威胁的能力低,甚至由于贫穷,人们承受了更多的灾害影响。

③ 经济脆弱性评价。

经济发展水平决定了社会系统的易损性水平,发达国家遭受的整体损失数量更大,而发展中国家的经济损失的影响更大。值得注意的是,非市场化的产品与服务的潜在经济损失对人类脆弱性的影响比市场化的产品与服务更严重。根据国际上风险评价理论与实践,经济脆弱性一般包括经济、经济活动类型以及经济管理法律、政策与制度等指标:

a. 区域年总产值(GDP),该类数据可以从统计年鉴获得。

b. 区域内人均产值(人均 GDP),区域年总产值与区域人口总数之比。

c. 区域总固定资产,即研究区域内固定资产的总和。

d. 按购买力计算的人均 GDP 或真实 GDP。

e. 农业占 GDP 的比例。

f. 耕地面积,如区域内水田、水旱田、旱地、水浇地等占有的面积。

g. 交通线密度,区域内铁路、公路、航道等交通线的总长度与区域总面积之比。

h. 城镇化比例,城镇区域占总体面积的比例。

经济脆弱性评价指标可以根据灾后损失评价指标反演、由历史灾害造成的经济(包括存量)损失、流量损失、间接损失以及长期经济影响等信息数据建模模拟或经验关系来确定指标。此外,还可以根据宏观和微观经济统计指标来确定经济脆弱性指标。

④ 应对能力评价。

人类社会的应对能力是指社会某一区域或组织可获得的减轻灾害影响的各种资源,包括财富、技术、教育、信息、技巧、基础设施、获得资源和管理能力等因素。人们可以利用各种有形和无形的资产来应对灾害,减少危害发生的可能性与数量,资产包括经济资产、社会与政治资产、生态资产、基础设施资产和个人资产等。制定战略过程中若考虑哪些易受影响人群的现有资产状况以及他们的资产需求,也可以减轻事故或灾难的影响。通过救援、救济和恢复等手段弥补人们在突发事件或极端事件中的财产损失(如提供清洁的水源、医疗服务、住所与食物等),在需要的时候,人们可以动用一切资产来寻求帮助,这些资产将成为预防灾害的关键要素。通常情况下,经济发达国家通常比发展中国家拥有更高的应对能力优势,如霍乱,在经济发达国家,政府可以通过较昂贵的预防措施和早期预警计划来降低它的危害,但是世界上许多经济落后的国家根本无力提供这样的应对措施,因为灾害应对能力反映了人类社会为减灾防灾而采取的工程与非工程性措施的力度。应对能力与狭义的脆弱性区别在于:脆弱性是承灾体遭受灾害而反映的动力学性质,应对能力是承灾体包括人类应对灾害的主观能动性。通过测定应对能力可以帮助人们理解为什么不同类型的危险所造成的灾难轻重程度取决于人们的应对能力。因此,提高人类社会应对灾害的能力,可以很大程度上降低灾害造成的破坏。此外,应对能力不但包括预防与减灾应对能力,还包括对潜在的灾害风险进行资源的提前准备,如鼓励保险、储蓄与应急储备和应急贷款等。基本的灾害应对能力指标包括:

a. 人力指数,主要反映抵抗外部打击、降低脆弱性的人力状况。

b. 财力指数,通过政府财政支付能力和居民经济实力指标来反映应对能力的财力,如以家庭为单位的纯收入、人均财政收入、城乡居民纯收入、人均 GDP 以及各种报告及统计资料数据的计算指标。

c. 物力指数,主要反映应急抢险能力或灾害信息预警发布能力等。

⑤ 恢复力评价。

恢复力概念开始逐步应用到社会科学及环境变化领域中,用来描述社区、机构和经济行为反应。在评价恢复力时,应动态地考虑在恢复的时间段内,若以灾前水平正常速度发展应达到的水平,而不是简单静态地与灾前水平比较。通过这样比较我们可以明确区分出脆弱性和恢复力。恢复力与狭义脆弱性相比较来看,后者是一种状态量,反映灾害发生后系统受到致灾因子打击后造成的直接损失的程度,所以脆弱性研究主要是为灾前的减灾规划服务。恢复力则反映灾害发生后,社会系统通过自我调节,降低间接损失并使社会系统快速恢复正常的能力,因此,恢复力研究有利于灾后恢复重建规划。一般情况下,灾害发生后都在一定范围内存在恢复力问题,但如果灾害导致完全毁坏则不存在恢复力的概念,而是新建的问题。

恢复力的评价可以借鉴弹性定律(胡克定律),弹性$=F/L$,将弹性定义为经济恢复力,把致灾因子(危险性)看成外力的作用——经济社会系统的外生变量 F,这里可以用 K 表示;把经济和社会因灾害导致的减少量作为因变量,即 F 导致的变量;即恢复力倍数 $K=$ 恢复量/损失量,或者恢复率$=$恢复量/灾前经济量。下面给出几个恢复力的应用计算指标:

a. 单位时间恢复倍数,即单位时间内灾后恢复的经济变量(目前经济量－灾后经济量)与灾后经济减少量(灾前经济量－灾后经济量)的百分比,可以分为绝对恢复率(也称静态恢复率)和相对恢复率(也称动态恢复率):

相对恢复率＝恢复值/(无灾害预期经济量－灾后经济量)

   ＝(目前经济量－灾后经济量)/(无灾预期经济量－灾后经济量)

绝对恢复率＝恢复值/(灾前经济量－灾后经济量)

   ＝(目前经济量－灾后经济量)/(灾前经济量－灾后经济量)

b. 年经济恢复率,即年经济恢复率＝年经济恢复量/经济总量。其中,如果分母是灾前的经济总量(与灾前比),则得到的是绝对恢复率;如果分母是没有灾害时经济应该预期达到的经济总量,则得到的是相对恢复率。下面分别是绝对年经济恢复率和相对年经济恢复率表达式:

$$绝对年经济恢复率＝年增加的经济量(GDP)/灾前经济总量(GDP)$$
$$相对年经济恢复率＝年增加经济量(GDP)/无灾经济应达到总量(GDP)$$

总之,脆弱性是一个概念集合:第一,脆弱性突出了社会、经济、制度等人文因素对遭受灾害损害或威胁的程度;第二,脆弱性的客体具有很多层次,包括家庭、社区、地区、国家等不同层次,研究对象包括人群、区域、市场、产业等多种有形或无形的客体;第三,脆弱性概念的界定中还包括敏感性、应对能力、恢复力、适应能力等术语;第四,系统面对不同的灾害风险会表现出不同的脆弱性,脆弱性总是与特定灾害风险密切相关。

(3)脆弱性评价技术路线

脆弱性评价首先是收集整理社会经济数据、历史灾害数据、管理组织数据以及致灾因子危险性成果与数据,评价社会系统的社会脆弱性、经济脆弱性、环境脆弱性和物理脆弱性等,同时考虑经济社会发展和应急组织管理能力评价社会系统的恢复力;通过监测、预警、预报和减灾与应急管理等评价社会系统的应对能力(图 6-1)。

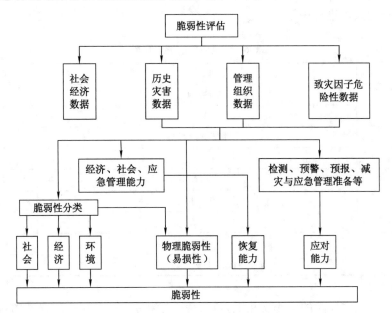

图 6-1　脆弱性评价的技术路线图

6.2　生命价值评价

"保护人的生命,提高人们的安全水平"是一切防灾减灾、职业安全、环境治理决策的出发点和归宿点,防灾减灾是有成本的,当对各种防灾减灾进行成本收益分析时,都会涉及生命价值评价问题。20 世纪 70 年代,美国学者开始讨论生命价值的基本概念及其评价方法,其后世界各国逐渐向更广泛的研究主题拓展。近年来,世界范围自然灾害频发,有学者开展自然灾害风险条件下的生命价值研究。20 世纪 90 年代以后,我国有学者开始生命价值研究,但大多集中在安全生产领域。一些研究由于根据字面意思解释生命价值,混淆了生命价值的含义,也有学者认为生命价值评价可以为意外死亡赔偿提供参考,误用了生命价值的适用范围。近年来,生命价值评价已经进入灾害风险管理的实践应用。

6.2.1 生命价值概念

人类社会生活中存在各种各样的风险,疾病会严重影响人们的健康,甚至夺走生命,各种自然灾害也会造成大量人员伤亡,交通事故和生产安全事故同样会造成重大的人员伤亡。表 6-1 列举了一些能够造成死亡的风险。由于受到科技进步和经济资源的限制,人们不可能消除所有的风险。可能的办法是根据风险的大小进行排序,然后有选择地加以降低或消除。尽管一些风险相对较大,但是这些风险在现有的科技水平下难以控制,如表 6-1 中所列出的,据一些科学家预测,每年陨石造成的死亡风险为 1/6 000,高于工作事故和家庭事故风险,但没有人认为我们应该不顾工作事故和家庭事故风险而采取措施降低陨石所造成的风险。为什么会这样呢?风险管理的问题的关键是:人们通常权衡降低风险所花费的成本与其带来的收益的大小进行决策。

表 6-1 生活中的死亡风险

序号	风险源	年死亡风险
1	吸烟	1/150
2	癌症	1/300
3	机动车辆事故	1/5 000
4	陨石	1/6 000
5	工作事故	1/10 000
6	家庭事故	1/11 000
7	中毒	1/37 000
8	火灾	1/50 000
9	航空事故(乘客死亡数/总人数)	1/250 000

人们在对待死亡风险的微小变化上,与对待一般物品一样,有一个权衡的过程,也就是说人们"购买"死亡风险的微小降低,与购买普通物品一样,需要权衡成本与收益(风险降低)之间的关系,这种市场选择的结果隐含了风险与货币的均衡,即降低的风险与增加的成本之间的均衡,这为计算生命统计价值提供了条件。如为减少万分之一的患甲肝死亡的概率,人们可以选择接种甲肝疫苗。实际中,如果接种疫苗的费用是 100 元,人们可能考虑接种疫苗以减少这万分之一的死亡概率;如果接种疫苗的花费是 1 000 元,人们可能会决定不接种疫苗,因为购买这万分之一的死亡风险降低的价格太高了。人们在权衡这一价格的高低的过程中,反映了人们对降低风险的支付意愿,隐含了人的生命价值,即生命统计价值。基于上述理论和方法来计算生命统计价值比较简单,就是把支付意愿除以你想要的降低的风险水

平。其计算公式为：

$$生命价值 = \frac{支付意愿}{死亡风险降低的概率}$$

用数学形式表示如下：

$$VSL = \frac{\Delta P}{\Delta \pi}$$

或

$$VSL = \lim_{\Delta \pi \to 0} \frac{\Delta P}{\Delta \pi} = \frac{dP}{d\pi}$$

式中，π 为死亡的概率；P 为支付数额。

这个等式给出了愿意为每一单位死亡风险所支付的数额，也就是生命统计价值。

根据公式可以计算出接种甲肝疫苗中的生命统计价值为：

$$VSL = \frac{\Delta P}{\Delta \pi} = \frac{100}{1/10\ 000} = 100\ 万元$$

上面的例子为个体的情况，社会总体情况的生命统计价值就是计算社会总支付意愿。如某经济体中有 1 000 个人，在某种污染水平下，某一年死亡的概率为 0.004，假定一项控制污染的政策使死亡的概率降低到 0.003，死亡的概率变化了 0.001，如果这个群体中的每个人都愿意为这项政策的实施支付 1 000 元，那么这个群体的总支付意愿为 100 万元。如果这项政策被采纳，那么每年将平均少死亡一个人（1 000×0.001→1 人）。就是说，人们为了每年能够少死亡 1 人的总支付意愿为 100 万元。这种思考方式与上式计算的结果是一致的。采用公式计算如下：

$$VSL = \frac{\Delta P}{\Delta \pi} = \frac{1\ 000}{0.004 - 0.003} = 100\ 万元$$

根据劳动市场上的风险与工资情况，也可以推断出生命价值。在劳动市场上，工人会根据工作中的风险情况要求不同的工资水平，如果工作中具有较高的风险，工人会要求较高的工资作为补偿，当然，这已经不再是风险降低的支付意愿，而是接受风险提高的受偿意愿了。例如，工人愿意以 500 元的补偿工资，接受工作中的年死亡风险提高万分之一，这时的生命价值就是受偿意愿除以死亡概率的变化，也就是 500 除以 1/10 000，计算的结果是生命价值为 500 万元。

$$生命价值 = \frac{受偿意愿}{死亡风险提高的概率}$$

无论是支付意愿还是受偿意愿，计算出的数字是什么含义呢？这一数字代表着人们愿意以这个数字所代表的均衡率在死亡风险与货币之间进行交换。对于很小的风险的变化，支付意愿和受偿意愿是相同的。

下面给出生命价值的定义，生命价值是指在给定的时间里，为降低一点死亡概率而愿意支付的数额，或个人愿意接受一点死亡概率的提高所要求的补偿。生命价值评价的是死亡风险，并不涉及特定人确定的生与死的问题。如政府花费一笔经费来改善某一段高速公路的防护栏，使每年死于交通事故的人减少 5 人，此时这 5 人代表的只是一种概率，为全部人口中的不确定的人，而非特定的个人，此时就可用所估算出的生命价值来代表该高速公路防护栏的效益。

6.2.2　生命价值的评价方法

（1）人力资本法与支付意愿法

自然灾害造成的人员伤亡本身就是受灾地区和人们的一种直接损失,称为人力资本的损失。1924 年,保险学家休伯纳在其著作《人寿保险经济学》中用生命价值分析个人所面临的基本经济风险,认为生命价值是指个人未来实际收入或个人服务减去自我维持的成本后的未来净收入的资本化价值,后被美国人寿保险学会的会员们普遍接受,生命价值理论成为人寿保险的经济学基础。

通过人力资本法计算生命价值,可为意外死亡对家庭收入造成的影响提供基本参考。但人力资本法给生命价值下了一个狭窄的定义,即个人的生命价值等于个人的市场产出,隐含着低收入者的生命价值低于高收入者,容易引发棘手的道德伦理等多方面问题。由于人力资本法的固有缺陷,经济学家不断探索更好评价生命价值的方法。与购买普通物品一样,人们在降低死亡风险时,需要权衡降低死亡风险的成本与收益(风险降低)之间的关系,这种市场选择的结果隐含了风险与货币的均衡,即降低的风险与增加的成本之间的均衡,这为计算生命统计价值提供了条件。生命价值更多采用生命统计价值(Value of Statistical Life,VSL)的概念来表示。托马斯·谢林,较早研究了拯救生命的经济学,随后支付意愿法成为国外学者进行生命价值评价的主流方法。所以本书的生命价值是指在给定的时间里,降低一个单位死亡风险的边际支付意愿,或个人愿意接受提高一个单位死亡风险的边际受偿意愿,且生命价值评价的是死亡风险,并不涉及生与死的问题。即:

$$VSL = MWTP = \frac{d(WTP)}{d\pi}$$

式中,π 为死亡的概率,%;WTP 为支付意愿;MWTP 为边际支付意愿。

生命统计价值的概念可以用无差异曲线来说明。无差异曲线 $U(W,P)$ 表示效用水平相等时财富与生存概率的不同组合。当生存概率变化 ΔP 时,沿无差异曲线上点的垂直距离为支付意愿(WTP)或受偿意愿(WPA),即:

$$VSL = \frac{WTP}{\Delta P} = \frac{WPA}{\Delta P}$$

按照支付意愿来评价生命价值时,较多学者采用显示性偏好方法,即从实际市场行为中推断出人们的偏好和支付意愿,劳动市场上的内涵工资法(工资-风险法)得到最为广泛的应用。此外,房地产市场和产品市场上的价格-风险法,也得到学者的重视。近年来,学者开始应用叙述性偏好方法研究生命价值,即通过市场调查的方式,让被调查者直接表述出工作风险、产品风险或环境污染等的支付意愿(或受偿意愿),或者对其价值进行判断,从而得到生命价值。

（2）劳动市场生命价值评价

20 世纪 70 年代以来,基于劳动市场的生命价值研究很多。早期的研究一般基于机构对劳动市场的调查数据,如北美精算协会风险数据和工人赔偿记录。目前,大多数研究采用美国劳工部劳工统计和美国国家职业安全卫生研究所的职业伤亡风险数据。一些研究成果基于整个劳动力市场分析工资与风险之间的均衡,一些学者研究特定的行业、职业、地区、人群和性别的工资-风险均衡。大多数学者针对意外死亡或意外伤害风险开展研究,一些学者则关注职业病风险。

劳动市场工资随工作的风险变化而变化,即存在补偿性工资差异。在风险条件下,理性经济人将追求期望效用最大化。不同偏好的工人通过选择工资与工作风险的最优组合而实现期望效用最大化,企业通过选择工作中的安全水平和工资实现一定的利润水平,二者相互作用实现工资-风险均衡。

在遭遇风险条件下的工人的期望效用公式为:
$$\mathrm{EU} = (1-\pi)u(\omega) + \pi\upsilon(\omega)$$
式中,$u(\omega)$为健康状态下工资为 ω 时工人的效用;$\upsilon(\omega)$为受伤状态下的效用;π 为受伤的概率。

对上式 EU 求关于 ω 和 π 的全微分得:
$$\mathrm{d(EU)} = [(1-\pi)\cdot u'(\omega) + \pi\upsilon'(\omega)]\mathrm{d}\omega + [-u(\omega)+\upsilon(\omega)]\mathrm{d}\pi$$
令 d(EU)=0,可得:
$$\mathrm{VSL} = \frac{\mathrm{d}\omega}{\mathrm{d}\pi} = \frac{u(\omega)-\upsilon(\omega)}{(1-\pi)\cdot u'(\omega)+\pi\upsilon'(\omega)}$$

上式表明,如果已知效用曲线,就可以通过求导得到生命价值。在实际操作过程中,内涵工资法通过分析解释变量(如工人特点、工作特征以及与职业有关的健康危害或死亡风险)与工资之间的关系,研究工资和风险之间的均衡,进而获得生命价值。

6.2.3　生命价值的年龄效应、收入效应

收入水平、年龄、不同文化背景人群的风险偏好、劳动市场的规章制度等多种因素影响着生命价值的大小。其中,年龄效应和收入效应受到了比较广泛的关注。

(1)年龄效应

在劳动市场上进行风险-工资均衡分析进而评价生命价值时,年龄是一个重要的影响因素。早期的研究成果与一些基本的直觉一致,即由于寿命的限制,年龄较大的人对于降低死亡风险具有较低的支付意愿。泰勒最早分析了年龄与不同职业死亡率之间的相互关系,发现二者具有显著的负向相关关系。实际上,这些理论和模型都假定个人可以通过储蓄或借用未来收入的方式保持整个生命周期内消费恒定。消费恒定这一假设条件很大程度依赖于是否存在完善的资本和保险市场。一般来说,消费在整个生命周期内并不恒定,而是先上升后下降。谢波德应用消费的生命周期模型开展所谓的"鲁滨逊·克鲁索"分析,模型假定个人可以前期储蓄而后消费,但不可以借用未来收入,得出在整个生命周期内个人对死亡风险的支付意愿呈现倒 U 形的结论,生命价值随年龄先上升后下降。其后,一些理论研究成果也表明年龄和生命价值之间存在倒 U 形的变化关系。约翰逊的研究成果则表明,生命价值与年龄之间的关系并不明确,年龄可能从正向或负向影响生命价值,也有可能没有影响。认为无论是否存在精算公允的保险市场,生命价值依赖于消费的生命周期模式,其值有可能随年龄上升或下降,也有可能不依赖年龄变化。

在劳动市场上,基于生命价值的基本理论,若工人在生命周期内能够保持消费稳定,生命价值可以转化为年生命统计价值(Value of a Statistical Life Year,VSLY),通常的研究方法均假定生命价值可以表示为年生命价值的现值之和。不同年龄段的财富水平、健康状况和家庭责任等因素都影响个人对死亡风险的判断。研究年龄对生命统计价值的影响需要计

算未来的消费者剩余的现值。

(2) 收入效应

理论上,生命价值随着收入的增加而提高。学者主要采用样本内变异值截面分析、工资-风险研究元分析、特定人群工资-风险均衡纵向分析、不同收入水平的生命价值比较分析和工资-风险数据的分位数回归等方法,并把收入弹性作为衡量收入与生命价值之间变化关系的指标。

① 样本内变异值截面分析。科尔索通过调查汽车安全设施的支付意愿分析收入弹性,阿尔伯来里在英国、意大利和法国开展内涵价值调查,发现收入弹性随收入水平提高而提高,得到目前收入水平下年龄超过 40 岁人群的收入弹性。哈密特等学者分别研究了上海和重庆两地与空气污染相关的健康风险的收入弹性。

② 工资-风险研究元分析。对以前的工资-风险研究进行元分析是得到收入弹性的另外一种方法。维斯库西等在对前人 4 个元分析成果进行评析的基础上,对收入弹性进行了重新分析。

③ 对特定人群的工资-风险均衡进行纵向分析。分析同一人群的工资-风险历史数据可以得到收入弹性。科斯塔等通过分析美国 1940—1980 年工资-风险关系得出人均 GNP 的收入弹性。

④ 对不同收入水平的生命价值进行比较分析。对不同地区或国家的生命价值进行比较分析是得到收入弹性的另外一种途径。例如,哈密特等研究了墨西哥城非致命性职业风险的生命价值,并与美国生命价值进行比较分析得到收入弹性。

⑤ 工资-风险数据的分位数回归。众多的研究成果显示,不同收入水平的地区或国家收入弹性差异较大,为了弥补这一缺陷,有学者开始研究工资分配表上的多个收入水平(或年龄)的工资-风险均衡。

此外,兰卡斯特从产品的差异出发,认为商品本身并不产生效用,产生效用的是商品的各种特征,罗森从理论上分析了异质产品市场的短期均衡和长期均衡,二者共同奠定了特征价格法的理论基础。产品市场上,学者关注的重点集中在安全设备(汽车安全带、自行车头盔和火灾探测器等)和吸烟的风险-价格均衡分析。房地产市场上,学者主要通过分析房地产价格对垃圾处理厂风险、空气污染、噪声的响应,研究生命统计价值。

6.2.4 生命价值与死亡赔偿标准

人们很容易把生命价值与意外死亡的赔偿相关联,认为生命价值理论可以成为确定死亡赔偿标准的理论基础,这是一种常见的误解。一般而言,生命价值概念并不适用于诸如人身伤害、交通事故、医疗事故和工伤等意外死亡事故的赔偿。一是生命价值关注的是风险,反映风险变化的支付意愿或受偿意愿,而不是生命和死亡的价值,并不含有用一定数量货币计量生命(死亡或生存)的价值问题。二是生命价值并不涉及特定人的确定的生与死的问题。如防灾减灾措施减少的人员伤亡,仅仅代表一种概率,并非特定的个人。三是生命价值评价的另外一个特征是通过观察人们"事前"的选择而确定其价值。如政府投入资金降低高速公路发生交通事故的风险及减轻环境污染,企业支出成本提高产品的安全性能等,为"事前"的角度观察某项政策或措施可能带来的收益。而由于意外事故的死亡赔偿问题是事后的确定性问题,即特定人的确定的死亡并不适用于生命统计价值。实践中,各国法律都规定要对与受害者有关的一些人(即近亲属)的精神或财产方面损害进行赔偿。我国的法律法规或者司法解释对于意外死亡的赔偿往往根据收入水平为基础来确定,其实质是人力资本法。

总之,生命价值评价是一个较新的学术研究热点,劳动市场、产品市场的生命价值理论和实证研究都有一定程度的文献积累。但是自然灾害风险背景下生命价值研究较少,一方面原因在于风险数据难以获得,另一方面自然灾害风险在一个国家或地区内部空间分布具有较大差异,而其他风险往往具有一定的广泛性。此外,自然灾害风险是一种公共风险,难以通过市场交换的手段加以降低。目前,在美国、英国、加拿大和澳大利亚等发达国家,包括国际组织等要求或建议对拟实施的环境、健康和安全政策或措施进行经济分析,然而我国生命价值研究起步相对较晚,也没有采用生命价值开展公共政策的成本收益分析,西方发达国家则已经广泛开展环境、健康和安全政策或措施经济分析。因此,我国自然灾害防灾减灾政策和措施均需要采用生命价值评价方法进行经济分析和评价。

6.2.5 生命风险评价指标

生命风险评价是指人员伤亡的指标,包括个人风险和社会风险指标,下面分别介绍这两个指标的定义及其评价公式。

(1) 个人风险

① 个人风险定义。

个人风险是参与某项活动或是处于某个位置一定时间,而未采取任何特别防护措施的人员,遭受特定危害的概率,此处的特定危害是指死亡的风险,一定时间是指一年或一个人的一生,常简记为 IR,个人风险常用致命意外死亡率(Fatal Accident Rate,FAR)或年死亡率描述。

年死亡率的表达形式是根据个人风险的定义得到的,可记作:

$$IR = P_f P_{d/f}$$

式中,P_f 为风险事件的年发生概率;$P_{d/f}$ 为个人在风险事件中死亡的概率。

② 个人风险评价模型。

个人风险模型是基于维瑞林于 2003 年提出的个人风险模型。考虑到人们社会生活中总会面临一定的风险,因此可以假设理性的人总是能接受一个基本的个人风险水平,并且能够在此风险水平下正常地生活,不至于产生忧虑情绪。该个人风险水平就是个人基础风险水平,用 IR_0 表示,可以将个人参加具体某项活动,或是某种职业的个人风险水平看作个人基础风险水平的函数,这样可以得到计算某类活动或某种灾害的个人风险的函数,可记作:

$$IR = \beta \cdot IR_0$$

β 称为参加活动或处于某种灾害风险情况下的风险意愿系数,在 $(0, \infty)$ 之间取值。当 $\beta = 1$ 时,表示该活动的风险等于基础风险;当 $\beta > 1$ 时,该活动的风险高于基础风险;而当 $0 < \beta < 1$ 时,该活动风险低于基础风险。如果从风险决策角度,可将风险意愿系数 β 看作效用函数,而将个人基础风险水平视为个人风险指标的基本水平。维瑞林根据荷兰的实际统计情况,取"$10^{-4}/a$"为个人基础风险水平,该取值来自 14 岁少年的年意外死亡概率,这也是一个人的所有年龄段中意外死亡概率中最低的数值,因此,该风险水平应是能够被社会公众广泛

认可并被现实接受的个人风险水平,适合作为个人基础风险水平。同时,风险意愿系数 β 的取值与人们参与该活动的目的、通过活动获得的精神和物质利益的满足、参加活动可能导致后果的严重程度、个人在事故发生时规避风险的能力等因素有关系。维瑞林还通过分析几个典型的活动,标定了 β 的取值:当 $\beta = 10$ 时,表示个人极其渴望参与,但有极高风险的活动,如登山;当 $\beta = 1$ 时,表示个人可以自主决定,但有直接利益的活动,如开车;当 $\beta = 0.01$ 时,表示极度不自愿,但毫无决定权的活动。维瑞林还进一步提出"$10^{-4}/a$"是一个能得到广泛接受的个人风险水平,可以作为世界范围的个人基础风险水平。

风险意愿系数还可以用来确定最低合理可行(ALARP)准则中的风险水平界限。目前很多研究都认为在合理的个人基础风险水平下,对于 $\beta < 0.01$ 的个人风险,由于其远低于基础风险水平,可认为是可忽略风险水平;当 $\beta > 100$ 时,该风险是不可接受的,必须采取措施降低;$0.01 < \beta < 100$ 时,可认为该风险处于 ALARP 区域。

通常情况下,政府常常通过规定个人风险的下限作为项目评价或审批的依据,可将这个下限作为最低个人风险可接受水平,即个人风险可接受水平。其意义也相当于 ALARP 决策中的可忽略风险水平。例如,在荷兰国家住宅、空间规划和环境署规定的个人风险可接受水平为"$10^{-4}/a$",其中 $\beta = 0.01$,这一风险水平是为荷兰公众所设定,主要针对新建工矿企业。

③ 个人风险指标。

个人风险指标一般指单独一个人在一段时间内容(通常为一年)暴露在危险中的伤亡风险概率。荷兰防洪设施技术咨询委员会(TAW)定义个人风险指标为目前实际在现场的个人死亡概率,这里的个人是统计意义上的任意一个人,具体评价指标确定则需要考虑不同类型的人。

a. 年均个人风险(Individual Risk Per Annum,IRPAa)指标:为一年时间内,由于危险 a 导致个人死亡的概率。可以通过一年内暴露危险 a 中的一个群体观察的致死率来估计,即:

$$IRPAa = \frac{观察到的危险\ a\ 导致的致死人数量}{一年内暴露于危险\ a\ 中的总人数}$$

b. 潜在等效死亡率(Potential Equivalent Fatality,PEF):是指灾害引起人员不同程度伤亡等效死亡率的一定比例。例如,伦敦地铁的定量风险分析中将重伤的权重定为 0.1,轻伤的权重定为 0.01。

c. 场地个人风险(Localized Individual Risk,LIR):是指一个人一直处于某个场地(位置)时由于事故导致其在一年内死亡的概率,也称指定地点个人风险。根据地域个体风险可以绘制风险等高线图,多用于防灾减灾土地规划。

d. 预期寿命的缩短(Reduction in Life Expectancy,RLE):该指标可以区分年轻人死亡和年老人死亡的不同,如一个人由于某种危险的死亡,其 RLE 可以定义为:

$$RLE_t = t_0 - t$$

式中,t_0 代表与随机抽取的死亡人同龄人的平均寿命,t 表示受害者死亡时的年龄,预期寿命的减少取决于受害者死亡时的年龄。

(2) 社会风险

① 社会风险评价模型。

社会风险(Social Risk,SR)主要是描述重大伤亡事件(一般是死亡 10 人以上)和伤亡人数总量,一般用来描述事故发生概率与事故造成的人员受伤或死亡人数的关系。如果该风险事件是对特定的人群发生作用,也称为集体风险,或(行业)职业风险。在充分表达其概念本质的基础上,社会风险可以用年死亡人数的均值或年死亡人数的概率分布函数等多种方法描述。总之,个人风险提供了在一定位置的死亡概率,社会风险则给出了整个区域的死亡数量,不考虑该地区是否确切发生危险事件。

如前所述,社会风险可以通过年死亡人数的均值或死亡人数的概率分布函数两种方法描述,因此关于社会风险的数学模型也可以通过个人风险和人口密度的关系或通过事故年死亡人数的概率密度函数得到。如果某地 (x,y) 的个人风险水平为 $\text{IR}(x,y)$,当地的人口密度为 $h(x,y)$,A 为当地区域面积,则当地的社会风险可表示为:

$$\text{SR} = E(N) = \iint_A \text{IR}(x,y)h(x,y)\mathrm{d}x\mathrm{d}y$$

该方法实际是用伤亡人数的均值描述社会风险,这一均值在很多文献中称为年可能死亡人数。通过分析可知,当两地的个人风险水平相同、人口密度不同时,其社会风险也不同。社会风险更能反映风险源对当地的影响,个人风险可认为是系统本身的特性,不受当地特性的影响。这也是需要用个人风险和社会风险两个指标描述地方或系统的公共安全风险的原因。假设事故年死亡人数的概率密度函数为 $f_N(x)$,则有:

$$1 - F_N(x) = P(N > x) = \int_x^\infty f_N(x)\mathrm{d}x$$

式中,$F_N(x)$ 是年死亡人数的概率密度函数,而 $f_N(x)$ 是年死亡人数的概率分布函数,即年死亡人数超过 x 人的概率。上式也常常绘成曲线来形象地描述社会风险水平,称为 F-N 曲线。F-N 曲线实际是年死亡人数的超概率在双对数曲线上的图形,利用 $f_N(x)$ 也可以得到年期望死亡人数 PLL,即:

$$E(N) = \int_0^\infty x f_N(x)\mathrm{d}x$$

另外,也有研究者利用 F-N 曲线下方积分面积衡量社会风险,等效于潜在的年期望死亡人数 PLL 的均值 $E(N)$,用公式表示为:

$$\int_0^\infty [1 - F_N(x)]\mathrm{d}x = \int_0^\infty \int_0^x f_N(u)\mathrm{d}u\mathrm{d}x = \int_0^\infty \int_x^u f_N(u)\mathrm{d}x\mathrm{d}u = \int_0^\infty u f_N(u)\mathrm{d}u = E(N)$$

相比之下,更多的国家规范中,都利用 F-N 曲线作为社会风险的决策标准,可归结为下式:

$$1 - F_N(x) < \frac{C}{x^n}$$

式中,C 决定曲线的位置;n 表示斜率。当斜率为 -1 时,可认为是风险中性的;而当斜率为 -2 时,可认为是风险厌恶的。

② 社会风险与个人风险关系。

社会风险或总风险,即加权风险(AWR)可以通过计算获得,如可以用某区域的 IR 乘以该区域内的房屋的数量:

$$\text{AWR} = \iint_A \text{IR}(x,y)h(x,y)\mathrm{d}x\mathrm{d}y$$

式中,$\text{IR}(x,y)$ 是位置 (x,y) 的个人的风险;$h(x,y)$ 是位置 (x,y) 的房屋数量;A 是计算该区

域的加权风险（AWR）的面积。

如果 $E(N)$ 是每年死亡人数的期望值，$m(x,y)$ 是位置 (x,y) 上的人口密度，$IR(x,y)$ 是位置 (x,y) 的个人风险水平，则该区域的社会风险可表示为：

$$E(N) = \iint\limits_A IR(x,y)m(x,y)dxdy$$

卡特考虑了个人的风险水平和位置等其他特点，给出等级累积风险（SRI）的定义：

$$SRI = \frac{P \cdot IR_{HSE} \cdot T}{A}$$

式中，$P = \frac{n+n^2}{2}$；IR_{HSE} 是每百万年的个人风险，T 是该区域被 n 个人占用的时间；A 是该区域的表面积，hm^2；P 是人口系数；n 是该区域的人数。

需要注意的是，SRI 不是无量纲的，单位是（人＋人^2）/10^6（公顷每年）。

上述三个表达式都是基于个人风险计算社会风险。其他社会风险模型可以根据每年死亡数量的概率密度函数（$P_{d/f}$）得到。

英国健康与安全执行局（HSE）用积分来度量社会风险，即：

$$RI = \int_0^\infty x[1 - F_N(x)]dx$$

维瑞林等从数学上证明 RI 可以用死亡人数的期望值 $E(N)$ 和标准差 $\sigma(N)$ 来表示：

$$RI = \frac{1}{2}[E^2(N) + \sigma^2(N)]$$

HSE 定义了加权风险积分参数，称为风险积分（COMAH），即：

$$RI_{COMAH} = \int_0^\infty x^\alpha f_N(x)dx$$

多人死亡事故的厌恶系数用 α 表示，$\alpha \geqslant 1$。基于实践分析，选择 $\alpha = 1.4$ 作为风险厌恶系数。斯梅茨提出了类似的计算方法：

$$\int_1^{1\,000} x^\alpha f_N(x)dx$$

如果没有考虑积分边界，RI_{COMAH} 和斯梅茨表达式都等于 $\alpha = 1$ 的期望值。如果 $\alpha = 2$，公式将等于 $E(N)$ 的二次方。即：

$$\int X^\alpha f_N(x)dx = E(N^2)$$

$$E(N^2) = E^2(N) + \sigma^2(N)$$

博恩布拉斯特引入可接受的感知风险 R_p 作为社会风险的度量，即：

$$R_p = \int_0^\infty x\varphi(x)f_N(x)dx$$

式中，$\varphi(x)$ 是风险厌恶函数，即死亡人数 x 的函数。这种死亡数量的期望值计算是考虑了风险厌恶函数 $\varphi(x)$。根据博恩布拉斯特提出的风险厌恶估值可以推导得出 $\varphi(x) = \sqrt{0.1x}$ 表达式可以写成：

$$R_p = \int_0^\infty \sqrt{0.1}\,x^{1.5}f_N(x)dx$$

克鲁恩等提出相似的方法，即系统的期望负效用：

$$U_{\text{sys}} = \int_0^\infty x^\alpha P(x) f_N(x) \mathrm{d}x$$

同样,权重因数 α 被包括在风险厌恶因数 $P(x)$ 中,它表示死亡人数函数的期望负效用。需要注意的是,RI_{COMAH} 和斯梅茨提出的方法、博恩布拉斯特等使用的方法,都是用期望效用(负效用),所有这些方法都可以写成下面的通用公式:

$$\int x^\alpha C(x) f_N(x) \mathrm{d}x$$

不同的作者选择了不同的估值 α(取值范围从 1 至 2)和因子 C,C 是常数或是 x 的函数。

维瑞林等提出的总风险计算包括死亡人数的期望的和标准差,标准差乘以一个风险值厌恶系数 k。即:

$$\mathrm{TR} = E(N) + k\alpha(N)$$

总风险考虑风险厌恶指数 k 和标准差,因此称为风险厌恶,对于低概率和高结果的事件的标准差相对高。区别两种社会风险的计算方法可以看出:$F\text{-}N$ 曲线和期望是风险中性的。风险厌恶的值可以通过权衡预期值因子 α,考虑到风险厌恶因子 $[P(x)$ 或 $\varphi(x)]$ 或由涉及等式($\alpha=2$)中的标准差得到。

③ 社会风险指标。

社会风险指标是指群体受到危险导致伤亡的频率,可以通过个体风险程度和暴露于危险中的人群数量的乘积得到。

a. 潜在社会生命损失(Potential Loss of Life,PLL)是指特定区域的人群每年预计的死亡人数,也称年平均死亡率(ARF),是衡量群体社会风险最简单的指标。

b. 致命死亡率(Fatal Accident Rate,FAR)是指特定人群暴露危险之中累积特定期间(亿小时)的死亡数量,其计算公式为:

$$\mathrm{FAR} = \frac{\text{预计死亡人数}}{\text{暴露在危险中的事件(小时)}} \times 10^8$$

部分活动的致命死亡率(FAR)、暴露时间和年死亡率见表 6-2。意外事件发生概率见表 6-3。

表 6-2　部分活动的致命死亡率(FAR)、暴露时间和年死亡率

活动类型	FAR	暴露时间	年死亡率	活动类型	FAR	暴露时间	年死亡率
攀岩	4 000	0.005	1/500	30~40 岁病故	8	1	1/1 200
骑摩托车	300	0.01	1/3 000	开矿	8	0.2	1/6 000
滑冰	130	0.01	1/8 000	乘火车	5	0.05	1/40 000
高层建筑作业	70	0.2	1/700	建筑作业	5	0.2	1/10 000
深海捕鱼	50	0.2	1/1 000	农业	4	0.2	1/12 000
海洋平台作业	20	0.2	1/2 500	家庭意外	1.5	0.8	1/9 000
40~44 岁病故	17	1	1/600	坐车	15	0.05	1/13 000
乘飞机	15	0.01	1/70 000	化学工业	1	0.2	1/50 000

表 6-3　意外事件发生概率

类别	发生概率	类别	发生概率
受伤	1/3	死于怀孕生产	1/14 000
溺水死亡	1/5 000	触电死亡	1/350 000
难产	1/6	染上艾滋病	1/5 700
配偶被动吸烟死于肺癌	1/60 000	死于浴缸中	1/1 000 000
车祸	1/12	自杀（女性）	1/20 000
死于手术并发症	1/80 000	坠落床下而死	1/2 000 000
心脏病突发	1/77	自杀（男性）	1/5 000
中毒死亡	1/86 000	被动物咬死	1/2 000 000
死于心脏病	1/340	坠落死亡	1/20 000
骑自行车死于车祸	1/130 000	被龙卷风刮走摔死	1/2 000 000
死于中风	1/1 700	死于工伤	1/26 000
吃东西噎死	1/160 000	冻死	1/3 000 000
死于突发事件	1/2 900	行走时被撞死	1/40 000
死于飞机失事	1/250 000	被谋杀	1/11 000
死于车祸	1/5 000	死于火灾	1/5 000
被空中坠落物砸死	1/290 000	糖尿病	1/35

6.3　灾害风险评价模型

自 2000 年以来,全球性自然灾害风险管理研究计划和美洲以及欧洲等自然灾害风险管理研究计划的开展,对自然灾害风险评价与管理的理论与实践应用具有重要指导意义。国际上标志性的自然灾害风险评价研究计划主要有:灾害风险指数系统(DRI),在 2004 年发表了《降低灾害风险:对发展的挑战》的全球报告;全球自然灾害风险热点地区研究计划(Hotspots),公开发表的研究成果《自然灾害热点:全球风险分析》和《自然灾害热点:案例研究》;灾害风险管理指标系统,也称美洲计划;欧洲多重风险评价系统和美国灾害风险评价模型(HAZUS)。这些研究计划首次为全球的区域性灾害风险评价提供了值得参考的模型和指标体系。其中,DRI 是第一个以死亡为风险指标的模型,后来,评价模型都是在死亡指标基础上加入经济损失指标作为风险的指标,欧洲多重风险评价则是将各类自然灾害和技术灾害综合在一起进行风险评价,美国的 HAZUS 模型是目前比较全面的自然灾害风险评价软件包,已经全面应用于美国各类自然灾害的评价,甚至应用于其他国家和地区,如我国的台湾。

6.3.1　灾害风险指数系统

灾害风险指数系统(Disaster Risk Index,DRI)是世界上第一个以全球尺度的空间分辨率到国家的人类脆弱性评价指标体系。2000 年,DRI 项目最初是由联合国开发计划署 (UNDP)与联合国环境规划署(UNEP)——全球资源信息数据库(UNEP-GRID)共同实施, 希望阐明影响灾害风险和脆弱性的发展方式,提供定量证据来支持国家政府以及社会组织 管理和减轻灾害风险的计划。灾害风险指数系统是研究国家发展与灾害关系,是一个以死 亡率作为校准风险的指数系统,即度量灾害造成死亡的风险。DRI 指标体系在国家的选择 方面主要是选取所有主权国家,但对于一些特殊的政治和经济及地理因素则采取了变通。

(1) 风险指标

DIR 模型的风险采用了三个指标:死亡人口数量、死亡率和相对受伤人员的死亡率。

(2) 脆弱性指标

DRI 模型采用的国家脆弱性指标由经济、经济活动类型、环境属性和质量、人口、健康 和卫生条件、早期预警能力、教育、发展 8 个方面分项指标组成。

① 经济指标:

a. 按购买力评价的人均 GDP。购买力评价(Purchasing Power Parity,PPP)是一种基 于经济学角度,根据各国不同的价格水平计算出来的货币之间的等值系数,以对各国的人均 国内生产总值进行合理比较。

b. 人类贫困指数(HPD)。人类贫困指数计算公式或结果可以查阅联合国相关的报告 和网站信息。

c. 偿还债务总量(占货物出口和服务的百分比)。

d. 通货膨胀、食品价格(年变化百分比)、失业率(占总劳动力的百分比)。

② 经济活动类型指标:

a. 耕地。

b. 永久种植谷物的可耕地的百分比。

c. 城市人口比例。

d. 农业占 GDP 的百分比。

e. 农业劳动力的百分比。

③ 环境属性和质量的指标:

a. 森林和林地的覆盖率。

b. 人为原因引起的土壤退化。

④ 人口指标:

a. 人口增长。

b. 城市增长。

c. 人口密度。

d. 老年抚养比。

⑤ 健康和卫生条件指标:

a. 拥有获得改善供水条件的人口比例(总数、城市、农村)。

b. 每千人拥有医生数。

c. 医院床位数。

d. 男、女预期寿命。

e. 5 岁以下幼儿死亡率。

⑥ 早期预警能力指标:每千人拥有收音机(TV)量。

⑦ 教育指标:文盲率。

⑧ 发展的指标:人类发展指数。

(3) DIR 系统模型采用的数据源

DIR 系统模型采用的数据源分为致灾因子数据源、灾情(死亡人数)数据源以及脆弱性指标数据源,主要有如下数据源:

① 人类发展指数。

② 腐败指数。

③ 土地退化。

④ 其他社会经济变量。

⑤ 死亡人数。

⑥ 人口总数。

(4) 物理暴露的计算模型

$$phExpnat = \sum Pop_i / Y_n$$

式中,phExpnat 是一个国家总物理暴露量;Pop_i 为一个特定影响范围内的总人口;Y_n 为统计时段年数。

这里的暴露主要考虑人的暴露,人的死亡率和相对死亡率是灾害风险的标准指标。

(5) 灾害风险的计算

死亡风险可以用过去灾害死亡人数表示,则该风险计算模型为:

$$K = C \cdot (phExp)^\alpha \cdot V_1^{\alpha_1} \cdot V_2^{\alpha_2} \cdots V_p^{\alpha_p}$$

式中,K 为致灾因子导致的死亡率;C 为常数;phExp 为物理暴露量;$V_i (i=1,2\cdots)$ 是脆弱性参数;$\alpha_p (p=1,2\cdots)$ 是 V_i 的指数。

为了便于计算,可以将上式转化成对数形式,这样得到下面的风险计算模型公式:

$$\ln(K) = \ln C + \alpha \ln(phExp) + \alpha_1 \ln(V_1) + \cdots + \alpha_p \ln(V_p)$$

DIR 系统主要是应用上述风险计算模型,通过选取的 24 个社会、经济和环境变量(可以针对不同的灾种选择相应的脆弱性指标),通过一个复合对数回归模型对一系列社会、经济和环境指数进行统计分析,从而能够检验不同国家各类灾种的风险水平。

6.3.2 全球自然灾害风险热点地区研究计划

全球自然灾害风险热点地区研究计划是世界银行和哥伦比亚大学的联合研究项目,该计划选取了洪水、龙卷风、干旱、地震、滑坡和火山 6 种自然灾害。

(1) 风险指标选择

全球自然灾害风险研究计划的热点地区主要选取死亡率、经济损失总量和经济损失占 GDP 的比重这三个风险指标,相比 DIR 指标系统增加了经济损失指标。

(2) 数据源

该计划主要采用 EM-DAT 获得的过去 20 年历史损失数据计算的灾害损失率。EM-DAT(紧急灾难数据库)是由灾后流行病研究中心(CRED)管理和维护,CRED 作为非营利机构于 1973 年在比利时布鲁塞尔成立。1988 年,世界卫生组织与 CRED 共同创建了紧急灾难数据库(EM-DAT),并由 CRED 进行维护。其核心数据包含了自 1900 年以来全球 15

700 多例大灾害事件的数据,并且平均每年增加 700 条新的灾害记录来不断更新补充数据库,该数据库也是迄今为止最权威的灾害数据库。

（3）总体思路

Hotspots 研究计划是基于灾害区域的人口暴露、GDP 及其历史损失率确定灾害死亡率和经济损失风险的高、中、低风险区域,并根据单灾种脆弱性综合评价的结果,建立了全球多灾种的综合风险指数。具体来说,Hotspots 利用 20 年（1981—2000 年）的 EM-DAT 数据库的历史数据计算每个灾种的损失率,每个灾种都包括两类损失——死亡损失率和经济损失率,而每个灾种的死亡损失率和经济损失率又分别包括 28 个地区/财富等级组合,即 7 个地区（非洲、东亚和太平洋、欧洲和中亚、拉丁美洲和加勒比海地区、中东和南非、北美、南亚）和 4 个财富等级（高、中高、中低、低）的损失率组合,这是根据世界银行标准分类定义的。对每个灾种,所有国家在其相应的地区/财富等级的历史死亡率和经济损失之和就是这个灾种地区/财富等级的损失率,并编制了全球多个单灾种亚国家级的灾害风险图。

（4）风险评价的步骤

① 从 EM-DAT 数据库中摘录 1981—2023 年灾害导致的全球死亡数据,h。

② 利用每个灾种范围的统计数据,计算居住在那个地区受灾害影响的总人数。

③ 简单计算一个灾害死亡率:$r_h = M/P$。因为这个数字很小,所以更多地采用单位"人/10 万人"。

④ 某种灾害 h 影响地区内的每个 GIS 栅格单元为 i,则预期栅格单元死亡人数为全球特定灾种死亡率×该栅格单元的人口,即 $M_{hi} = r_h \times P_i$,对所有 6 个灾种都用这种方法计算,得到每个栅格单元的多灾种死亡数值 $Y_i = \sum_{h=1}^{6} M_{hi}$,这种计算方法假设全球的死亡率都是统一的,并且灾害的严重程度对死亡的相对分布没有影响。

⑤ 如果用 j 表示不同地区和国家财富等级的组合,那么计算一个特定栅格单元的死亡人数可以表示成 $M_{hij} = r_{hj} \times P_i$。

⑥ 如果灾害的等级用 W 表示,并假设地区/财富等级组合 J 的加权方式是相同的,那么,在某一栅格单元内的累计死亡人数 $M'_{hij} = r_{hj} \times W_{hj} \times P_i$。

因为不同灾种的灾害等级不一定都用相同的单位计算,所以简单地把结果数值相加将导致这个指标很大程度上受较大单位数值的灾害影响,因此需经过转化,则:

$$M'_{hij} = M'_{hij} \times M_{nj} / \sum_{i=1}^{n} M'_{hij}$$

式中,n 为暴露于灾害 h 的地区内的栅格单元数量。

⑦ 得到每个栅格单元的多灾种死亡风险热点指标:

$$Y_i = \sum_{h=1}^{6} Mhij$$

把计算结果转化为 1～10 的指标等级,绘制出风险分布图。经济损失风险的计算和死亡风险类似,只要把死亡数据换成经济损失数据即可。

6.3.3　美国 HAZUS 灾害风险评价模型

（1）HAZUS 概述

从 1989 年到 1992 年间,美国发生的一系列自然灾害向公共管理部门发出了警告,为了完成减轻灾害损失管理和编制应急预案等目标,政府意识到有必要精确评价灾害影响。1992 年,美国国家紧急事务管理局(FEMA)建立了一个对最新发生的地震进行损失评价方法的研究小组,研究组在 1994 年发表研究报告《国家地震损失评价方法研究》(*Assessment of the State of the Art Earthquake Loss Estimation Methologies*),正是这次研究促使 FE-MA 后来资助开发 HAZUS 巨灾损失评价模型。HAZUS 研究目的包括:降低自然灾害和人为灾害人员伤亡和财产损失;支持减灾、应急管理、抗灾、灾后恢复的国家计划;评价损失来应用于减灾和备灾,增强国家稳定性和经济安全性。HAZUS 软件包是由 FEMA 和美国国家建筑科学院(NIBS)共同研究的成果,是建立在 GIS 平台全面基于风险分析的工具软件包。HAZUS 先后有两版,第一版 HAZUS 是结合公共和私营部门资源评价地震损失,1997 年发布,升级后的 HAZUS 模型一直是数据与软件的结合。2004 年,HAZUS 在原版的基础上,开发多灾种评价模型软件包,即 HAZUS-MH,包括地震、飓风和水灾(河水和海水)。新版的 HAZUS-MH 模型是一个标准化、美国境内通用的多种灾害损失估计方法,能够应用于地震、洪水、飓风等,其目标是建立自然灾害损失评价方法的国家标准。HAZUS 共由七个模块组成:

① 潜在致灾因子:地震、洪水和飓风。

② 数据库:国家级别、默认数据库包括全部建筑物、关键设备、交通系统和生命线设施。

③ 直接损失:财产。

④ 间接损失:次生损失。

⑤ 社会损失:人员伤亡、转移家庭和暂时避难所需求。

⑥ 经济损失:评价结构和非结构损失、内容物损失、重新安置成本、商品存货损失、资本损失、工资收入损失、租金损失。

⑦ 间接经济损失:灾害对区域范围和对区域经济的长期影响,评价结果可以提供销售、收入、雇佣的变化。

(2) HZAZUS 评价的三个层次

① 第一层次:提供基本损失估计,其目的是满足减灾规划。基础数据来源于国家数据库和嵌在 HAZUS-MH 内部的分析参数以及少量附加数据。

② 第二层次:提供详细区域损失估计,数据方面除第一层次基础数据外,还需要近期相对详细的"地方数据",地震灾害评价的地质基础数据、建筑物清单、公用设施和交通系统数据,相关技术人员参与的结果更有价值。

③ 第三层次:提供建筑物内更为详细的损失估计。其目的是面向不同用户的专门损失估计问题。数据方面是在第二层次的数据基础上,供掌握 HAZUS-MH 模型开发的高级用户使用。

(3) HAZUS 评价的基本流程

① 第一步:致灾因子识别。

② 第二步:致灾因子概览。

③ 第三步:数据清单。

④ 第四步:损失评价。

⑤ 第五步:降低风险措施。

（4）地震灾害评价的基本流程具体流程示例

① 第一步：统计区域基础信息，包括四个方面：区域状况、建筑物清单、重要设施清单、生命线设施清单。每个方面所包含的具体内容如下：

a. 区域状况包括面积、社区数、人口、户数、建筑物数量（包括价值）、居民房屋数量（包括价值）、交通和公用生命线（价值）。

b. 建筑物清单包括居民住房和非居民住房。

c. 重要设施清单包括必要设施和高风险设施，其中必要设施有：医院、学校、警察局、消防站、应急设施等；高风险设施有：水坝、防洪堤、核电站、危险物站。

d. 生命线设施清单包括铁路、高速公路、轻轨、公共汽车、摆渡口、港口、航空港、道路类、桥梁、涵洞、路段、道路设施等。

e. 日用生命线系统包括饮用水、天然气、电力、石油、通信等。

② 第二步：损失分析，包括直接损失分析、次生灾害损失、社会影响和经济损失四个方面内容，每个方面的损失具体内容如下：

a. 直接损失分析：

（a）建筑物损失：按行业部门、构造以及不同破坏等级分析。

（b）重要设施损失：医院、学校、警察局、消防站和 EOCS（按照三级分：超过 50% 达到的中等损失、超过 50% 的完全损失，一天后能恢复 50% 的功能）。

（c）运输与日用生命线损失：其中，总体损失分为中等损失、完全损失、一天能恢复 50% 功能、七天能恢复 50% 功能四级；具体到每个地点的各种管线、电力和饮用水系统功能。

b. 次生灾害损失：

（a）次生火灾：采用蒙特卡罗模拟法、估计燃火点数量和着火面积。

（b）次生废弃物：砖块和木块、钢筋混凝土块。

c. 社会影响：

（a）临时住所需求：估计无家可归户数及所需临时住所。

（b）人员伤亡：轻伤，需要救治但不需住院；需要住院但没有生命危险；重伤，如不及时救助就有生命危险；死亡。

d. 经济损失：

（a）与建筑物有关的经济损失：直接经济损失（修复和重建建筑物内部设备的代价）；工商业停产中断的经济损失。

（b）运输与生命线设施的损失；运输与生命线设施损失代价仅仅是修复或重建这些设施的代价，没有计算其对工商业中断造成的损失。

（c）长期经济影响（属于间接经济影响）。

6.3.4　美洲计划

"美洲计划"是由哥伦比亚大学和美洲开发银行共同研究的成果。美洲计划以卡多纳等开发的风险评价概念框架，评价每一个国家当前的脆弱性和风险管理状态，其主要目标是辅助国家决策者评价灾害风险和风险管理的成效。美洲计划把焦点从全球层面转到国家层面，该计划开发了四个大的指标系统：灾害赤字指数（DDI）系统、地方灾害指数（LDI）系统、通用脆弱性指数（PVI）系统和风险管理指数（RMI）系统。这些指数系统描述了国家级的灾害风险的构成要素及其在美洲 12 个国家的应用。该指标系统在进行灾害风险度量方面,不仅考虑预期的损失、死亡等价的经济损失,还包括了社会、组织和制度因子,如经济、环境住宅供给、基础设施、农业、健康等,该指标系统主要计算国家遭受到 50 年、100 年、500 年一遇的灾害的经济能力。

(1)灾害赤字指数

灾害赤字指数(Disaster Deficit Index,DDI)是度量一个地区灾害发生后的经济损失和可用于应对灾害的资源的指标。

$$DDI = \frac{MCE_{loss}}{Economic_{resilience}}$$

分子 MCE_{loss} 表示潜在灾害事件的最大的损失,是由致灾因子发生的超概率和区域系统暴露的脆弱性共同决定的,其计算模型为:

$$L_R = EV(I_R, F_S)K$$

式中,E 是所有暴露财产的经济数值;$V(I_R, F_S)$ 是脆弱性函数,与灾害事件的强度有关;I_R 是对应的灾害重现期的灾害事件强度;F_S 是灾害对潜在地区影响作用的因素;K 是校正脆弱性函数不确定性的因子。

分母 $Economic_{resilience}$ 是经济恢复力(economic resilience,ER),ER 表示地方政府获得国内和国外资金的能力。地方政府经济恢复能力具体由保险与再保险支付能力、灾害准备金、援助与捐赠、新税、地区预算再分配余额、外部信贷、国内信贷等几个方面资金等构成,具体指标构成见表 6-4。

表 6-4　经济恢复力构成指标

种类	指标
保险和再保险支付能力	F_{1P}
灾害准备金	F_{2P}
援助和捐赠	F_{3P}
新税	F_{4P}
一个地区预算再分配的余额	F_{5P}
外部信贷	F_{6P}
内部信贷	F_{7P}

如果 DDI>1,则意味着该地区即使负很多外债,也没有能力处理极端灾害分子;相反,如果 DDI<1,则意味着该地区可以通过获取资金来处理极端灾害损失。

补充灾害赤字指数 DDI′用来表示每年预期损失或纯风险保费与每年资金花费的比例。其模型公式为:

$$DDI' = \frac{EAC}{CE}$$

式中,分子 EAC 表示每年的预期损失或纯保费,等同于一个地区用来应对灾害可能造成损失年均投资或存款额;分母 CE 表示每年资金花费,每年投资预算中,用来支付应对可能发生灾害的资金百分比。补充的灾害赤字指数指标用来表示每年预期损失或纯风险保费与每年资金花费的比例,该指标相比通用脆弱性指标,能够有效地评价地方政府应对灾害的能力,因为外来贷款、国际信贷、捐款以及新税等资金尽管也是应对灾害的资金来源,但是这些资金存在着不确定性,只有政府自身的财政资金预算才是真正毫无条件投入地方政府应对灾害活动的。

(2) 地方灾害指数

地方灾害指数(Local Disaster Index,LDI)是用来识别那些与极端事件相比更容易发生的、强度稍弱的灾害事件所导致的灾害风险事件。实践中,LDI 多用来描述一个地区遭受小尺度灾害事件的倾向性和对当地发展造成的累积影响,如滑坡、洪水、小地震、飓风和火山等。地方灾害指数由三个次级指标构成:经过标准化的死亡人数 D(deaths)、受影响人数(无家可归的人数)A(affected)和财产损失(建筑物和作物)L(losses)。其模型为:

$$LDI = LDI_{deaths} + LDI_{affected} + LDI_{losses}$$

式中,LDI_{deaths} 表示死亡人数的指标;$LDI_{affected}$ 表示受影响(主要是无家可归的人)的指标;LDI_{losses} 表示财产损失的指标,如建筑物和各类作物损失的指标。其中,LDI 的计算模型为:

$$LDI_{(D,A,L)} = \left[1 - \sum_{e=1}^{E} \left(\frac{PI_e}{PI}\right)\right] \lambda_{(D,A,L)}$$

式中,$PI = \sum_{e=1}^{E} PI_{e(D,A,L)}$;$\lambda$ 为比例系数。PI_e 则相当于由灾种 e 造成的受 D、A、L 影响的持续指数,其模型计算公式为:

$$PI_e = 100 \sum_{m=1}^{M} LC_{em(D,A,L)}$$

式中,LC_{em} 相当于由灾种 e 在各区 m 造成的受 D、A、L 影响的地方系数,其计算公式为:

$$LC_{em(D,A,L)} = \frac{x_{em} x_{ec}}{x_m x_c} \eta_{(D,A,L)}$$

式中,x 为对应于 D、A 或 L 的损失数值;x_{em} 为在 m 省(区)由 e 灾种造成的损失数值;x_m 为 m 省所有灾害类型的损失总值;x_{ec} 为影响整个国家的灾害事件 e 的损失值;x_c 为整个国家的所有灾害类型的损失总值;η 为所有灾害类型与国家已有影响记录数量之间的关系。

通过上述公式计算出各省的 LDI 数值,并可以绘制出各地方(或国家)的 LDI 柱状图。

(3) 通用脆弱性指数

① 通用脆弱性模型。

通用脆弱性指标(Popular Vulnerability Index,PVI)是一个合成指标,可以评价一个地区的脆弱性状态,确定该地区主要脆弱性因素。其提供了度量灾害事件的直接、间接及潜在影响的方法。其模型为:

$$PVI = (PVI_{ES} + PVI_{SF} + PVI_{LR})/3$$

公式中每一个分项指标的具体计算模型为:

$$PVI_{c(ES,SF,LR)}^t = \frac{\sum_{i=1}^{N} w_i I_{ic}^t}{\sum_{i=1}^{N} w_i} \mid (ES,SF,LR)$$

式中,w 为权重;I_{ic}^t 为无量纲化后的(ES,SF,LR)分类指标值。

适用公式中 PVI 的(ES,SF)分项公式为:

$$I_{ic}^t = \frac{x_{ic}^t - \min(x_i^t)}{\text{rank}(x_i^t)}$$

适用公式中 PVI(LR) 分项公式为：

$$I_{ic}^t = \frac{\max(x_i^t) - x_{ic}^t}{\text{rank}(x_i^t)}$$

式中，x_{ic}^t 为 t 时间段内国家 c 或地区的变量原始数据；x_i^t 为综合考虑所有国家和地区的变量；x_M^t 为 t 时间段内变量的最大值；x_m^t 最小值；$\text{rank}(x_i^t)$ 为 $x_M^t - x_m^t$ 的值。

上述计算分项指标 I 是种无量纲化的方法。通用脆弱性指标 PVI 公式中的权重 w 可采用层次分析法计算得出。根据得到的分项指标 I 和权重 w，分别计算出暴露和敏感度(ES)、社会-经济脆弱度(SF)、恢复力缺乏(LR)三个次级指标的 PVI 数值，最后通过公式 $\text{PVI} = (\text{PVI}_{ES} + \text{PVI}_{SF} + \text{PVI}_{LR})/3$ 计算出总的 PVI 值。

② 通用脆弱性模型中的暴露与敏感指数。

通用脆弱性指数模型中的暴露与敏感指数 PVI_{ES} 是对易受影响人口、财产、投资、生产、生计、古迹和人类活动等的表述，标志暴露与敏感度(ES)的具体指标如下：

a. 年均人口增长率(%)。

b. 年均城市增长率(%)。

c. 人口密度(X/5 km)。

d. 贫穷人口(每天收入<1 美元)。

e. 资金储备(100 万美元/1 000 km²)。

f. 商品和服务的进出口(占 GDP 的比例)。

g. 国内固定投资总值(占 GDP 的比例)。

h. 可耕地及永久作物(占土地面积的比例)。

③ 通用脆弱性模型中的社会与经济指数。

通用脆弱性模型中的社会与经济指数 PVISF 可以用贫穷、个人安全的缺乏、文盲、收入不平等、失业、通货膨胀、债务、环境恶化等指标反映。标志社会与经济(SF)指标如下：

a. 人类贫困指数(HPI)。

b. 依赖人口、劳动适龄人口。

c. 社会地位、财富集中(基尼系数)。

d. 失业率(占总劳动人口的百分比)。

e. 通货膨胀(食品价格变化的年比率%)。

f. 对农业 GDP 增长的依赖性的年比率%。

g. 债务利息占 GDP 的比例%。

h. 人为土地退化(GLASOD)。

④ 通用脆弱性模型中的恢复力的缺乏程度指标。

通用脆弱性模型中的恢复力的缺乏程度指标 PVILR 可以用人类发展、人类资产、经济再分配、管理、财政保护、社区灾害意识、对危机状况的准备程度、环境保护这些指标来反映，它们反映了灾后恢复或消化吸收灾害影响能力。标志恢复力缺乏(LR)指标包括：

a. 人类发展指数 HDI[Inv]。

b. 与性别有关的发展指数 GDI[Inv]。

c. 在养老教育医疗健康方面的社会支出占 GDP 比重。

d. 政府管理指数(Kaufmann)[Inv]。

e. 基础设施和房屋的保险占 GDP 的比重。

f. 每 1 000 人拥有电视机数。

g. 每 1 000 人拥有病床数。

h. 环境可持续指数 ESI[Inv]。

注意:[Inv]表示如果计算出的值为负数,那么需转化为 1 减去这个计算结果的相反数。

总体来说,PVI 所反映的包括由于物质和人的物理暴露程度而产生的易损性 PVIES,容易产生间接和潜在影响的社会脆弱性 PVISF,以及消化吸收结果能力的缺乏 PVILR。PVI 是一个合成指标,可以评价一个地区的脆弱性状态,确定该地区主要脆弱性因素,同时该指标还提供了度量灾害事件的直接、间接及潜在影响的方法。

(4) 风险管理指数

风险管理指数(Risk Management Index,RMI)是把一组度量一个国家或地方政府风险管理方面表现的指数集合。这些指标反映了一个国家在组织、发展、降低脆弱性和损失、备灾和灾后尽快恢复的能力和制度行为方面的表现。具体说来:RMI 通过对风险识别、降低风险、灾害管理、治理和财政保护这四个公共政策来量化实现的。其模型为:

$$RMI = (RMI_{RI} + RMI_{RR} + RMI_{DM} + RMI_{FP})/4$$

式中,RMI_{RI}、RMI_{RR}、RMI_{DM} 和 RMI_{FP} 分别表示 RMI 的 4 个子指标,其含义如下:

① RMI_{RI}(风险识别 RI):风险的客观评价,对个体感知的能力。

② RMI_{RR}(减轻风险 RR):对预报和减缓方面的度量。

③ RMI_{DM}(灾害管理 DM):对响应和恢复力的度量。

④ RMI_{FP}(管治和财政保护 FP):是度量制度化程度和风险转移的指数。

RMI 与 PVI 的计算方法类似,其公式为:

$$RMI_{c(RI,RR,DM,FP)}^{t} = \frac{\sum_{i=1}^{N} w_i I_{ic}^{t}}{\sum_{i=1}^{N} w_i} \mid (RI,RR,DM,FP)$$

分别计算出风险识别(RI)、减轻风险(RR)、灾害管理(DM)和管治及财政保护(FP)四个次级指标的 RMI 数值,再通过上述 RMI 模型公式计算出总的 RMI 值,最后绘制出各个国家的 RMI 柱状图。

下面分别介绍四个 RMI 分项指标的量化内容:

① 风险识别(RI)是对风险的客观评价,对个体感知的能力。其包括以下具体指标:

a. 系统的灾害和损失清单。

b. 灾害监测和预报。

c. 灾害评价和制图。

d. 脆弱性和灾害评价。

e. 公共信息和社会参与度。

f. 灾害管理的训练和教育。

② 降低风险(RR)是对预报和减缓方面的度量。其包括以下具体指标:

a. 考虑土地利用和城市规划的风险。

b. 水文流域的干预和环境保护。

c. 灾害事件的控制和保护技术的方法。

d. 住房改善和人类迁出灾害易发区。

e. 安全标准及建筑法规的与时俱进和执行。

f. 公共和私人财产的加固及翻新改建。

③ 灾害管理(DM)是对响应和恢复力的度量。其包括以下具体指标：

a. 应急运作的组织和协作。

b. 应急响应计划和预警系统。

c. 设备、工具和基础设施的捐赠。

d. 内部机构的响应的模拟、现代化和测试。

e. 社区准备和演习。

f. 修复和重建计划。

④ 管治和财政保护(FP)是度量制度化程度和风险转移的指数。其包括以下具体指标：

a. 多机构、多部门和分散的组织。

b. 使机构变强的储备金。

c. 预算分配和流通。

d. 社会安全网络和资金响应的补充。

e. 保险总额和公共财产的损失转移措施。

f. 房屋和私人部门的基础设施及再保险的总额。

通过对风险的描述，指标系统强调了干预的必要性，而且通过恰当的度量风险，进而可以以此确定发展过程中的优先次序，并采取行动降低或控制风险。

6.3.5　欧洲多重风险评价模型

欧洲多重风险评价，是一种通过综合由自然和技术致灾因素引发的所有相关风险来评价一个特定地区的潜在风险的方法。该方法在欧洲范围内得到广泛应用，从原理上讲，该方法可应用于任何的空间尺度和任何与灾害及风险有关的目的，该方法试图决定一个亚国家尺度地区总体的潜在风险，即把所有的相关风险综合起来，是一种具有空间相关性的各种灾害的综合风险评价模型。

多重风险评价是一种通过综合所有自然和技术致灾因素引发的所有相关风险来评价一个特定地区的潜在风险方法。其本质是一种对于具有空间相关性的各种灾害的综合风险评价法。

(1) 致灾因子选择

欧洲多重风险评价致灾因子的选择不仅包括自然灾害如传统的雪灾、旱灾、地震等，还包括技术灾害如空难、核事故以及石油化工等安全技术灾害。表6-5是欧洲风险评价选用的所有致灾因子及其指标和权重。

表 6-5 欧洲风险评价选用的所有致灾因子及其指标和权重

自然和技术灾害	灾害指标	相对重要程度/%
雪灾	可能出现崩塌的地区数	2.30
干旱	观测到的干旱次数	7.50
地震	峰值地面加速度、伤亡人数	11.10
极端温度	高温天气、热浪、严寒、寒潮	3.60
洪灾	河流洪灾重现次数	15.60
森林大火	每 1 000 km² 内火灾次数	11.40
滑坡	专家意见(向所有欧洲地质专家发放问卷)	6.00
风暴潮	冬季风暴出现概率、冬季风速的变化	4.50
海啸	海啸相关滑坡、构造活动带等相关地带	1.40
火山喷发	过去 10 000 年已知的火山喷发	2.80
空难	5 km 范围内机场数量和年乘客数量	7.50
主要事故	各区域内 1 km² 内化学工厂数量	2.10
核事故	核电站位置和距核电站距离	8.40
石油生产、加工、储存、运输	区域内炼油厂、石油港和石油管线的总数	2.30

(2) 风险评价思路

欧洲多重风险评价的特点是将很多自然灾害和技术灾害放在一起形成综合的致灾因子,并根据不同的权重进行加权汇总。图 6-2 给出了欧洲多重风险评价的评价思路。所谓综合致灾因子图,是将所有单个致灾因子的信息综合起来表达在一张图上,以反映每一个地区所有灾害发生的可能性。综合的方法是对所有单个致灾因子的强度加权求和,即对每个致灾因子采用德尔菲法确定权重和对应致灾因子强度相乘。

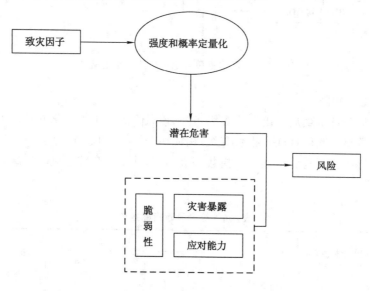

图 6-2 综合风险指标评价总体思路图

（3）欧洲综合风险评价图

所谓综合脆弱性图，就是将有关灾害暴露和应对能力的信息结合起来制作一张图，以反映每个地区总体脆弱性（图6-3）。区域脆弱性由灾害暴露、脆弱性（包括应对能力）决定，灾害暴露由三个指标进行度量，包括：地区人均GDP，度量一个地区基础设施、工业设备、生产能力、居民建筑等灾害的暴露程度；人口密度，代表暴露区可能受到灾害的人口；自然区的破碎化程度表示生态脆弱性。人均GDP作为表征应对能力的指标，反映一个地区应对和处理灾害的响应潜力。

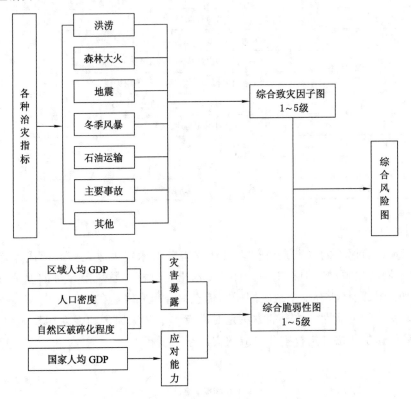

图6-3　欧洲多重风险综合风险评价框架图

（4）风险等级矩阵

欧洲综合风险评价最后给出风险等级矩阵，该风险等级矩阵量化的具体方法如下：给出致灾因子强度等级和脆弱性综合指数等级，构成一个5×5的矩阵，见表6-6。然后把每一级致灾因子强度等级分别与脆弱性综合指数等级加和，共得9个综合风险等级，从而制作出综合风险图。

表6-6　综合风险指标矩阵

致灾因子强度等级	脆弱性等级				
	1	2	3	4	5
1	2	3	4	5	6
2	3	4	5	6	7

表 6-6(续)

致灾因子强度等级	脆弱性等级				
	1	2	3	4	5
3	4	5	6	7	8
4	5	6	7	8	9
5	6	7	8	9	10

注:这里的风险等级采用致灾因子强度的等级与脆弱性等级之和,但是目前公认的风险概念是致灾因子与脆弱性的乘积。

6.3.6　社区灾害风险评价

2005 年以后,国际上已经更加重视和关注社区和特定地区灾害风险和脆弱性评价,下面介绍社区灾害风险评价理论与实践的应用。

(1)社区灾害风险指数概述

社区灾害风险管理系统是基于社区尺度的风险及脆弱性评价指标系统,该指标系统是鉴别家庭和社区群体管理、应对紧急灾害事件能力的一种定量评价方法。其目标是降低脆弱性并提高家庭和社区承受灾害影响的能力,该系统有利于潜在受灾群体和个人积极有效地参与灾害风险应对和管理,参与社区风险管理能够让受灾个人或群体从中感受到存在的价值和符合自身实际的需要,从而实现社区和地方的社会经济的可持续发展。社区灾害风险管理优势在于:

① 社区的成员熟悉所在社区的周围环境,能够有效利用时间应对紧急灾害事件,并富有当地社区的相关社会和环境等经验。

② 社区灾害风险评价及管理能够减少依赖国家和社会的救济,从而提高自身生存能力。

③ 社区成员在参与应对紧急灾害时能够明确表达社会和经济普遍关注的问题。

④ 社区成员清楚社区的受灾影响程度、能够满足妇女关注的问题以及她们的应对能力,从而在防灾减灾应急管理的贡献方面为实现男女平等提供可能。

(2)社区灾害风险指数计算

① 社区灾害风险指数计算原理。

社区灾害风险指数(CBDRM)是一个全面、能够收集重要地方灾害风险数据并能够识别与社区主要的相关风险的指数。CBDRM 采用的方法是问卷调查法,指标体系包括致灾因子、暴露性、脆弱性及抗灾措施和能力四类主要因子。

② 计算步骤。

a. 将不同指标度量结果采用归一化方法,并分为高、中、低三个级别,分别赋予分值为1、2、3,如果没有采用该指标就记为 0。

b. 设定权重。由于同一指标在不同灾种中的权重不同,根据具体灾害情况对权重和具体指标进行调整。即所有致灾因子、暴露性、脆弱性和抗灾措施和能力有关指标分别综合为各自范畴内的一个总指标。

c. 采用等权重加法将 4 个综合后的主要因子指标值再加权汇总为一个灾害风险指数,

注意 H、E、V 和 C 分别是致灾因子、风险暴露、脆弱性和应对能力。

③ 指标举例。通过社区灾害风险管理系统在印度尼西亚应用的案例举例说明评价某类灾害的风险水平：

a. 脆弱性：评价选取的指标为"可获得的基本服务（V4）"，调查问卷设计的问题是：能否良好利用基本健康中心？提示：社区健康中心、诊所、医生等方面内容。

（a）有健康中心且能够坐车方便到达，脆弱性低，取值为 1。

（b）有健康中心但只能步行到达，不太方便，脆弱性中，取值为 2。

（c）没有健康中心，脆弱性高，取值为 3。

b. 灾害应对能力：选取的指标种类是土地利用规划（C1），则调查问卷设计的问题为"在土地利用计划中是否考虑了降低灾害风险方面内容？如果是，则计划实施情况如何？"，"回答情况"赋分如下：

（a）全面落实，则减灾应对能力水平高，取值为 3。

（b）部分落实，则减灾应对能力水平中，取值为 2。

（c）没有实施，则减灾应对能力水平低，取值为 1。

（d）如果回答否，则取值为 0。

还有其他指标这里不详细给出。

④ 指标意义。

a. 社区灾害风险评价指标系统的应用结果有利于提高决策者在区域和国家水平上对不同社区主要灾害风险等级、暴露情况、脆弱性等级和灾害应对能力等的评价。

b. 社区灾害风险评价指标系统还可以作为一种评价灾害风险的管理投资和政策效果的测评手段，从而为灾害风险变化提供具有可比性的参数。

c. 社区灾害风险评价指标系统还强调分析抵御自然灾害能力方面的主要不足之处，并找到可能需要干预管理和加强监督的区域。

d. 系统有序地表述社区尺度上的风险信息。

（3）社区应对能力自我评价法

社区应对能力自我评价法（CBDM）是由一些非政府组织历经几十年发展而形成的自下而上的社区灾害风险管理方法，其基本思想是社区成员对发生在社区内的风险进行主动的、参与式的定性评价。

① CBDM 方法的思想。

a. 死亡、伤害、损失和脆弱性与人们的生活水平（包括人的自身素质和安全保障能力）高度相关。

b. 脆弱性不仅包括经济，而且还包括社区成员所在位置和所拥有的权利，如拥有接受国际组织和机构或其他国家政府捐赠的权利。

c. 社区的脆弱性和应对能力是不同的，脆弱性是社区及其成员本身的属性，而应对能力则是灾害发生后的反应和处置能力。

d. 社区的灾害应对能力存在异质问题。例如居住在农村的农民采用的应对策略取决于适合农村本土化的技术知识和常识，城镇社区则采用社会网络和可替代的隶属关系，如户口、住房等产权隶属关系。

e. 社区灾害应对能力系统提出的背景和假设是：国家和政府不相信或者不信任当地居

民具有自主应对灾害的能力。因为国家的减灾救灾策略是来自上层的想法,这些策略可能因为不了解下层社区的真实需求和要求,往往一厢情愿,事与愿违的情况常常有之,这种情况在我国汶川地震、芦山地震等救灾中也都存在。因此,社区灾害应对能力评价有利于真实地评价和管理灾害应对能力。

② CBDM 方法的意义。

a. CBDM 方法将家庭的生计、位置、生态条件政治观点和主张及地方知识、社会关系等与脆弱性以及应对能力联系在一起。

b. CBDM 方法能够在人们中间建立足够信任、共同目标和动力,利用简单工具(灾害制图、时间预算表、决策树、财富排序等)找出关键问题(优点、机会、不足和面临的威胁),估计自身脆弱性和应对能力。

c. CBDM 方法采用问题解决式视角,针对具体地点和特定人群,采取情景式评价方法,该方法考虑了特殊情况、变化因素和突发事件,从某种程度上说是适应计划的独特案例。

d. CBDM 方法尽管是社区尺度,但应用比较广泛,包括当地经济、社会、政治、技术、生态和地理等影响当地脆弱性和应对能力,但该方法需要加强定量和定性分析的均衡与协调。

(4) 我国社区灾害风险管理

我国引入社区灾害风险管理已有多年,并在实践中得到不断的充实,特别是汶川地震后,政府和学界越来越重视社区灾害风险管理理论的研究和实践工作,加大了政策、技术和财政支持力度。例如,群测群防是我国当前地震、地质灾害社区风险管理的"雏形",是具有中国特色的地震和地质灾害防治体系的重要组成部分,并发挥着重要的现实作用。如 2010 年 8 月 13 日清平特大山洪泥石流中,政府成功组织避险,虽然泥石流冲出量约 600 万 m^3,远远大于舟曲泥石流,但死伤人数远远小于舟曲,其中一个很重要的因素就是得益于群防群测的有效运行。但由于制度、观念等一些原因,1966 年邢台地震后至今,群测群防工作大致经历了起步、高潮、调整、复兴四个发展阶段。在市场经济迅速发展的今天,群测群防必然有新的形式和内涵。目前,我国建起了一支 10 多万人的群测群防监测员队伍,在绝大多数地质灾害多发区建立了群测群防体系,完善了县、乡、村三级防灾体制,并由政府落实补助经费,明确责任到人,严格落实汛期值班制度、险情巡查制度和灾情速报制度。为了充分调动广大群众防灾减灾的能动性,各地积极开展地震和地质灾害防治知识的宣传和培训,发放了地震地质灾害防灾工作手册,实现对地震地质灾害隐患点附近群众的基本培训全覆盖,并开展综合减灾预案演练,以确保预案具有可操作性。

2009 年 11 月 9 日和 11 月 12 日,联合国开发计划署与国家民政部合作的农村社区减灾模式研究项目组分别在陕西省汉中市宁强县广坪镇骆家嘴村和四川省广元市利州区三堆镇马口村举行"农村社区灾害救助应急演练"。这是中华人民共和国成立以来民政部首次在村一级农村社区进行的防灾应急演练,为探索中国西部农村社区基于社区的防灾减灾能力建设提供了很好的范例。

随着地震地质灾害群测群防工作的大力推进及全国范围内"综合减灾示范社区"的积极创建,社区灾害风险管理的模式和运行机制日趋成熟,应用也更为广泛。如在社区减灾工程和扶贫工程实施中引入了社区灾害风险管理理念,云南省景东县漫湾镇的滑坡治理和甘肃省定西市安定区香泉镇中庄村的灾害风险管理就是两个成功的案例。但是,我国减灾社区的社会化参与程度不高,表现在社区居民还未真正参与灾害风险管理的全过程,如风险评价、应急预案编制等活动很少有当地居民参与；社区民居参与群测群防、疏散演练的积极性不高，减灾的责任感不强，需要落实经费补助；缺乏有效的社区减灾综合协调机制，我国社区减灾工作基本都是依托社区村（居）委会来组织落实，社区干部基本处在疲于应付的状态，社区干部缺乏防灾减灾知识，临灾应急处置的专业水平不足，难以有效地承担起社区减灾的领导和组织协调工作。这是因为，一方面社区减灾还没有列入部分村（居）委会重要日程；另一方面社区村（居）委会对增加社区社会资本（社区网络）的重视不够，社区成员间信任度不高等。这些都不利于社区综合减灾工作的开展，特别是难以形成政府、组织及成员之间的互动和配合。

此外，社区缺乏有效的应急预案。尽管我国"一案三制"的应急管理工作取得了一定进展，但是我国受既往计划体制经济背景的影响，灾害风险管理长期是由政府主导，企业、非政府组织、社区公众等没有发挥应有的作用。大多数社区的应急预案缺乏针对性，有的社区预案只是简单模仿上级部门的预案内容，没有充分体现各个城市社区的特殊性、应急资源的整合、各个部门之间的合作与协调等。在一些社区，应急预案成为摆设，没有严格执行，应急预案和应急管理"两张皮"现象依然存在。社区的应急预案的编制仅仅是政府行为，没有得到公众的参与和评价，大多数预案没有经过演练和实践的考验，导致社区公众对应急预案的知晓率较低。实际上，公众参与社区灾害应急管理是可持续减灾的重要保证，社区应急预案必须了解社区高危人群的实际情况，充分关注弱势群体。目前，社会组织和公众没有意识到现代社会本身就是风险社会，风险不只是"一次性突发事件"，而是现代社会的常态。社区公众很少自觉应用风险管理知识进行风险规避，风险管理还没有纳入社区组织的日常工作，风险管理水平十分有限。

（5）其他国家社区灾害风险管理案例

【例 6-1】 印度案例。

印度政府和联合国开发计划署的灾害风险管理计划在 2002—2007 年执行。该计划选取印度的原因是针对印度这类多灾种国家，可以将政府和基于社区救济的应急管理模式转变为防灾减灾投资，灾前的防灾减灾投资效果远比灾后恢复重建投资更为有效。为了降低脆弱性和减少损失，采取的策略主要为通过社区成员的参与和社区自治的方式来降低灾害风险，并提出在印度建立备灾型社区的思想。具体方法和经验如下：

① 首先对社区过去发生的灾害进行回顾分析，通过本地区灾害发生频率对灾害进行排序，分析灾害损失。

② 简单的灾害发生规律总结，如灾害季节日历。建立各类自然灾害发生季节的日历（月历），根据发生的起止时间记录，为社区防灾减灾和模拟分析提供依据。

③ 绘制简易风险图，一般包括当地的风险地图、脆弱性地图和救灾能力地图。这些图主要由当地人自己绘制，这样能够简单有效地收集基础数据，并方便当地的社区成员进行快速识别和便捷应用。简易的风险图类型主要有救灾所需的资源图、风险与脆弱性地图以及安全出口地图等。其中，资源地图包括资源描述、资源分布及运输路径；风险与脆弱性地图是标识社区易发生灾害和容易受灾的地方，包括低洼地、近水的地段、风向等，这样便于保护社区成员的生命与财产；安全出口地图是标识社区安全地区如坚固建筑、高地、紧急避难的预备通道等。

【例 6-2】 日本案例。

1995 年阪神大地震后,日本开始推行"防灾福祉社区事业计划"。日本社区计划的特点是:使用社区灾害风险图,风险图中标有容易受到地震、海啸、洪水、泥石流以及火山喷发等攻击的地区,还包含撤离信息等。社区居民通过使用风险图能够更清楚地认识到他们所处区域的各类风险,当受到灾害威胁时能够采取合适的行动;建设社区防灾无线网,在灾害来临前后,防灾无线网可以保证社区居民与居民之间、当地政府之间和社会组织之间快速有效的信息交流,并及时做出反应,促进灾害应对工作的顺利进行。日本"防灾福祉社区事业计划"具体做法如下:

① 召集全部的居民,即动员社区的人员。

② 针对防灾福祉社区进行提案。

③ 在会议中,通过相互讨论及说明让民众了解防灾福祉社区的内容及含义。

④ 成立防灾福祉社区组织。

⑤ 讨论地震及洪水灾害的相关事项,讨论社区的灾害危险度。

⑥ 从赏花等活动开始建立伙伴关系,进行社区踏勘。

⑦ 与社区内邻居建立朋友关系。

⑧ 由自治会或妇女会做观察者,结合社区团队,开展倡导工作。

⑨ 观察制作防灾地图。

⑩ 通过制作倡导海报,宣传"防灾福祉社区事业计划"。

【例 6-3】 美国案例。

美国减灾型社区建设发展始于 1995 年,FEMA 启动"国家减灾战略",1996 年提出"减灾型社区活动"。美国减灾型社区建设特点概括为:预防性、计划性、组织性、协调性、居民参与性。

建立减灾型社区主要有四个步骤与阶段:

① 建立社区合作伙伴关系,地方政府、工业、企业、基础设施、交通、住房、志愿者组织等代表组成一个合作关系小组,所有成员都有义务为社区减灾服务。

② 社区内灾害评价鉴定,主要是确认社区内可能致灾的地点,研究灾害防范范围,制作相关社区地图,并针对社区致灾地点查找和防范致灾隐患。

③ 确认风险和制订社区减灾计划,首先要分析和评价灾害可能造成的损失程度,这一步骤需要社区居民参与,协商讨论决定;其次参照社区内灾害评价鉴定结果,制订社区减灾计划以及适合社区的长、短期减灾策略。

④ 减灾成果共享,经过建立社区伙伴关系、灾害风险评价及研究制订社区减灾计划的三个阶段后,第四阶段的工作即为完成减灾型社区建立的目标。

FEMA 提出的减灾型社区的能力要求如下:

① 让灾害所造成的伤亡降至最低。

② 公共部门能顺利协助社区救援。

③ 社区本身能够在无公共部门的协助下,独立进行灾害应急管理。

④ 社区能够依据灾前形式进行修复或是参照灾前所共同规划的模式进行重建。

⑤ 社区经济能力能够迅速恢复。

⑥ 如连续遭受严重灾害,社区能够总结经验,不重蹈覆辙。

发达国家十分注重社区减灾管理,形成了比较完善的防灾减灾体系。美国的"防灾型社区"主要体现在社区防灾教育和培训,核心是建立社区与企业、政府部门和民间组织等相关组织和机构的伙伴关系。日本的社区(基层)灾害风险管理特点为:政府在编制城市规划、地区防灾规划和应急预案时,首先做好社区的风险评价;其次政府与居民一起,或以居民为主体,基于政府提供的科学的基础资料,进行风险评价,制作不同比例尺的危险图和面向家庭的应急疏散避难图。日本作为灾害多发国家,提出了"公助、共助、自助"的减灾理念,并在法律中明确了各级政府,企业、社团和公民个人的权利、职责和义务,强化了"自救、互救、公救"相结合的合作关系。

【例 6-4】 其他案例。

近年来,国外很多发展中国家或地区也开展了社区灾害风险管理研究和实践尝试,积累了许多宝贵的经验。2004 年,东加勒比海地区启动了社区边坡稳定性管理项目(Management of Slope Stability in Communities,MoSSaiC),因为简单的挡土墙不能有效地减少滑坡风险,该社区边坡稳定性项目则充分调动当地政府、国际国内非政府组织及社区居民参与边坡稳定性的防治。社区的实践表明 MoSSaiC 项目效果显著,在社区建设网络水渠可以有效地截获不同形式的地表水,从而可以最大化地减少滑坡风险,这种方法可很好地适用于发展中国家的脆弱社区。联合国区域发展研究中心在亚洲开展了"可持续社区减灾"试点活动,成效显著,值得借鉴的经验包括:虚心听取公众参与社区减灾的意愿和建议,完善组织结构和政策规划。

(6)社区减灾的利益相关者角色

国家和地方灾害管理者、非政府组织、企业及社区公众通过一些国家的社区减灾实践,逐步认识到自身在社区减灾过程中扮演的角色。

① 国家和地方灾害管理者角色。国家灾害管理者在社区减灾中主要扮演两个角色:一是建立和实施可持续发展的社区减灾战略;二是作为拥护者和推动者,促进其他利益主体参与社区减灾。地方灾害管理者(减灾工作重要成员)是领导和协调的焦点。其主要职能有三点:一是确认、支持和加强本地的应对机制,充分考虑并不断提高当地居民对风险的认知和应对能力;二是确立持续性的参与机制和协调机制,吸引和引导更广泛利益群体的参与,尤其是最易受到伤害的弱势群体;三是建立有效的社区防灾减灾管理数据库,普及和深化社区减灾取得的成果。总之,政府是灾害管理的主要利益相关者之一。因此,政府领导人的动机和承诺、拟议的综合减灾方法是保障自然资源、生命财产安全并促进灾害易发地区可持续发展的关键。

② 非政府组织角色。非政府组织(NGO)作为减灾工作者的重要组成部分,因其组织的灵活性和广泛的民间性、社会性在自然灾害管理中发挥着重要的辅助作用,是政府灾害管理的有力补充。非政府组织参与防灾、救灾在发达国家已经比较成熟,已经广泛参与国际灾害管理。在南亚各国,以社区为基础的减灾备灾和救助活动,多数由非政府组织进行,其中国际非政府组织是中坚力量,从而形成了一种"政府-援助国-非政府组织"三方合作、协调救灾、恢复重建的机制。在全球化趋势下,非政府组织在促进防灾减灾国际合作交流中发挥了重要作用。企业作为资源和服务提供者,在社区灾害管理过程中具有极大的推进作用,一定程度上减轻了政府灾害救助的财政负担。

③ 社区公众的角色。社区公众在防灾减灾中有着特殊的责任和意义,从某种程度上

说,社区公众是社区减灾管理的主体。只有社区居民认知了风险并积极参与防灾减灾,采取有效的管理措施,才能从根本上将人员和财产损失降到最低。

全球化给人们带来了发展的契机,也带来了与日俱增的各种灾害风险。发展中或欠发达国家的这些社区减灾经验表明,加强国际合作是推进社区减灾管理的重要举措。在减灾形势日益严峻的今天,多方合作的社区灾害风险管理势在必行。经验表明,加强社区风险管理是治理和减少风险并确保可持续发展的一个行之有效的手段。当减灾的重点放在减少地方脆弱性和增强社区防灾减灾能力上时,就可以全面减轻风险,减少损失。

思考与练习

1. 脆弱性评价内容有哪些?脆弱性评价技术路线是什么?
2. 何为生命价值?如何计算?
3. 生命价值的评价方法主要有哪几种?
4. 何为生命价值的年龄效应和收入效应?
5. 生命价值与死亡赔偿标准的不同之处在哪里?
6. 何为个人风险?如何表示?个人风险指标主要有哪些?
7. 何为社会风险?如何表示?社会风险指标主要有哪些?
8. 灾害风险指数系统风险指标有哪些?脆弱性指标有哪些?
9. 全球自然灾害风险热点地区研究计划风险指标有哪些?评价步骤如何?
10. 美国 HAZUS 灾害风险评价模型共有几个模块?评价的基本流程是什么?
11. 美洲计划开发了四个大的指标系统是什么?
12. 何为灾害赤字指数?如何表示?何为地方灾害指数、通用脆弱性指数和风险管理指数?
13. 社区灾害风险管理的优势是什么?

第7章　灾害风险分析与评价案例

7.1　某化工企业 ABL 生产装置风险辨识与分析

当前,我国危险化学品化工企业在制造及储存等过程中,事故频发且危害重大。因此,本案例以国内某化工企业的 α-乙酰基-γ-丁内酯(ABL)装置为研究对象,辨识 ABL 生产工艺过程中的危险因素,通过采用 HAZOP(危险与可操作性研究)对 ABL 生产工艺过程中的危险性进行研究,寻找出合理的安全措施及建议,从而尽可能地控制所产生的风险。

根据实际分析的需要,结合 ABL 装置的工艺流程图,对 ABL 装置的工艺进行关键节点划分,如图 7-1 所示,分别为:乙酸乙酯原料罐、甲苯原料罐、ABL 成品储罐。

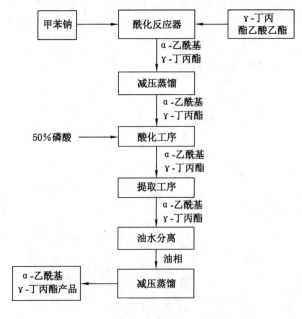

图 7-1　HAZOP 分析节点划分图

关键节点 1：乙酸乙酯原料罐。

节点描述：从乙酸乙酯原料罐中泵入酰化釜中，加料过程中注意观察釜内物料情况，加完后，持续反应，直至反应完全。

关键节点 2：甲苯原料罐。

节点描述：自罐区的甲苯通过酰化反应冷凝器正常循环。通过管道冷凝器返回甲苯冷却釜中，将高位槽中的甲苯放入酰化釜中，充分置换酰化系统内空气。

关键节点 3：ABL 成品罐。

节点描述：将 ABL 粗品泵入精馏釜中，开启组合真空泵，开启精馏，先关到成品阀开回流阀，当正常回流后开始接前馏分，切换 ABL 罐开始接受 ABL。

7.1.1　关键节点 1：乙酸乙酯原料储罐

在该节点中，引导词选为"高"和"低"，参数选为"压力""液位""流量"。乙酸乙酯原料罐的 HAZOP 分析表见表 7-1。

表 7-1　乙酸乙酯原料罐的 HAZOP 分析表

参数	引导词	偏差	原因	后果	现有安全措施	是否满足要求	建议措施
压力	高	乙酸乙酯原料罐压力高	① 来料温度高、来料带气；② 装卸泵卡住；③ 滤网堵塞、底阀不良	① 原料储罐出现超压；② 泄漏遇火源造成爆炸	① 原料罐设有安全阀；② 可燃气体报警器；③ 设有压力高报警	否	① 检查滤网、清理杂物；② 定期检查泵的性能
压力	低	乙酸乙酯原料罐压力低	① 酰化反应釜进气阀失灵；② 传热搅拌性能不佳	① 乙酸乙酯储罐抽瘪；② 浓度不纯	乙酸乙酯储罐设有压力低报警	否	① 检查反应器自控系统；② 修复搅拌器，改善传热效果
液位	高	乙酸乙酯原料罐液位高	① 乙酸乙酯来料量大；② 进料泵故障开度过大；③ 出口阀门故障关；④ 高位槽故障	① 储罐液位高，原料罐冒罐；② 出现泄漏，遇火源造成火灾爆炸；③ 不能容纳热传导液受热膨胀量	① 设有液位高报警；② 设有安全阀；③ 设有可燃气体报警	否	① 设置液位过高手动/自动切换开关；② 确保高位槽的高度达到相应要求
液位	低	乙酸乙酯原料罐液位低	① 进料阀故障开度小或人为误关；② 进料控制阀故障导致进料中断；③ 吸入侧突然被异物堵住	① 乙酸乙酯原料罐液位低；② 导致乙酸乙酯进料泵抽空，机泵损坏，罐体抽瘪；③ 乙酸乙酯卸料泵排液后中断	设有液位低报警	否	进料前，检查吸入口是否有异物，并及时清理

表 7-1(续)

参数	引导词	偏差	原因	后果	现有安全措施	是否满足要求	建议措施
流量	高	乙酸乙酯进料流量高	① 进料流量阀出现故障导致阀门开度超过正常水平;② 酰化釜内温度异常	① 导致乙酸乙酯异常反应,以至于釜内压力小;② 收料管线静电积累,耦合泄漏工况时,会引起火灾、爆炸	① 设有液位高报警;② 设有安全阀	否	管线设置静电跨接和接地
	低	乙酸乙酯进料流量低	① 出口压力表假指示,实际压力低,显示高,操作人员未将出口阀开大;② 乙酸乙酯进料阀故障关闭或人为误关;③ 乙酸乙酯流量控制阀故障导致进料低	导致酰化釜内反应不充分,影响成品浓度	在乙酸乙酯原料罐设有液位低报警	否	设置流量差报警

(1) 乙酸乙酯原料罐压力高

乙酸乙酯储罐来料温度高,会导致挥发,来料带气,造成压力变高;乙酸乙酯装卸泵卡住或滤网堵塞,底阀不良,导致启动负荷大,造成进料压力高。上述原因可能会导致乙酸乙酯原料储罐出现超压,泄漏遇火源造成火灾爆炸。在现有安全措施中,乙酸乙酯原料罐设有安全阀,罐体周围设有可燃气体报警器,设有压力高报警。综上分析,建议经常检查滤网、清理杂物,定期检查泵的性能。

(2) 乙酸乙酯原料储罐压力低

酰化反应釜进气阀失灵或因传热搅拌性能不佳,导致酰化反应釜超温超压,进而乙酸乙酯进料过快,挥发蒸汽会被泵入反应釜,导致乙酸乙酯原料储罐压力低。上述原因可能会导致乙酸乙酯储罐抽瘪,浓度不纯。在现有安全措施中,乙酸乙酯储罐设有压力低报警。综上分析,建议检查反应器自控系统,修复搅拌器改善传热效果。

(3) 乙酸乙酯原料罐液位高

乙酸乙酯进料泵故障开度过大,导致来料量大,原料罐液位偏高;储罐出口阀门故障关闭或人为误关,也会导致液位偏高;乙酸乙酯高位槽故障,不能容纳热传导液受热膨胀量,造成储罐液位高。上述原因可能会导致原料罐冒罐,出现泄漏,遇火源造成火灾爆炸。在现有安全措施中,乙酸乙酯储罐设有液位高报警,在罐体设有安全阀,储罐周围设有可燃气体报警器。综上分析,建议设置液位过高手动/自动切换开关,并确保乙酸乙酯高位槽的高度达到相应要求。

(4) 乙酸乙酯原料罐液位低

乙酸乙酯进料阀故障开度小或人为误关,进料控制阀故障导致中断,可能造成乙酸乙酯原料罐液位低;吸入侧突然被异物堵住,导致乙酸乙酯卸料泵排液后中断,原料罐液位低。上述原因可能导致乙酸乙酯进料泵抽空,机泵损坏,罐体抽瘪。在现有安全措施中,乙酸乙酯原料罐设有液位低报警。综上分析,在进料前,检查吸入口是否有异物,并及时清理。

(5)乙酸乙酯进料流量高

乙酸乙酯进料流量阀出现故障,导致阀门开度超过正常水平,流量偏高;酰化釜内温度异常,导致乙酸乙酯异常反应,以至于釜内压力小,可能会造成乙酸乙酯进料流量高。上述原因可能会造成乙酸乙酯进料流量高,导致收料管线静电积累,耦合泄漏工况时可能会引起火灾爆炸。在现有安全措施中,乙酸乙酯原料罐设有液位高报警,在罐体上设有安全阀。综上分析,建议管线设置静电跨接和接地。

(6)乙酸乙酯进料流量低

出口压力表假指示,实际压力低但显示高,操作人员未将出口阀开大,导致乙酸乙酯进料流量低;乙酸乙酯进料阀故障关闭或人为误关或流量控制阀故障导致进料流量低。上述原因可能造成乙酸乙酯原料流量低,导致酰化釜内反应不充分,影响成品浓度。在现有安全措施中,乙酸乙酯原料罐设有液位低报警。综上分析,建议设置流量差报警器。

7.1.2 关键节点2:甲苯原料储罐

在本节点中,引导词选择为"高"和"低",参数选定为"温度""压力""液位""流量"。甲苯原料储罐的HAZOP分析工作表见表7-2。

表7-2 甲苯原料储罐的HAZOP分析工作表

参数	引导词	偏差	原因	后果	现有安全措施	是否满足要求	建议措施
压力	高	甲苯原料罐压力高	① 上料泵故障; ② 过滤器堵塞	① 甲苯储罐超压; ② 甲苯泄漏,造成火灾、爆炸	① 甲苯储罐设有安全阀; ② 储罐周围设有可燃气体报警器; ③ 储罐周围设置压力高报警	否	甲苯进料泵出口设有止回阀
	低	甲苯原料罐压力低	① 储罐呼吸阀开启不足; ② 甲苯卸料泵扬程不够	储罐损坏或吸瘪	甲苯储罐设有温度报警器	否	建议在上料时,检查叶轮
温度	高	甲苯进料温度高	① 夏季环境温度比较高,来料温度高; ② 甲苯高温易挥发	① 致使压力增大超压; ② 可能会出现泄漏或储罐破裂,遇火源会造成火灾爆炸	① 设有液位高报警; ② 甲苯储罐设有安全阀; ③ 设有可燃气体报警	是	无
	低	甲苯进料温度低	① 冰甲苯冷却釜冰盐水进出口阀门故障; ② 甲苯泵故障,导致压力过高	导致甲苯进入酰化反应器温度过低,达不到标准温度,致使反应不充分,产品浓度质量不佳	① 甲苯储罐设有安全阀; ② 储罐周围设有可燃气体报警; ③ 储罐周围设置压力高报警	否	冰甲苯泵周围设置压力高报警

表 7-2(续)

参数	引导词	偏差	原因	后果	现有安全措施	是否满足要求	建议措施
液位	高	甲苯原料罐液位高	① 输送介质过多；② 酰化反应冷凝器故障，导致液体堆积；③ 甲苯出口阀故障关闭	① 导致液位升高，严重时冒罐；② 造成罐体超压损坏；③ 甲苯外漏，遇明火可能发生爆炸事故	① 设有液位高报警；② 甲苯储罐设有安全阀；③ 设有可燃气体报警	否	在冷凝器中使用水质好的水
	低	甲苯原料罐液位低	① 酰化反应冷凝器循环故障；② 回流泵故障；③ 甲苯回流罐液位阀或液位控制阀故障或人为误关；④ 自罐区来料少	① 造成甲苯原料液位低；② 输送泵气缚，导致输送泵损坏	① 设有液位计；② 设有甲苯原料罐流量低报警	否	设置甲苯进料控制阀液位低报警
流量	高	甲苯进料流量高	① 进料泵转速过高；② 进料流量阀开度过大；③ 甲苯流量控制阀故障	① 过滤效果差，除杂效果差；② 甲苯储罐超压，甲苯泄漏遇明火爆炸	① 进料管线设置有流量计；② 设有液位高报警；③ 甲苯储罐设有安全阀	否	① 设置流量差报警器；② 上料过程中检查驱动机
	低	甲苯进料流量低	① 输送泵故障；② 甲苯原料进料中断；③ 甲苯进料阀故障关闭或开度过小；④ 甲苯流量控制阀故障	造成酰化釜反应不及时，温度低于反应温度	① 液位控制阀液位低报警；② 设有甲苯进料控制阀流量低报警	是	无

（1）甲苯原料罐压力高

甲苯上料泵故障，导致反应系统压力倒窜入，造成储罐压力过高，在回流过滤时过滤器杂质过多，造成堵塞，可能会导致压力过高。上述原因可能造成甲苯储罐超压泄漏，若有点火源可能造成火灾、爆炸。在现有安全措施中，甲苯储罐设有安全阀，储罐周围设有可燃气体报警器，压力高报警。经分析，建议在甲苯进料泵出口设置止回阀。

（2）甲苯原料罐压力低

甲苯卸料泵扬程不够，导致压力不足；储罐呼吸阀开启不够，也会导致甲苯原料罐压力低。上述原因可能会造成储罐损坏或吸瘪。在现有安全措施中，甲苯储罐设有温度报警器，可以有效地识别温度变化，来预防甲苯原料罐压力低的现象。经分析，建议在上料时检查叶轮。

（3）甲苯进料温度高

夏季环境温度比较高，来料温度高。由于甲苯原料物理性质的原因，在高温下易挥发，致使压力增大超压，可能会出现泄漏或储罐破裂，遇火源会造成火灾爆炸。在现有安全措施中，甲苯储罐设有安全阀，出现超压安全阀起跳卸压；在入口管线设置温度测量仪表；在罐体附近设置可燃气报警仪。识别偏差"甲苯进料温度高"的主要危险因素和现有安全措施，建议设置进料温度测量和温度高报警。

（4）甲苯进料温度低

冰甲苯冷却釜冰盐水进出口阀门故障，导致泵内压力过高，导致甲苯进入酰化反应器温度过低，达不到标准温度，致使反应不充分，产品浓度质量不佳。在现有安全措施中，甲苯储罐设有安全阀，储罐周围设有可燃气体报警器以及压力高报警。经分析，识别导致偏差"甲苯进料温度低"的主要危险因素和现有安全措施，建议冰甲苯泵周围设置压力高报警。

（5）甲苯原料罐液位高

酰化反应冷凝器水垢过多导致故障或输送介质过多，导致液体堆积；甲苯出口阀故障关闭也会造成液位偏高。上述原因都可能会引起油罐液位上升，甚至出现油罐冒顶，使油罐超压受损，导致甲苯泄漏，在明火作用下可能会引起爆炸。在现有安全措施中，甲苯原料罐设有液位高报警、安全阀、可燃气体报警。经分析，建议在冷凝器中使用清洁、水质较好的水。

（6）甲苯原料罐液位低

酰化反应冷凝器循环故障或回流泵故障，导致甲苯原料罐液位偏低；甲苯回流罐液位阀或液位控制阀故障或人为误关，导致甲苯进料少、液位低。上述原因可能会造成甲苯原料罐液位低，输送泵气缚，导致输送泵损坏。在现有安全措施中，甲苯原料罐设有液位计及甲苯原料罐流量低报警。识别导致偏差"甲苯原料罐液位低"的主要危险因素和现有安全措施，建议设置甲苯进料控制阀液位低报警。

（7）甲苯进料流量高

甲苯进料流量阀开度过大或者甲苯流量控制阀故障，造成流量偏高；进料泵转速过高，导致上料速度过快。上述原因可能会导致过滤器过滤效果差，除水除杂效果差，还可能会造成甲苯罐超压，甲苯泄漏遇明火爆炸。在现有安全措施中，进料管线设置有流量计、液位高报警以及安全阀。综上分析，识别导致偏差"甲苯进料流量高"的主要危险因素和现有安全措施，建议设置流量差报警以及在上料过程中检查驱动机。

（8）甲苯进料流量低

输送泵故障导致甲苯原料进料中断，造成流量偏低；甲苯进料阀故障关闭或开度过小以及甲苯流量控制阀故障，均会造成流量偏低现象。上述原因造成酰化釜反应不及时，温度低于反应温度。在现有安全措施中，甲苯储罐设有液位控制阀液位低报警，设有甲苯进料控制阀流量低报警。综上分析，识别导致偏差"甲苯进料流量低"的主要危险因素和现有安全措施，目前所设定的安全保护措施满足了安全性的要求。

7.1.3　关键节点 3：ABL 成品储罐

在该节点中，引导词选为"高"和"低"，参数选为"液位"和"温度"。ABL 成品罐的 HAZOP 分析表见表 7-3。

（1）ABL 成品罐液位高

ABL 成品输送泵故障，导致 ABL 从催化精馏塔进料量大，成品罐液位偏高；ABL 成品罐回流阀故障关或人为误关，导致液位高。上述原因会造成系统压力不稳，储罐出现超压导致泄漏，遇火源造成火灾爆炸。在现有安全措施中，对于 ABL 储罐连接管线设有止回阀，ABL 储罐液位控制阀设有液位高报警。经分析，识别偏差"ABL 成品罐液位高"的主要危险因素和现有安全措施，目前所设定的安全保护措施满足了安全性的要求。

表 7-3　ABL 成品罐的 HAZOP 分析表

参数	引导词	偏差	原因	后果	现有安全措施	是否满足要求	建议措施
液位	高	ABL 成品罐液位高	① ABL 成品输送泵故障;② 从催化精馏塔进料量大;③ ABL 成品罐回流阀故障关闭或人为误关	① 系统压力不稳,储罐出现超压;② 导致泄漏,遇火源造成火灾、爆炸	① 储罐连接管线设有止回阀;② ABL 储罐液位控制阀设有液位高报警	是	无
	低	ABL 成品罐液位低	① ABL 储罐液位阀门故障开或人为误开;② 结束送 ABL 成品操作后未及时停成品输送泵	ABL 成品输送泵抽空,损坏设备	ABL 储罐液位控制阀设有液位低报警	否	加成品输送泵联锁控制
温度	高	ABL 成品罐温度高	① 酸化釜内物料温度超过规定温度 115 ℃,就开真空泵;② 酰化釜通循环水较少,未达到降温效果	导致 ABL 挥发,造成经济损失	设有温度报警	否	加水量控制仪器
	低	ABL 成品罐温度低	导热油泵损坏	ABL 产品不纯,造成经济损失	设有温度报警	否	① ABL 挥发气体浓度检测器;② 备用导热油泵

（2）ABL 成品罐液位低

ABL 储罐液位阀门发生故障或人为误开,在结束 ABL 成品运送操作后,没有及时停止成品的输送泵。这可能造成泵抽空,损坏设备。而对于 ABL 储罐液位控制阀设有液位低报警。经分析,识别导致偏差"ABL 成品罐液位低"的主要危险因素和现有安全措施,建议增加成品输送泵联锁控制。

（3）ABL 成品罐温度高

酸化釜内物料温度超过规定温度 115 ℃,就开真空泵,导致蒸馏过后,ABL 产品温度过高;酰化釜通循环水较少,未达到降温效果,釜内温度高于 25 ℃,转 ABL 粗品时,导致 ABL 温度过高,ABL 挥发,造成经济损失。在现有安全措施中,ABL 储罐设有温度报警。经分析,在酰化釜通循环水时,连接管道设置水量控制仪器。

（4）ABL 成品罐温度低

导热油泵损坏,上升温度未达到反应温度,接受 ABL 时,造成 ABL 温度过低,这可能会导致 ABL 产品不纯,质量达不到送检要求,进而导致经济损失。在现有安全措施中,ABL 储罐设有温度报警。经分析,识别导致偏差"ABL 成品罐温度低"的主要危险因素和现有安全措施,建议增设 ABL 挥发气体浓度检测器进行检测以及备用导热油泵。

以上是用 HAZOP 方法对 ABL 装置中的三个不同的罐体进行的分析,其中以"高""低"作为引导词,选取"压力""液位""流量""温度"等基本参数,形成了不同的误差。选取一个合理的偏差来进行后续的分析,找出其中是否有安全保护措施,并且根据装置的实际生产需要,给出了一些有针对性的改进意见和措施,从而更好地保障 ABL 装置储罐的安全。

7.1.4　结论

基于 HAZOP 分析方法优势对危险罐区进行了更细致的风险辨识,通过对工艺流程的 3 个关键节点进行风险分析,得出了 18 条工艺偏差分析。

① 针对关键节点 1 乙酸乙酯储罐,共识别原因 17 个,后果 13 个,现有安全措施 11 条,提出建议措施 9 条,如建议检查反应器自控系统以及改善传热效果、修复搅拌器等。

② 针对关键节点 2 甲苯储罐,共识别原因 21 个,后果 13 个,现有安全措施 20 条,提出建议措施 7 条,如建议冰甲苯泵周围设置压力高报警以及在冷凝器中使用水质好的水等。

③ 针对关键节点 3 ABL 成品罐,共识别原因 8 个,后果 5 个,现有安全措施 5 条,提出建议措施 4 条,如加成品输送泵联锁控制。

综上所述,对危险罐区的关键节点,共识别原因 46 个,后果 31 个,现有安全措施 36 条,提出建议措施 20 条。基于 HAZOP 分析的优势,所提出的措施可操作性强。

7.2　煤矿瓦斯灾害分析与评价

瓦斯爆炸就其实质而言,是一定浓度的沼气和空气中的氧气在一定温度下作用而产生的氧化反应。瓦斯爆炸必须具备三个条件:一定浓度的沼气、一定温度的引火源和足量的氧气。一般空气中的氧气均能满足爆炸条件,在此不做分析。

辨识出的危险源有没及时处理聚集瓦斯、没按时检测、吸烟、电器接火工艺不合要求、电缆接线方法不良、通风机停转、风筒漏风、风筒距工作面过长、警报断电仪失灵、警报断电仪位置不当、采空区瓦斯大、采空区瓦斯涌出、上隅角风速低、风量不足、供风能力不足、爆破起火、电焊气焊、大灯泡、撞击摩擦、火区火源、设备失爆、变压器电机开关内部短路、电压高绝缘击穿短路、电缆受机械损伤。根据辨识的危险源画出事故树如图 7-2 所示。

求出本事故树的最小割集(布尔代数法):

$$T = M_1 M_2$$
$$= (M_3 + M_4 + M_5 + x_6)(M_6 + x_{17} + x_{18} + M_7)$$
$$= (x_1 + x_2 + x_3 + x_4 + x_5 + M_8 + x_{10} + x_{11} + x_{12} + x_6)(x_{13} + x_{14} + x_{15} + x_{16} + x_{17} + x_{18} + x_{19} + x_{20} + M_9)$$
$$= (x_1 + x_2 + x_3 + x_4 + x_5 + x_7 x_8 x_9 + x_{10} + x_{11} + x_{12} + x_6)(x_{13} + x_{14} + x_{15} + x_{16} + x_{17} + x_{18} + x_{19} + x_{20} + x_{21} x_{22} x_{23} x_{24} x_{25})$$

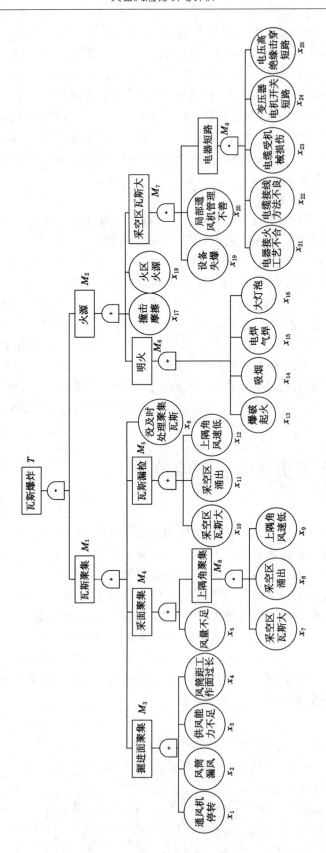

图7-2 瓦斯爆炸事故树

$$= x_1 x_{13} + x_1 x_{14} + x_1 x_{15} + x_1 x_{16} + x_1 x_{17} + x_1 x_{18} + x_1 x_{19} + x_1 x_{20} + x_1 x_{21} x_{22} x_{23} x_{24} x_{25} + x_2 x_{13} +$$
$$x_2 x_{14} + x_2 x_{15} + x_2 x_{16} + x_2 x_{17} + x_2 x_{18} + x_2 x_{19} + x_2 x_{20} + x_2 x_{21} x_{22} x_{23} x_{24} x_{25} + x_3 x_{13} + x_3 x_{14} +$$
$$x_2 x_{15} + x_3 x_{16} + x_3 x_{17} + x_3 x_{18} + x_3 x_{19} + x_3 x_{20} + x_3 x_{21} x_{22} x_{23} x_{24} x_{25} + x_4 x_{13} + x_4 x_{14} + x_4 x_{15} +$$
$$x_4 x_{16} + x_4 x_{17} + x_4 x_{18} + x_4 x_{19} + x_4 x_{20} + x_4 x_{21} x_{22} x_{23} x_{24} x_{25} + x_5 x_{13} + x_5 x_{14} + x_5 x_{15} + x_5 x_{16} +$$
$$x_5 x_{17} + x_5 x_{18} + x_5 x_{19} + x_5 x_{20} + x_5 x_{21} x_{22} x_{23} x_{24} x_{25} + x_6 x_{13} + x_6 x_{14} + x_6 x_{15} + x_6 x_{16} + x_6 x_{17} +$$
$$x_6 x_{18} + x_6 x_{19} + x_6 x_{20} + x_6 x_{21} x_{22} x_{23} x_{24} x_{25} + x_{10} x_{13} + x_{10} x_{14} + x_{10} x_{15} + x_{10} x_{16} + x_{10} x_{17} +$$
$$x_{10} x_{18} + x_{10} x_{19} + x_{10} x_{20} + x_{10} x_{21} x_{22} x_{23} x_{24} x_{24} x_{25} + x_{11} x_{13} + x_{11} x_{14} + x_{11} x_{15} + x_{11} x_{16} + x_{11} x_{17} +$$
$$x_{11} x_{18} + x_{11} x_{19} + x_{11} x_{20} + x_{11} x_{21} x_{22} x_{23} x_{24} x_{25} + x_{12} x_{13} + x_{12} x_{14} + x_{12} x_{15} + x_{12} x_{16} + x_{12} x_{17} +$$
$$x_{12} x_{18} + x_{12} x_{19} + x_{12} x_{20} + x_{12} x_{21} x_{22} x_{23} x_{24} x_{24} x_{25} + x_7 x_8 x_9 x_{13} + x_7 x_8 x_9 x_{14} + x_7 x_8 x_9 x_{15} +$$
$$x_7 x_8 x_9 x_{16} + x_7 x_8 x_9 x_{17} + x_7 x_8 x_9 x_{18} + x_7 x_8 x_9 x_{19} + x_7 x_8 x_9 x_{20} + x_7 x_8 x_9 x_{21} x_{22} x_{23} x_{24} x_{25}$$

计算得最小割集有 90 组。

结构重要度为：

$$I_\varphi(20) = I_\varphi(19) = I_\varphi(17) = I_\varphi(16) = I_\varphi(15) = I_\varphi(14) = I_\varphi(13) > I_\varphi(12)$$
$$= I_\varphi(11) = I_\varphi(10) = I_\varphi(6) = I_\varphi(5) = I_\varphi(4) = I_\varphi(3)$$
$$I_\varphi(2) = I_\varphi(1) > I_\varphi(25) = I_\varphi(24) = I_\varphi(23) = I_\varphi(22)$$
$$= I_\varphi(21) > I_\varphi(9) = I_\varphi(8) = I_\varphi(7)$$

7.3　桥涵积水模糊层次分析-模糊综合评价

以泰山火车站桥涵为研究对象,对泰山火车站桥涵的降雨、排水、路面以及积水防治进行研究,构建 FAHP-FCE(模糊层次分析-模糊综合评价)桥涵积水风险评估模型。采用模糊层次分析法得到各项指标的权重,确定其对桥涵积水的影响程度。采用模糊综合评价法展开对泰山火车站桥积水风险的综合评价,确定相应的危险等级。

7.3.1　指标体系构建

（1）指标选取原则

指标体系是由多个评估指标组成的,其指标的选取与风险评估结果息息相关。为此,在指标选取时应遵循以下原则:

① 综合性原则。桥涵积水的成因是多种多样的,综合考虑自然地理因素和社会经济因素的影响,我们选取指标时应尽可能全面一些,建立较为完善的桥涵积水风险评估模型,使得到的结果更可靠。

② 目的性原则。选定指标的目的是评估桥涵积水而造成的危险等级,选定的评估因子在定性或定量评估中不能被取代,能够为研究的开展提供技术支撑。

③ 可行性原则。桥涵积水灾害的形成是一个比较复杂的过程,在选取指标时应从致灾因子的危险性、孕灾环境的暴露性、承载体的脆弱性以及社会防灾减灾能力这四大风险因素出发,考虑指标的可获取性和数据处理的可行性。

④ 科学性原则。科学性是指选取的指标要具有客观性和代表性,避免由于个人认知能力有限而导致以偏概全和主观臆断,保证评估因子的科学性,能够客观反映积水风险的本质和复杂性。也要避免所选取的指标出现重复、矛盾等现象,从而影响评价结果的真实性。

⑤ 系统性原则。将所要研究的区域看作一个系统,全面考虑积水灾害的原因、特点以及带来的不良后果,从人-物-环境-管理四个方面入手:第一,积水致灾因子的危险性;第二,积水孕灾环境的暴露性;第三,对社会防积水能力的挑战;第四,积水承灾体的脆弱性。

(2) 评价指标确定

考虑桥涵积水风险评估是一个多目标、多因素综合评价问题,各指标之间的关系复杂,加之桥涵积水本身就存在模糊性和随机性的特点,这就需要我们将指标逐层分解构建。构建本次研究的泰山火车站桥地风险评估指标体系,如图 7-3 所示。

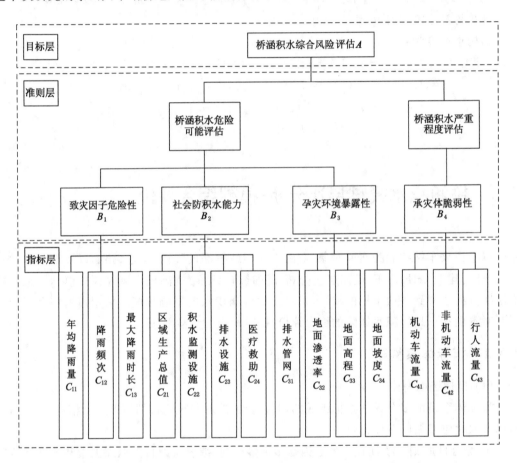

图 7-3　桥涵积水风险评价指标体系图

① 目标层是本研究所要达到的目标问题的集合,即:泰山火车站桥积水风险等级,来确定研究区域的风险大小。

② 准则层是本研究的目标问题的影响因素的集合,即:致灾因子的危险性、社会防积水能力、孕灾环境的暴露性以及承灾体的脆弱性作为准则层。

③ 指标层是基础性的指标集合,隶属于准则层中不同影响因素的集合。根据各因子之

间的隶属关系,可以将指标层分为:以降雨情况为主的致灾因子危险性指标;以社会经济条件为主的社会防积水能力指标;以下垫面条件为主的孕灾环境暴露性指标;以道路情况为主的承载体脆弱性指标。选择 14 个指标来确定对桥涵积水风险的综合影响。

(3) 指标数据来源

通过实地考察法、专家访谈法以及文献资料法等方法获取相关数据,并用数理统计法得到详细统计数据,见表 7-4。

表 7-4　各指标数据来源表

目标层	准则层	指标层	数据来源
桥涵积水风险评估 A	致灾因子危险性 B_1	年均降雨量 C_{11}	市水资源公报
		降雨频次 C_{12}	市水利局
		最大降雨时长 C_{13}	市水利局
	社会防积水能力 B_2	区域生产总值 C_{21}	市统计年鉴
		积水监测设施 C_{22}	实地考察、市城市管理局
		排水设施 C_{23}	市城市管理局
		医疗救助 C_{24}	实地考察
	孕灾环境暴露性 B_3	排水管网 C_{31}	实地考察、市城乡设计院
		地面渗透率 C_{32}	市城市管理局
		地面高程 C_{33}	市城乡设计院
		地面坡度 C_{34}	实地考察、市城乡设计院
	承灾体脆弱性 B_4	机动车流量 C_{41}	实地考察
		非机动车流量 C_{42}	实地考察
		行人流量 C_{43}	实地考察

7.3.2　基于 FAHP 指标权重确定

在上述构建的评价指标体系下,通过邀请 10 位相关人员对各级指标进行逐层打分,确定每一层指标两两之间的相对重要程度,为案例分析打好数据基础。

(1) 一级指标权重

基于所构建的桥涵风险评估指标体系可以得知,一级指标分别是致灾因子危险性、承灾体脆弱性、孕灾环境暴露性以及社会防积水能力,将调查表的结果统计并取算术平均值得到四个指标的模糊互补判断矩阵,使得到的数据更具有科学性和客观性。准则层 B 相对于目标层 A 的 A-B 判断矩阵,即积水致灾因子危险性、承灾体脆弱性、孕灾环境暴露性以及社会防积水能力四项指标的判断矩阵和权重统计情况,详细见表 7-5。

表 7-5　一级指标对应判断矩阵和权重统计表

A	B_1	B_2	B_3	B_4	r_i
B_1	0.50	0.88	0.63	0.72	2.73
B_2	0.12	0.50	0.25	0.34	1.21

表 7-5(续)

A	B_1	B_2	B_3	B_4	r_i
B_3	0.37	0.75	0.50	0.59	2.21
B_4	0.28	0.66	0.41	0.50	1.85

基于上述所列的模糊互补判断矩阵,利于行和转化的方法,进行数据处理,构造出一级指标的模糊一致判断矩阵 $\boldsymbol{R}$。

$$\boldsymbol{R} = \begin{bmatrix} 0.50 & 0.75 & 0.59 & 0.65 \\ 0.25 & 0.50 & 0.34 & 0.40 \\ 0.41 & 0.66 & 0.50 & 0.56 \\ 0.35 & 0.60 & 0.44 & 0.50 \end{bmatrix}$$

基于上述模糊一致判断矩阵,进行模糊一致性检验,发现:第一、二行之间的差值为 0.25,第二、三行之间的差值为 0.06,第三、四行之间的差值为 0.16,因此,一级指标矩阵通过模糊一致检验。

进行一级指标权重的计算,得到准则层四个一级指标相对于目标层的权重值 W,并得到其权重向量:

$$\boldsymbol{W}_0 = (0.33, 0.26, 0.28, 0.23)$$

(2)致灾因子危险性二级指标权重

基于构建的桥涵风险评估指标体系可以得知,年均降雨量、积水频次、最大积水深度以及最大积水面积四个二级指标隶属于致灾因子危险性,将调查表的结果统计并取算术平均值得到四个指标的模糊互补判断矩阵,使得到的数据更具有科学性和客观性。目标层 C_1 相对于准则层 B_1 的 B_1-C_1 判断矩阵详细见表 7-6。

表 7-6　致灾因子危险性指标对应判断矩阵和权重统计表

B_1	C_{11}	C_{12}	C_{13}	r_i
C_{11}	0.5	0.82	0.65	1.97
C_{12}	0.28	0.5	0.33	1.06
C_{13}	0.45	0.67	0.5	1.69

基于上述所列的模糊互补判断矩阵,利于行和转化的方法,进行数据处理,构造出隶属于致灾因子危险性一级指标下的三个二级指标的模糊一致判断矩阵 $\boldsymbol{R}_{11}$。

$$\boldsymbol{R}_{11} = \begin{bmatrix} 0.50 & 0.715 & 0.5875 \\ 0.285 & 0.50 & 0.3725 \\ 0.4125 & 0.6275 & 0.50 \end{bmatrix}$$

基于上述模糊一致判断矩阵,进行模糊一致性检验,发现:第一、二行之间的差值为 0.285,第二、三行之间的差值为 0.1575,因此,四个二级指标矩阵均通过模糊一致检验。

进行指标权重的计算,指标层 C_1 相对于准则层 B_1 的权重也可求出,得到 B_{11}-(C_{11}, C_{12}, C_{13}, C_{14})的权重向量:

$$W_1 = (0.43, 0.22, 0.35, 0)$$

（3）社会防积水能力二级指标权重

基于构建的桥涵风险评估指标体系可以得知，区域生产总值、积水监测设施、排水设施以及医疗救助四个二级指标隶属于社会防积水能力，将调查表的结果统计并取算术平均值得到四个指标的模糊互补判断矩阵，使得到的数据更具有科学性和客观性。指标层 C_2 相对于准则层 B_2 的 B_2-C_2 判断矩阵详细见表 7-7。

表 7-7　社会防积水能力对应判断矩阵和权重统计表

B_2	C_{21}	C_{22}	C_{23}	C_{24}	r_i
C_{21}	0.5	0.32	0.38	0.65	1.85
C_{22}	0.68	0.5	0.56	0.83	2.57
C_{23}	0.62	0.44	0.5	0.77	2.33
C_{24}	0.35	0.17	0.23	0.5	1.25

基于上述所列的模糊互补判断矩阵，利于行和转化的方法，进行数据处理，构造出隶属于社会防积水能力一级指标下的四个二级指标的模糊一致判断矩阵 R_{21}。

$$R_{21} = \begin{bmatrix} 0.50 & 0.38 & 0.42 & 0.60 \\ 0.62 & 0.50 & 0.54 & 0.72 \\ 0.58 & 0.46 & 0.50 & 0.68 \\ 0.40 & 0.28 & 0.32 & 0.50 \end{bmatrix}$$

基于上述模糊一致判断矩阵，进行模糊一致性检验，发现：第一、二行之间的差值为 0.12，第二、三行之间的差值为 0.04，第三、四行之间的差值为 0.18，因此，得到四个二级指标矩阵均通过模糊一致检验的结论。

进行指标权重的计算，指标层 C_2 相对于准则层 B_2 的权重也可求出，得到 B_{21}-$(C_{21}, C_{22}, C_{23}, C_{24})$的权重向量：

$$W_2 = (0.23, 0.31, 0.29, 0.17)$$

（4）孕灾环境暴露性二级指标权重

基于构建的桥涵风险评估指标体系可以得知，排水管网、地面渗透率、地面高程以及地面坡度四个二级指标隶属于孕灾环境暴露性，将结果统计并取算术平均值得到四个指标的模糊互补判断矩阵。目标层 C_3 相对于准则层 B_3 判断矩阵见表 7-8。

表 7-8　孕灾环境暴露性指标对应判断矩阵和权重统计表

B_3	C_{31}	C_{32}	C_{33}	C_{34}	r_i
C_{31}	0.5	0.88	0.75	0.72	2.85
C_{32}	0.12	0.5	0.37	0.34	1.33
C_{33}	0.25	0.63	0.5	0.47	1.85
C_{34}	0.28	0.66	0.53	0.5	1.97

基于上述所列的模糊互补判断矩阵,利于行和转化的方法,进行数据处理,构造出隶属于孕灾环境暴露性一级指标下的四个二级指标的模糊一致判断矩阵 $\boldsymbol{R}_{31}$。

$$\boldsymbol{R}_{31} = \begin{bmatrix} 0.50 & 0.75 & 0.67 & 0.65 \\ 0.25 & 0.50 & 0.42 & 0.40 \\ 0.33 & 0.58 & 0.50 & 0.48 \\ 0.35 & 0.60 & 0.52 & 0.50 \end{bmatrix}$$

基于上述模糊一致判断矩阵,进行模糊一致性检验,发现:第一、二行之间的差值为 0.15,第二、三行之间的差值为 0.08,第三、四行之间的差值为 0.02,因此,四个二级指标矩阵均通过模糊一致检验。

进行指标权重的计算,指标层 C_3 相对于准则层 B_3 的权重也可求出,得到 B_{31}-(C_{31},C_{32},C_{33},C_{34})的权重向量:

$$\boldsymbol{W}_3 = (0.34, 0.18, 0.23, 0.25)$$

（5）承灾体脆弱性二级指标权重

基于构建的桥涵风险评估指标体系可以得知,机动车流量、非机动车流量和行人流量三个二级指标隶属于承载体脆弱性,将调查表的结果统计并取算术平均值得到三个指标的模糊互补判断矩阵,使得到的数据更具有科学性和客观性。目标层 C_4 相对于准则层 B_4 的 B_4-C_4 判断矩阵详细见表 7-9。

表 7-9   承灾体脆弱性指标对应判断矩阵和权重统计表

B_4	C_{41}	C_{42}	C_{43}	r_i
C_{41}	0.5	0.56	0.6	1.66
C_{42}	0.44	0.5	0.54	1.48
C_{43}	0.40	0.46	0.5	1.36

基于上述所列的模糊互补判断矩阵,利于行和转化的方法,进行数据处理,构造出隶属于承灾体脆弱性一级指标下的三个二级指标的模糊一致判断矩阵 $\boldsymbol{R}_{41}$。

$$\boldsymbol{R}_{41} = \begin{bmatrix} 0.50 & 0.545 & 0.575 \\ 0.455 & 0.50 & 0.53 \\ 0.425 & 0.47 & 0.50 \end{bmatrix}$$

基于上述模糊一致判断矩阵,进行模糊一致性检验,发现:第一、二行之间的差值为 0.055,第二、三行之间的差值为 0.03,因此,三个二级指标矩阵均通过模糊一致检验。

进行指标权重的计算,指标层 C_4 相对于准则层 B_4 的权重也可求出,得到 B_{41}-(C_{41},C_{42},C_{43})的权重向量:

$$\boldsymbol{W}_4 = (0.39, 0.32, 0.30, 0)$$

（6）权重结果分析

通过 $\boldsymbol{W}_1$、$\boldsymbol{W}_2$、$\boldsymbol{W}_3$、$\boldsymbol{W}_4$ 得到矩阵 $\boldsymbol{L}_0$,计算得到指标层因素相对于目标层的权重并排序,详细见表 7-10。

表 7-10 各指标权重表

目标层	准则层	W_0	指标层	权重	W	排序
桥涵积水风险评估 A	致灾因子危险性 B_1	0.33	年均降雨量 C_{11}	0.47	0.141 9	1
			降雨频次 C_{12}	0.19	0.072 6	6
			最大降雨时长 C_{13}	0.35	0.115 5	2
	社会防积水能力 B_2	0.16	区域生产总值 C_{41}	0.23	0.036 8	13
			积水监测设施 C_{42}	0.31	0.049 6	11
			排水设施 C_{43}	0.29	0.046 4	12
			医疗救助 C_{44}	0.17	0.027 2	14
	孕灾环境暴露性 B_3	0.28	排水管网 C_{31}	0.34	0.095 2	3
			地面渗透率 C_{32}	0.18	0.050 4	10
			地面坡度 C_{33}	0.23	0.064 4	9
			地面高程 C_{34}	0.25	0.07	7
	承灾体脆弱性 B_4	0.23	机动车流量 C_{21}	0.39	0.089 7	4
			非机动车流量 C_{22}	0.32	0.073 6	5
			行人流量 C_{23}	0.30	0.069	8

由表 7-10 可以得到以下结论：

① 一级指标对桥涵积水风险的权重大小排序为：致灾因子危险性＞孕灾环境暴露性＞承灾体脆弱性＞社会防积水能力。

② 二级指标因素对桥涵积水风险的权重大小排序为：年均降雨量＞最大降雨时长＞排水管网＞机动车流量＞非机动车流量＞降雨频次＞地面高程＞行人流量＞地面坡度＞地面渗透率＞积水监测设施＞排水设施＞区域生产总值＞医疗救助。

为了较为直观明了地显示权重结果，对一级指标采用饼状图表示，对二级指标采用柱状图表示，如图 7-4 和图 7-5 所示。

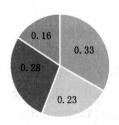

致灾因子危险性　　承灾体脆弱性　　孕灾环境暴露性　　社会防积水能力

图 7-4 一级指标权重比重图

由图 7-4 可以看出，在一级指标中，致灾因子危险性这一指标所占的权重最大，约为 0.33；社会防积水能力的权重最小，为 0.16。桥涵积水风险不仅具有自然属性，也具有社会属性，要想降低桥涵积水风险，即降低桥涵积水风险发生的可能性和桥涵积水风险发生后的严重

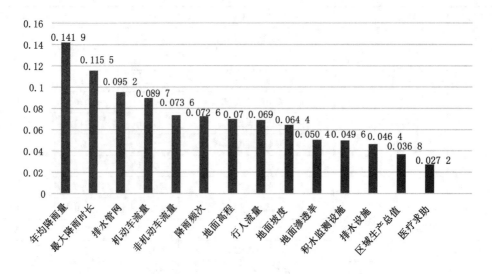

图 7-5　二级指标权重排序图

程度,可以从优化排水管网和缓解交通方面做起。

由图 7-5 可以看出,年均降雨量权重值最大,权重为 0.141 9;最大降雨时长所占的比重与其相差不大,为 0.115 5,这两方面主要是与泰山的天气密切相关,更多的是积水风险的自然属性,可以从保护环境做起。排水管网的权重也较大,为 0.095 2,可以通过优化排水系统的设计提升其排水能力来大大减少积水的可能性。对于机动车流量来说,权重与其相差不大,为 0.089 7,主要是因为泰山火车站桥是至关重要的交通要道,相对于泰山其他道路来说,车流量较大,可以通过修建辅路方式减轻该路段承载体的流量。

非机动车流量、降雨频次、地面高程以及行人流量的权重处于中等位置,在 0.07 左右;积水监测设施、区域生产总值等权重较小,在 0.03 左右,但是也要注意这些因素对桥涵积水的影响,尽量减少积水的风险。

7.3.3　基于 FCE 的综合评价

（1）构建评语集

国内外对公路洪灾的风险评估较多,在风险评价结果的等级划分方面,曾蓉将重庆市万州区的公路洪灾风险等级分为四级:低、中、高以及极高风险;由于桥涵积水与公路洪灾风险评估原理相同,且重庆市与泰山均为山地城市,在本研究中将各指标依据相关标准划分为四级,确定评价集 $V=\{V_1,V_2,V_3,V_4\}=\{$低风险,中等风险,高风险,极高风险$\}$。

（2）确定隶属度矩阵

针对泰山桥涵积水风险进行综合评价时,采用小组投票的形式,用频数代替频率,为研究奠定数据基础。具体过程为:邀请 20 名相关人员组成投票小组,然后简要介绍泰山火车站桥涵基础概况,确定识别出的风险因素合理性,并解释说明所建立的指标体系中各层指标含义和等级划分,在确保所有同学熟悉该桥涵积水系统后,请他们对泰山火车站桥涵积水风险各指标进行投票,汇总投票结果,详细情况见表 7-11。

表 7-11　二级指标小组投票汇总表

二级指标	低风险 V_1	中等风险 V_2	高风险 V_3	极高风险 V_4
年均降雨量 C_{11}	0.2	0.5	0.2	0.1
积水频次 C_{12}	0.1	0.2	0.5	0.2
最大积水面积 C_{13}	0	0.3	0.4	0.3
最大积水深度 C_{14}	0.1	0.4	0.5	0
区域生产总值 C_{41}	0.5	0.3	0.2	0
积水监测设施 C_{42}	0.4	0.3	0.3	0
排水设施 C_{43}	0.1	0.4	0.4	0.1
医疗救助 C_{44}	0.5	0.3	0.2	0
排水管网 C_{31}	0.3	0.4	0.2	0.1
地面渗透率 C_{32}	0.4	0.4	0.1	0.1
地面高程 C_{33}	0.1	0.1	0.6	0.2
地面坡度 C_{34}	0.1	0.2	0.5	0.2
机动车流量 C_{21}	0.1	0.2	0.4	0.3
非机动车流量 C_{22}	0.3	0.4	0.2	0.1
行人流量 C_{23}	0.3	0.5	0.1	0.1

由表 7-11 可以得到致灾因子危险性的隶属度矩阵：

$$\boldsymbol{R}_1 = \begin{bmatrix} 0.2 & 0.5 & 0.2 & 0 \\ 0.4 & 0.3 & 0.3 & 0 \\ 0.1 & 0.4 & 0.4 & 0.1 \\ 0.5 & 0.3 & 0.2 & 0 \end{bmatrix}$$

社会防积水能力隶属矩阵：

$$\boldsymbol{R}_2 = \begin{bmatrix} 0.5 & 0.3 & 0.2 & 0 \\ 0.4 & 0.3 & 0.3 & 0 \\ 0.1 & 0.4 & 0.4 & 0.1 \\ 0.5 & 0.3 & 0.2 & 0 \end{bmatrix}$$

孕灾环境暴露性的隶属度矩阵：

$$\boldsymbol{R}_3 = \begin{bmatrix} 0.3 & 0.4 & 0.2 & 0.1 \\ 0.4 & 0.4 & 0.4 & 0.1 \\ 0.1 & 0.1 & 0.6 & 0.2 \\ 0.1 & 0.2 & 0.5 & 0.2 \end{bmatrix}$$

承灾体脆弱性的隶属度矩阵：

$$\boldsymbol{R}_4 = \begin{bmatrix} 0.1 \\ 0.3 \\ 0.3 \end{bmatrix}$$

（3）多因素模糊综合评价

得各因素综合评判向量 $\boldsymbol{B}_i$，归一化后组合成为总评价矩阵 $\boldsymbol{B}$。

$$\boldsymbol{B}_{1=}(0.200,0.275,0.259,0.224)$$
$$\boldsymbol{B}_2=(0.270,0.270,0.250,0.100)$$
$$\boldsymbol{B}_3=(0.290,0.290,0.247,0.200)$$
$$\boldsymbol{B}_4=(0.300,0.330,0.370,0.300)$$

归一化处理：

$$\boldsymbol{B}_1=(0.209,0.287,0.270,0.234)$$
$$\boldsymbol{B}_2=(0.303,0.303,0.281,0.113)$$
$$\boldsymbol{B}_3=(0.282,0.282,0.241,0.195)$$
$$\boldsymbol{B}_4=(0.231,0.254,0.284,0.231)$$

$$\boldsymbol{B}=(\boldsymbol{B}_1,\boldsymbol{B}_2,\boldsymbol{B}_3,\boldsymbol{B}_4)^{\mathrm{T}}=\begin{bmatrix}0.209 & 0.287 & 0.270 & 0.234\\0.303 & 0.303 & 0.281 & 0.113\\0.282 & 0.282 & 0.241 & 0.195\\0.231 & 0.254 & 0.284 & 0.231\end{bmatrix}$$

确定系统风险性评价矩阵 $\boldsymbol{C}$。

$$\boldsymbol{C}=\boldsymbol{W}_0=(0.33,0.16,0.28,0.23)$$

得到桥涵积水系统的总得分为：

$$\boldsymbol{F}=0.25\times30+0.28\times70+0.267\times85+0.203\times95=69.08$$

（4）桥涵积水风险综合评估结果分析

考虑到桥涵积水的最大承灾体是机动车辆,为此,本研究的风险后果以桥涵积水深度为衡量指标来反映积水危险严重程度,积水深度越大,其危险性就越高。考虑到桥涵积水对来往行人和车辆的影响,确定最大积水深度指标分级,见表7-12。

表 7-12   积水深度指标分级

指标释义	等级划分	等级描述
最大积水深度	一级	区域积水深度极大,积水深度在 0.45 m 以上,极高风险
	二级	区域积水深度较大,积水深度在 0.25~0.45 m 之间,高风险
	三级	区域积水深度不大,积水深度在 0.15~0.25 m 之间,中等风险
	四级	区域积水深度小,最大积水深度在 0.15 m 以下,低风险

一般与积水深度相对应,积水深度越大,则积水面积越大,也是反映桥涵积水风险的重要指标。为此,在不考虑桥涵排水等社会因素情况下,对桥涵进行概化,如图7-6所示。

通过实地考察可以将桥涵坡面路面的坡度近似为相同坡度,约为 $1.5°$,即 $\alpha=1.5°$。

① 当积水深度 $h=0.15$ m 时,积水路面的水平长度 $d=5.7$ m,则积水总长度 $L=131$ m,$W=13$ m,由公式 $S=LW$ 计算积水面积 $S=1\ 703$ m²。

② 当积水深度 $h=0.25$ m 时,积水路面的水平长度 $d=19$ m,则积水总长度 $L=139$ m,$W=13$ m,由公式 $S=LW$ 计算积水面积 $S=1\ 807$ m²。

③ 当积水深度 $h=0.45$ m 时,积水路面的水平长度 $d=34$ m,则积水总长度 $L=154$ m,$W=13$ m,由公式 $S=LW$ 计算积水面积 $S=2\ 002$ m²。

在对桥涵梯形概化的基础上,计算桥涵在不同积水深度下的积水面积,并以此作为依据

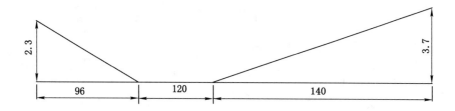

图 7-6　桥涵概化图

来划分桥涵最大积水面积这一指标的等级,见表 7-13。

表 7-13　最大积水面积指标分级

指标释义	等级划分	等级描述
积水面积	一级	区域积水面积极大,积水面积在 2 000 m² 以上,极高风险
	二级	区域面积较大,积水面积在 1 800～2 000 m² 之间,高风险
	三级	区域积水面积不大,积水面积在 1 700～1 800 m² 之间,中等风险
	四级	区域积水面积较小,积水面积在 1 700 m² 以下,低风险

参 考 文 献

[1] 曹英东.山西省保德县地质灾害发育规律及风险性评价研究[D].石家庄:河北地质大学,2021.

[2] 陈孝伟,杨少川,李秀芳,等.中国共产党领导灾害风险治理的回顾与展望[J].中国应急管理科学,2021(8):12-27.

[3] 陈长坤,陈以琴,施波,等.雨洪灾害情境下城市韧性评估模型[J].中国安全科学学报,2018,28(4):1-6.

[4] 陈振林.城市气象灾害风险防控[M].上海:同济大学出版社,2019.

[5] 崔鹏."一带一路"自然灾害风险评估(英文版)[M].北京:科学出版社,2022.

[6] 范亦嵩.宜君县地质灾害特征及风险评价[D].西安:西北大学,2020.

[7] 盖文妹,邓云峰.应急管理理论与实践[M].北京:机械工业出版社,2021.

[8] 巩在武,蔡玫,吉中会,等.灾害风险分析方法及应用[M].北京:科学出版社,2022.

[9] 郭跃,黄勋.灾害风险研究概论[M].北京:科学出版社,2023.

[10] 国家减灾委员会,科学技术部抗震救灾专家组.汶川地震灾害综合分析与评估[M].北京:科学出版社,2008.

[11] 国家科委全国重大自然灾害综合研究组.中国重大自然灾害及减灾对策(总论)[M].北京:科学出版社,1994.

[12] 国家统计局.中华人民共和国2020年国民经济和社会发展统计公报[EB/OL].(2021-02-28)[2022-03-15].https://www.gov.cn/xinwen/2021-02/28/content_5589283.htm.

[13] 国务院第一次全国自然灾害综合风险普查领导小组办公室.地质灾害风险普查与评价[M].北京:应急管理出版社,2022.

[14] 国务院第一次全国自然灾害综合风险普查领导小组办公室.房屋建筑调查[M].北京:应急管理出版社,2022.

[15] 国务院第一次全国自然灾害综合风险普查领导小组办公室.非煤矿山自然灾害承灾体调查[M].北京:应急管理出版社,2021.

[16] 国务院第一次全国自然灾害综合风险普查领导小组办公室.公共服务设施调查[M].北京:应急管理出版社,2021.

[17] 国务院第一次全国自然灾害综合风险普查领导小组办公室.公路调查[M].北京:应急管理出版社,2021.

［18］国务院第一次全国自然灾害综合风险普查领导小组办公室.海洋灾害风险调查与评估［M］.北京:应急管理出版社,2021.

［19］国务院第一次全国自然灾害综合风险普查领导小组办公室.煤矿自然灾害承灾体调查［M］.北京:应急管理出版社,2021.

［20］国务院第一次全国自然灾害综合风险普查领导小组办公室.气象灾害调查与风险评估［M］.北京:应急管理出版社,2021.

［21］国务院第一次全国自然灾害综合风险普查领导小组办公室.市政设施调查［M］.北京:应急管理出版社,2022.

［22］国务院第一次全国自然灾害综合风险普查领导小组办公室.水旱灾害风险调查与评估［M］.北京:应急管理出版社,2022.

［23］国务院第一次全国自然灾害综合风险普查领导小组办公室.水路调查［M］.北京:应急管理出版社,2021.

［24］国务院第一次全国自然灾害综合风险普查领导小组办公室.危险化学品自然灾害承灾体调查［M］.北京:应急管理出版社,2022.

［25］国务院第一次全国自然灾害综合风险普查领导小组办公室.自然灾害综合风险评估［M］.北京:应急管理出版社,2023.

［26］国务院第一次全国自然灾害综合风险普查领导小组办公室.自然灾害综合风险区划与防治综合区划［M］.北京:应急管理出版社,2023.

［27］国务院第一次全国自然灾害综合风险普查领导小组办公室.综合减灾能力调查［M］.北京:应急管理出版社,2021.

［28］国务院第一次全国自然灾害综合风险普查领导小组办公室.综合减灾能力评估［M］.北京:应急管理出版社,2023.

［29］和海霞,汤伟干.日本自然灾害监测预警业务现状与启示［J］.中国减灾,2021(19):60-62.

［30］贺鸣,孙建军,成颖.基于朴素贝叶斯的文本分类研究综述［J］.情报科学,2016,34(7):147-154.

［31］黄崇福.自然灾害风险分析与管理［M］.北京:科学出版社,2012.

［32］黄崇福,刘安林,王野.灾害风险基本定义的探讨［J］.自然灾害学报,2010,19(6):8-16.

［33］黄蕙,温家洪,司瑞洁,等.自然灾害风险评估国际计划述评Ⅱ:评估方法［J］.灾害学,2008,23(3):96-101.

［34］黄建毅,苏飞.城市灾害社会脆弱性研究热点问题评述与展望［J］.地理科学,2017,37(8):1211-1217.

［35］霍艾迪,张骏,卢玉东,等.地质灾害易发性评价单元划分方法:以陕西省黄陵县为例［J］.吉林大学学报(地球科学版),2011,41(2):523-528.

［36］李宏.中国的政府应急管理效能:演化与提升［J］.中国人民公安大学学报(社会科学版),2021,37(6):117-129.

［37］李尧远,曹蓉.全面风险治理:灾害防治模式的理想形态:兼论总体国家安全观的学术启示［J］.中国行政管理,2018(2):109-113.

[38] 李沂蔓,程根银,王永建.社交媒体数据挖掘在城市应急管理中的应用[J].华北科技学院学报,2021,18(4):61-66.

[39] 李媛,曲雪妍,杨旭东,等.中国地质灾害时空分布规律及防范重点[J].中国地质灾害与防治学报,2013,24(4):71-78.

[40] 林柏泉,周延,刘贞堂.安全系统工程[M].徐州:中国矿业大学出版社,2005.

[41] 刘辉.安全系统工程[M].北京:中国建筑工业出版社,2016.

[42] 刘义祥.火灾调查[M].北京:机械工业出版社,2012.

[43] 刘义祥.火灾痕迹[M].北京:中国人民公安大学出版社,2014.

[44] 刘雨.自然灾害损失对经济增长的影响及作用机制分析[D].西安:西北大学,2016.

[45] 娄伟平,陈海燕,郑峰,等.基于主成分神经网络的台风灾害经济损失评估[J].地理研究,2009,28(5):1243-1254.

[46] 楼梦麟,宗刚.工程风险评估与管理[M].上海:同济大学出版社,2023.

[47] 罗云.安全生产系统战略[M].北京:化学工业出版社,2014.

[48] 罗云.风险分析与安全评价[M].2版.北京:化学工业出版社,2010.

[49] 马宝成.应急管理体系和能力现代化[M].北京:中共中央党校出版社,2022.

[50] 马天舒,邵靖净,郭翠翠,等.高分辨率遥感在农作物灾害损失评估中的应用:以黑龙江省五常市水稻灾害损失评估为例[J].卫星应用,2020(9):14-19.

[51] 倪长健,王杰.再论自然灾害风险的定义[J].灾害学,2012,27(3):1-5.

[52] 皮曙初.风险社会视角下的灾害损失补偿体系研究[D].武汉:武汉大学,2013.

[53] 史培军.五论灾害系统研究的理论与实践[J].自然灾害学报,2009,18(5):1-9.

[54] 史培军.灾害风险科学[M].北京:北京师范大学出版社,2016.

[55] 宋永会,彭剑峰,袁鹏,等.环境风险源识别与监控[M].北京:科学出版社,2015.

[56] 隋广军,唐丹玲.台风灾害评估与应急管理[M].北京:科学出版社,2015.

[57] 陶鹏,童星.灾害概念的再认识:兼论灾害社会科学研究流派及整合趋势[J].浙江大学学报(人文社会科学版),2012,42(2):108-120.

[58] 汪嘉俊,翁文国.多灾种概念辨析及灾害事故关系研究综述[J].中国安全生产科学技术,2019,15(11):57-64.

[59] 王富良,李宗发.基于模糊综合评价法对滑坡稳定性的分析[J].地下空间与工程学报,2019,15(S2):1016-1024.

[60] 王军,李梦雅,吴绍洪.多灾种综合风险评估与防范的理论认知:风险防范"五维"范式[J].地球科学进展,2021,36(6):553-563.

[61] 王军,谭金凯.气候变化背景下中国沿海地区灾害风险研究与应对思考[J].地理科学进展,2021,40(5):870-882.

[62] 王军,叶明武,李响.城市自然灾害风险评估与应急响应方法研究[M].北京:科学出版社,2013.

[63] 王世金.青藏高原多灾种自然灾害综合风险评估与管控[M].北京:科学出版社,2021.

[64] 魏云杰,魏昌利,邱曼,等.新疆南疆地区地质灾害风险评估及防治对策研究:以新疆生产建设兵团南疆驻地为例[M].北京:科学出版社,2021.

[65] 温家洪,石勇,杜士强.自然灾害风险分析与管理导论[M].北京:科学出版社,2018.

[66] 温家洪,颜建平,王慧敏,等.韧弹性视角下的城市综合巨灾风险管理[J].城市问题,2019(10):76-82.

[67] 温晓艺,郑秀清,陈军锋,等.基于突变理论的地质灾害风险性评价[J].山东农业大学学报(自然科学版),2019,50(4):575-581.

[68] 吴吉东,李宁.浅析灾害间接经济损失评估的重要性[J].自然灾害学报,2012,21(3):15-21.

[69] 夏建波,林友,何丽华.矿山安全评价[M].北京:冶金工业出版社,2016.

[70] 夏露,叶玮,张书华,等.灾害科学:全球展望及我国研究现状分析[J].中国科学基金,2018,32(3):340-344.

[71] 谢振华.安全系统工程[M].北京:冶金工业出版社,2010.

[72] 徐玖平.灾害社会风险治理系统工程[M].北京:科学出版社,2021.

[73] 徐志胜,姜学鹏.安全系统工程[M].3版.北京:机械工业出版社,2017.

[74] 杨月巧.新应急管理概论[M].北京:北京大学出版社,2020.

[75] 应急管理部.应急管理部发布2020年全国自然灾害基本情况[EB/OL].(2021-01-12)[2022-02-22].https://www.mem.gov.cn/xw/yjglbgzdt/202101/t20210108_376745.shtml.

[76] 应急管理部救灾和物资保障司.应急管理部发布2021年前三季度全国自然灾害情况[EB/OL].(2021-10-10)[2022-02-22].https://www.mem.gov.cn/xw/yjglbgzdt/202110/t20211010_399762.shtml.

[77] 于福江,仉天宇,滕骏华.风暴潮灾害风险评估的理论与实践:以河北省为例[M].北京:海洋出版社,2019.

[78] 于汐,唐彦东.灾害风险管理[M].北京:清华大学出版社,2017.

[79] 余明高,郑立刚.火灾风险评估[M].北京:机械工业出版社,2013.

[80] 俞孔坚,周淑倩,WU B H.基于自然,顺应自然,利用自然:"海绵城市"与城市生态韧性[J].建筑实践,2021(1):58-65.

[81] 张曾莲.风险评估方法[M].北京:机械工业出版社,2017.

[82] 张春颜.灾害性公共危机治理过程中的领导行为困境与能力提升路径:基于108个案例的深入分析[J].领导科学,2020(2):102-104.

[83] 张芙颖,顾鑫炳,彭毅,等.中国灾害风险认知研究的知识图谱分析[J].安全与环境工程,2019,26(2):32-37.

[84] 张继权,郎秋玲,荣广智.多致灾因子诱发地质灾害链综合风险评价研究[M].北京:科学出版社,2021.

[85] 张丽萍.环境灾害学[M].2版.北京:科学出版社,2019.

[86] 张茂省,薛强,贾俊.地质灾害风险管理理论方法与实践[M].北京:科学出版社,2021.

[87] 张小明.突发事件风险管理[M].北京:中国人民大学出版社,2018.

[88] 张艳玲,南征兵,周平根.利用证据权法实现滑坡易发性区划[J].水文地质工程地质,2012,39(2):121-125.

[89] 张怡哲,杨续超,胡可嘉,等.基于多源遥感信息和土地利用数据的中国海岸带GDP空间化模拟[J].长江流域资源与环境,2018,27(2):235-242.

[90] 赵娟,许芗斌,唐明.韧性导向的美国《诺福克城绿色基础设施规划》研究[J].国际城市

规划,2021,36(4):148-153.

[91] 郑山锁,尚志刚,贺金川,等.地震灾害经济损失评估方法及应用[J].灾害学,2020,35
(1):94-101.

[92] 郑艳.将灾害风险管理和适应气候变化纳入可持续发展[J].气候变化研究进展,2012,
8(2):103-109.

[93] 周利敏.社会建构主义与灾害治理:一项自然灾害的社会学研究[J].武汉大学学报(哲
学社会科学版),2015,68(2):24-37.

[94] 周宗青,刘洪亮,成帅.隧道及地下工程地质灾害风险属性区间评估理论与方法[M].
北京:人民交通出版社,2022.

[95] SCHIPPER L,PELLING M. Disaster risk,climate change and international develop-
ment:scope for,and challenges to,integration[J]. Disasters,2006,30(1):19-38.

[96] GALLINA V,TORRESAN S,CRITTO A,et al. A review of multi-risk methodolo-
gies for natural hazards:consequences and challenges for a climate change impact as-
sessment[J]. Journal of environmental management,2016,168:123-132.